AI聰明提問的技巧與實例

ChatGPT × Copilot × AgentGPT × AI繪圖

一次滿足

吳燦銘——著

- AI聊天工具深入解析—探索ChatGPT、Copilot、AgentGPT等AI工具
- 實用基本功與秘技—15個基本功和22種私房秘技，提高AI工具的熟練度
- 解答ChatGPT常見問題—針對15個常見狀況提供解決建議，確保無障礙使用
- 多領域AI應用—生活、學習、職場等場合的實際案例，展示多用途應用
- 網站資源推薦—最受歡迎的提示詞範本網站，提升提問和互動效率
- AI繪圖探索創意—實踐AI繪圖藝術，發揮無限創意潛力

博碩文化

作　　者：吳燦銘
責任編輯：林楷倫

董 事 長：曾梓翔
總 編 輯：陳錦輝

出　　版：博碩文化股份有限公司
地　　址：221 新北市汐止區新台五路一段 112 號 10 樓 A 棟
電話 (02) 2696-2869　傳真 (02) 2696-2867

發　　行：博碩文化股份有限公司
郵撥帳號：17484299　戶名：博碩文化股份有限公司
博碩網站：http://www.drmaster.com.tw
讀者服務信箱：DrService@drmaster.com.tw
讀者服務專線：(02) 2696-2869 分機 216、238
（周一至周五 09:30 ～ 12:00；13:30 ～ 17:00）

版　　次：2024 年 7 月初版一刷

建議零售價：新台幣 650 元
I S B N：978-626-333-917-0
律師顧問：鳴權法律事務所 陳曉鳴律師

本書如有破損或裝訂錯誤，請寄回本公司更換

國家圖書館出版品預行編目資料

聰明提問 AI 的技巧與實例：ChatGPT、Copilot、AgentGPT、AI 繪圖，一次滿足 / 吳燦銘著 . -- 初版 . -- 新北市：博碩文化股份有限公司 , 2024.07

面；　公分

ISBN 978-626-333-917-0(平裝)

1.CST: 人工智慧

312.831　　113009860

Printed in Taiwan

博 碩 粉 絲 團

序言

廣達董事長林百里在出席「2023 高等教育改革論壇」時，一直說自己是「AI 迷」，並表示 AI 使學習行為不同了，因此教育模式也要跟著改變。他提到以前的教育模式下，好學生要很會「答」問題，但現在由於 AI 都能很快地回答問題，反而是很會「問」問題的人，才是好學生。而本書主題寫作的靈感，就是筆者看到了這則中央社的報導。在這本書中，我希望能夠為您提供一個全面而深入的「聰明提問 AI 的技巧與實例」指南，幫助您更有效地利用 AI 技術來解決日常生活、學習、工作和娛樂中的各種問題。

在本書第 2 章中，精心梳理了與 ChatGPT 互動時應遵循的基本原則。從角色扮演以提高溝通精確度，到明確、具體地表達問題，避免開放式問題，選擇恰當的上下文和背景，並謹慎避免使用模糊不清或多義性的詞彙。這些基本功是有效提問的基石，也是避免誤解與提高互動品質的重要工具。

第 3 章則是針對 ChatGPT 使用中可能遇到的常見狀況提供解決方案，無論是回答的正確性、回應速度，或是處理錯誤訊息和限制性問題，本章節都提供了實用的建議。

而第 4 章則提供了一系列私房秘技，這些技巧從格式設定、利用標記符號、控制回答字數到提供範本給 AI 參考，都是提高交流效率的妙法。這些技巧不僅能讓 AI 的回答更緊貼需求，也能在提問時節省時間，優化整體的交流體驗。

在第 5 章和第 6 章中，我則分享了如何利用 ChatGPT 來解決日常生活和學習中的問題。從美食推薦到程式語言學習，另外第 7 章則介紹了許多職場與專業 ChatGPT 提問實例與技巧，這些提問實例和技巧都是基於我自己的經驗和研究。

在第 8 章中，我們深入探討了 Microsoft Copilot 與 AgentGPT 這兩個強大的 AI 工具。

此外，我還特別介紹了一些新興的 AI 繪圖或 AI 影片工具，如 Midjourney、Playground、Copilot in Bing、HeyGen、PixAI.art 等。這些工具不僅可以建立令人驚嘆的藝術作品，還可以幫助設計師和藝術家更有效地工作。最後，我還列出了一些我認為非常有用的外掛擴充功能。這些工具可以幫助您更方便地使用 ChatGPT，以及其他 AI 工具。

我希望這本書能夠為您提供實用的知識和建議，幫助您更好地利用 AI 技術。無論您是一名專業人士，還是只是對 AI 感興趣的普通讀者，我都相信您都能在這本書中找到有價值的內容。本書雖然校稿時力求正確無誤，但仍惶恐有疏漏或不盡理想的地方，誠望各位不吝指教。

再次感謝您選擇閱讀這本書，祝您閱讀愉快！

目錄

03 CHAPTER ChatGPT 常見狀況與解決建議

04 CHAPTER ChatGPT 聰明提示的私房秘技

05 CHAPTER 生活上 ChatGPT 提問技巧與實例

06 CHAPTER 學習與教育 ChatGPT 提問技巧與實例

07 CHAPTER 職場與專業 ChatGPT 提問技巧與實例

09 CHAPTER 提示詞（Prompt）範本網站大搜密

10 CHAPTER AI 繪圖藝術提問技巧與實例

A APPENDIX ChatGPT 升級與優化的外掛擴充功能

01
CHAPTER

認識 ChatGPT、ChatGPT Plus、GPT-4 與 GPT-4 Turbo

在數位時代的浪潮下，AI 聊天機器人已逐漸成為我們日常生活和工作中不可或缺的助手。從簡單的問答到複雜的任務執行，它們的功能越來越強大和多樣化。在這一章節中，我們將探討 ChatGPT、ChatGPT Plus、GPT-4 與 GPT-4 Turbo 的特點、優勢和如何影響我們的生活。

1-1 什麼是 ChatGPT?

Chat GPT 是什麼？簡單來講，它就是一種 OpenAI 推出的 AI 聊天機器人。如果您希望了解更專業的解說，也可以直接在 Chat GPT 中詢問聊天機器人「ChatGPT 是什麼」，就可以得到的回答結果為「ChatGPT 是一個由 OpenAI 開發的大型語言模型，它使用深度學習技術來生成自然語言回應。ChatGPT 基於開放式網路的大量資料進行訓練，使其能夠產生高度精確、自然流暢的對話回應，與人進行交互。ChatGPT 在多個領域中都有應用，例如智能客服、自然語言處理、自動回覆等。」如下圖在 ChatGPT 下達提示詞，就會馬上得到 ChatGPT 的回答內容：

提示（prompt）詞

ChatGPT 是什麼

ChatGPT 回答內容

ChatGPT 是由 OpenAI 開發的人工智慧語言模型，基於 GPT（生成預訓練轉換器，Generative Pre-trained Transformer）架構。GPT-4 是其中的一個版本。以下是關於 ChatGPT 的一些關鍵點：

1. **語言生成模型**：ChatGPT 能夠理解和生成類似人類的文本。它被訓練用來進行對話、回答問題、撰寫文章等。
2. **深度學習技術**：ChatGPT 基於深度學習技術，尤其是變換器（Transformer）架構。變換器是一種用於處理序列數據（如文本）的神經網絡架構。
3. **預訓練和微調**：ChatGPT 首先在大量的文本數據上進行預訓練，學習語言的結構和知識。然後，通過微調來適應特定的任務和應用。
4. **多樣應用**：ChatGPT 可以用於多種應用場景，例如客服對話、教育輔助、創意寫作、語言翻譯等。
5. **自然語言處理能力**：ChatGPT 擁有強大的自然語言處理（NLP）能力，能夠理解上下文、進行推理並生成有意義的回應。
6. **演進和版本**：從最初的 GPT-1 到後來的 GPT-2、GPT-3 和 GPT-4，每一個版本都在模型大小和性能上有所提升，能夠處理更複雜的任務並生成更高質量的文本。

總結來說，ChatGPT 是一個功能強大的語言生成工具，利用先進的機器學習技術來模仿人類的對話和文本生成能力。

ChatGPT 能和人類以一般人的對話方式與使用者互動，除了可以給予各種問題的建議，也可以幫忙寫作業或程式碼，甚至有任何食衣住行育樂的各種生活問題或學科都可以問 ChatGPT，而 ChatGPT 也會以類似人類會寫出來的文字，給予相當到位的回答，用途非常廣泛多元。例如下列二圖是筆者分別問了「請用 C++ 寫九九乘法表的程式」及「請簡介量子電腦」的回答內容：

提示（prompt）詞

請用 C++ 寫九九乘法表的程式

ChatGPT 回答內容

當然，以下是用C++寫九九乘法表的程式：

cpp 複製程式碼

```cpp
#include <iostream>
using namespace std;

void printMultiplicationTable() {
    for (int i = 1; i <= 9; ++i) {
        for (int j = 1; j <= 9; ++j) {
            cout << i << " x " << j << " = " << i * j << "\t";
        }
        cout << endl; // 每一行結束後換行
    }
}

int main() {
    printMultiplicationTable();
    return 0;
}
```

這段程式碼定義了一個 `printMultiplicationTable` 函數，該函數使用兩個巢狀的 `for` 迴圈來生成和打印九九乘法表。外部的 `for` 迴圈從1遍歷到9，內部的 `for` 迴圈也從1遍歷到9。每一次內部迴圈的迭代都會計算當前的乘積並打印出來。`cout` 用於輸出，每次輸出完一個結果後加一個制表符，不換行。內部迴圈結束後使用 `endl` 來換行。

`main` 函數中調用了 `printMultiplicationTable` 函數，然後返回0表示程式正常結束。你可以編譯並運行這段程式碼來查看九九乘法表的輸出。

提示（prompt）詞

請簡介量子電腦

ChatGPT 回答內容

量子電腦是一種基於量子力學原理運作的計算機，相比於傳統的經典計算機，它利用了量子位元（qubits）來進行信息處理。以下是量子電腦的一些關鍵特點和原理：

1. **量子位元（Qubits）：**
   - 傳統計算機使用位元（bits）來表示數據，每個位元只能是0或1。
   - 量子位元可以同時處於0和1的疊加態（superposition），這使得量子電腦能夠同時處理多個狀態。
2. **疊加態（Superposition）：**
   - 量子位元可以同時處於多個狀態，這是量子電腦強大計算能力的基礎。
   - 疊加態使得量子電腦能夠在一次運算中並行處理大量數據。
3. **糾纏態（Entanglement）：**
   - 量子位元之間可以存在量子糾纏，這是一種特殊的量子關聯性，使得兩個或多個量子位元的狀態緊密相關，即使它們相隔很遠。
   - 糾纏態使得量子電腦能夠實現高度並行的計算。
4. **量子閘（Quantum Gates）：**
   - 量子電腦使用量子閘來操作量子位元，這類似於傳統計算機中的邏輯閘。
   - 常見的量子閘包括 Hadamard 閘、CNOT 閘和相位閘等。

也就是説，ChatGPT 是一種 AI 大型語言模型，他會以對話的方式，來訓練來幫助理解自然語言。因此它能應用於解決各種語言相關的問題，例如聊天機器人、自然語言理解或內容產生等。ChatGPT 還具備一項特點，就是透過在不同的語言資料上進行訓練，以幫助使用者在多種語言的使用。

從技術的角度來看，ChatGPT 是「文字生成」的 AI 家族中，「生成式預訓練轉換器」（Generative Pre-Trained Transformer）技術的最新發展。它的技術原理是採用深度學習（deep learning），根據從網路上獲取的大量文字樣本進行機器人工智慧的訓練。當你不斷以問答的方式和 ChatGPT 進行互動對話，聊天機器人就會根據你的問題進行相對應的回答，並提升這個 AI 的邏輯與智慧。簡單來說，它是一種基於 GPT-3.5 模型的語言模型，可以用來生成自然語言文字。

TIPS

什麼是深度學習？

深度學習可以簡單理解為一種讓機器像人類學習的技術。它使用虛擬的神經網路，透過大量資料自動學習和解決各種問題，像是圖像辨識、語音辨識等。這個神經網路有很多層，每一層負責不同的任務，就像人腦中的不同部分負責不同的工作。深度學習讓機器可以自動地從資料中學習，而不需要特別的程式設計指示，就像小孩子透過觀察和經驗學習一樣。這使得深度學習可以應用在各種智慧任務上。

1-2 ChatGPT 的原理

前面提到過 ChatGPT 是基於「文字生成」技術，這項技術會根據輸入的資料，產出相對應的回答，它的學習概念就是先讓 ChatGPT 透過閱讀大量文字，找出人類使用文字的各種方法，再藉由人類對回答內容的反饋，引導 AI 機器人練習人類常使用的文字，並持續「增強式學習」，來幫助聊天機器人能以更精準的方式來模擬人類的語言，回答使用者所提出的問題。這一種學習過程可以幫助提高 ChatGPT 模仿人類邏輯及回答能力，不過這項技術一開始常常出現答非所問的情況，但隨著 AI 模型建立以及大量的文意分析後，現在的 ChatGPT 所具備的人工智慧已經能靈活地回答出各類的問題，但事實上這項技術文字生成技術早上幾年前就已廣泛被應用在 iPhone Siri 或是社群平台的聊天機器人。

iPhone Siri 可以直接以口語提問

1-3 ChatGPT 的特點與局限性

ChatGPT 是當下頗受關注的自然語言處理模型，因其出色的效果，已在對話生成、文字摘要、語言翻譯等領域得到了廣泛使用。但是，即使 ChatGPT 展現了強大的實力，它仍有一些不足之處和面臨的問題。

1-3-1 依靠知識庫

ChatGPT 的文字生成是基於其訓練資料，這意味著它的回答高度取決於其知識庫的內容。雖然它具有大量的資料，但在理解某些複雜的語境和語義時可能會遇到困難。這也解釋了為何有時 ChatGPT 的回答可能包含不恰當的用語或不合邏輯的結論。

1-3-2 潛在的危險

ChatGPT 所產生的內容完全基於其訓練資料，並不總是反映真實情況。如果被不正確或不道德地使用，它可能產生有風險的內容。例如，有些人可能利用它來產生誤導性的信息或仇恨性的言論，這對社會可能造成不良影響。

1-3-3 中立性

ChatGPT 所產生的答案往往是中立的，不偏向任何特定觀點。但有時，我們可能希望得到更具體或明確的答案，而不是一般性的回應。在這種情況下，可能需要對 ChatGPT 進行進一步的訓練。

1-3-4 關於隱私

ChatGPT 的訓練涉及大量資料，這些資料可能來自真實使用者。這意味著，如果沒有嚴格的安全措施，可能會有隱私洩露的風險。因此，使用 ChatGPT 時，必須嚴格遵循隱私和資料保護的相關規定。

總之，儘管 ChatGPT 有其局限性，但它在許多領域中都已證明了其價值。要充分利用 ChatGPT，我們需要深入瞭解其工作方式和潛在的局限，從而更好地發揮其優勢並避免可能的風險。

1-4 GPT-3.5、GPT-4 和 GPT-4 Turbo

在全球都還在為聊天機器人 ChatGPT 驚嘆時，OpenAI 在 2023 年 3 月 14 日又亮相了新一代的 GPT-4，GPT-4 不但可以可處理 2.5 萬單詞文字的長篇內容，是 ChatGPT 的 8 倍，這使得它可以用於長篇內容創作、延續對話以及文件搜尋和分析等應用場景。並且 GPT-4 支援視覺輸入、圖像辨識，之前的版本只能文字輸入文字輸出，在新一代 GPT-4 據官方說明還能透過圖像輸入的方式，來生成回答的內容。而且 GPT-4 比以往更具創造力和協作性，例如創作歌曲、編寫劇本或學習使用者的寫作風格。

1-4-1 GPT-4 主要特色亮點

GPT-4 相較於 GPT-3.5 擁有更強的組織推理能力，GPT-4 的推理能力方面超越了 ChatGPT。OpenAI 花了許多時間使 GPT-4 更加安全和對齊。在 OpenAI 的內部評估中，GPT-4 比 GPT-3.5 更有可能產生事實性回應的能力增加了 40%。而且所創造出來的回答內容比起 GPT-3.5 更為精確，甚至在某些特定的專業領域，所展現出來的能力已經非常接近人類，而且 GPT-4 的穩定度相當的高。僅管 GPT-4 仍無法完全避免以不正確的方式回應，但和更早之前歷代 GPT 的模型比較起來，會產生這種答非所問的現象很明顯降低了了許多。

https://openai.com/product/gpt-4

另外在官方文件的說法，GPT-4 的更重要的一個特色是 GPT-4 能夠同時處理文字與圖像輸入，也就是說，GPT-4 可以接受圖像作為輸入，並生成標題、分類和分析。這與以往的模型是一項非常大的差別。也就是說，在輸入問題時，以往的模型（例如 GPT-3.5 GPT）只能接受文字輸入的方式，但 GPT-4 模型的提問內容不限制純文字，可以允許文件中包含螢幕截圖、圖表或圖片，而回答內容的幾乎和只使用文字輸入的回答內容水平相當。例如在官網中提到可以輸入「What can I make with these ingredients?」及附上一張圖。如下圖所示：

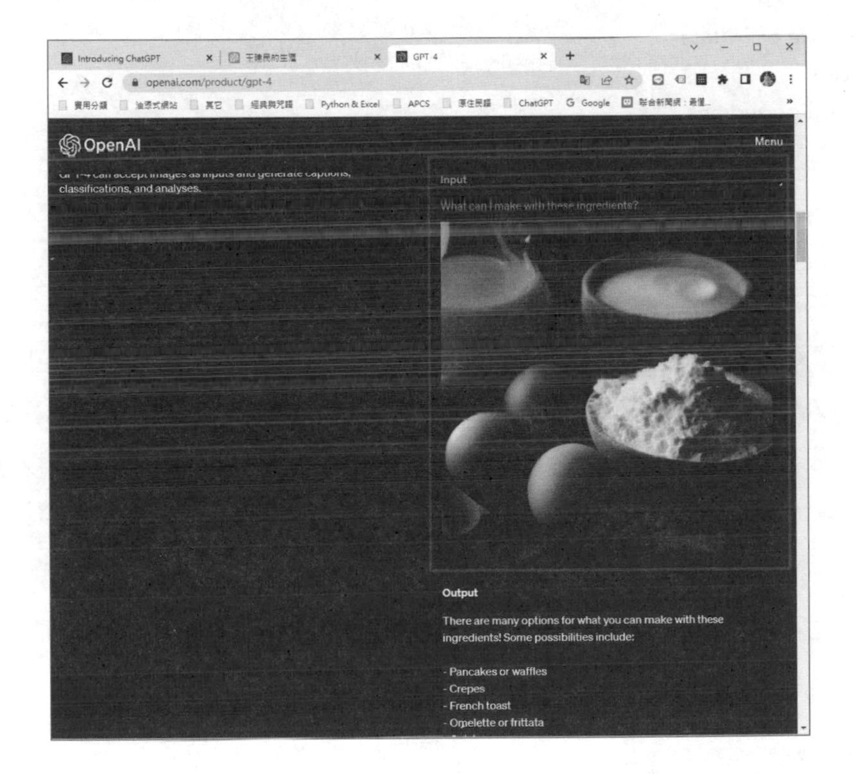

從官網中的 Output 回答內容可以看出，具備視覺輸入能力 GPT-4 模型是可以接受圖像輸入，例如上圖提問的回答內容如底下的文字所示：

> There are many options for what you can make with these ingredients! Some possibilities include:
>
> - Pancakes or waffles
> - Crepes
> - French toast
> - Omelette or frittata
> - Quiche
> - Custard or pudding
> - Cake or cupcakes
> - Muffins or bread- Cookies or biscuits
>
> These are just a few examples, but the possibilities are endless!

雖然 GPT-4 是 OpenAI 推出的較佳的 GPT 模型，但不可避免也會發生和之前模型類似的問題，例如它可能提供不正確的資訊、不良的建議或錯誤的程式，為了提升問題回答的品質，OpenAI 在 GPT-4 的模型也整合了多位不同領域專家的測試建議，期許在處理敏感問題上的表現，能具備較客觀、更適當的建議性的回答方式。

各位可以比較底下這個敏感問題，GPT-3.5 和 GPT-4 模型兩者之間的回答異同：

提示（prompt）詞

請問臺灣是不是一個國家

ChatGPT 回答內容

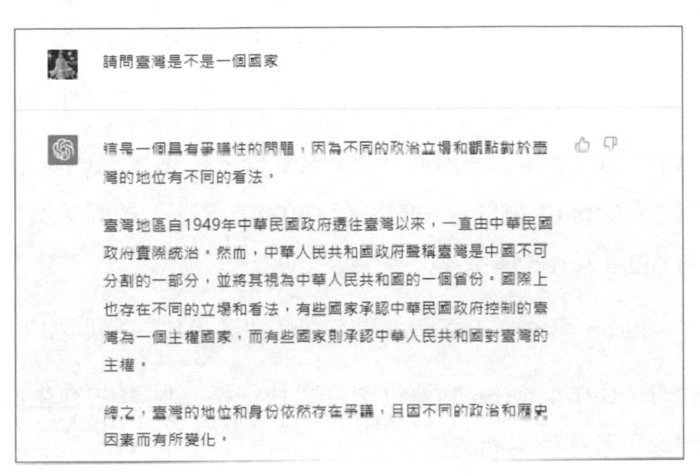

OpenAI GPT-3.5 的回答內容

提示（prompt）詞

請問臺灣是不是一個國家

Copilot 回答內容

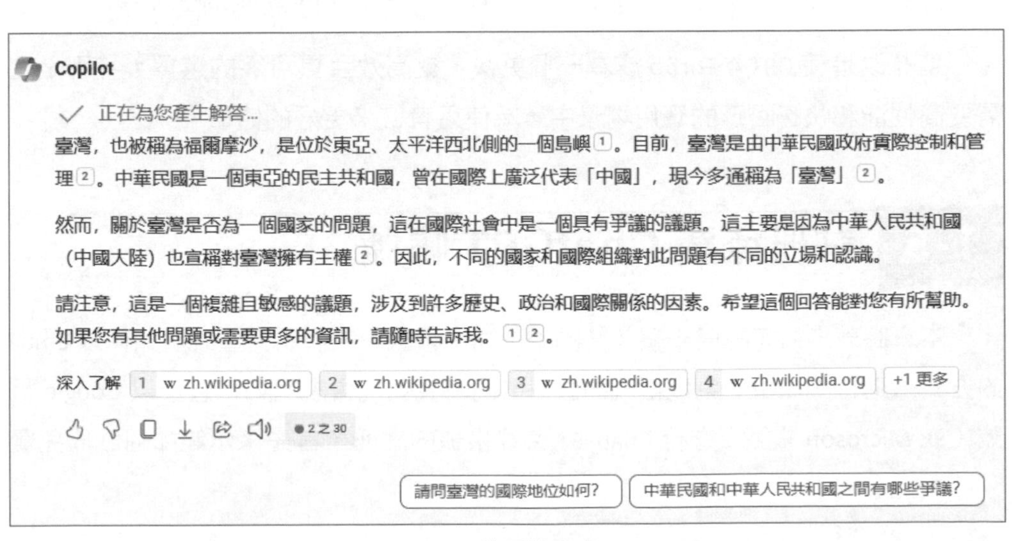

GPT-4 的回答內容

比較上面兩個模型的回答內容，各位可以看出，OpenAI GPT-3.5 的回答內容為純文字內容，但是在 Copilot 的 GPT-4 除了會提供各位關於這個問題深入了解的參考來源之外，甚至還一併提供了搜尋到和提問主題相關的影片的網址，有了這些參考比較資源，以期可以提供給各位較客觀、更適當的建議性的回答。

另外，隨著 OpenAI 推出 GPT-4 Turbo 模型後，經過微軟的多番努力，GPT-4 Turbo 終於取代了 Copilot 免費版中的原有 GPT-4。現在，所有免費用戶都能享受到這款強大的 GPT-4 Turbo 模型。

至於 GPT-4 Turbo 與 GPT-4 模型之間有幾個主要差別，說明如下：

- 性能和速度：GPT-4 Turbo 的運行速度較快，這意味著它在生成回應時能更迅速地處理和回應使用者的請求。
- 效能優化：GPT-4 Turbo 在效能方面進行了優化，不僅能夠提供更快速的回應，還在處理複雜任務時顯示出更高的效率。
- 資源使用：GPT-4 Turbo 的設計使其在使用資源方面更為高效，這有助於降低運行成本，並提高模型在大規模應用中的可擴展性。
- 穩定性和可靠性：由於進行了更多的優化和測試，GPT-4 Turbo 在穩定性和可靠性方面也有所提升，能夠更穩定地處理多樣化的查詢和任務。

這些改進使 GPT-4 Turbo 成為一個更快、更高效且更可靠的選擇，特別是在需要高性能和快速回應的應用場景中，為使用者帶來更好的體驗。

1-5 註冊免費 ChatGPT 帳號

本章將教您如何註冊一個免費的 ChatGPT 帳號，我們將完整說明如何以 Email 的方式來進行 ChatGPT 免費帳號的註冊，同時我們也會說明如何直接以 Google 帳號（或 Microsoft 帳號）進行 ChatGPT 免費帳號的註冊。首先來示範如何註冊免費的 ChatGPT 帳號，請先登入 ChatGPT 官網，它的網址為 https://chat.openai.com/，登入官網後，可以直接點選畫面中的「註冊」鈕申請 ChatGPT 帳號。

接著請各位輸入電子郵件帳號，或是如果各位已有 Google 帳號或是 Microsoft 帳號，你也可以透過 Google 帳號或是 Microsoft 帳號進行註冊登入。此處我們直接示範輸入電子郵件帳號的方式來建立帳號，請在下圖視窗中間的文字輸入方塊中輸入要註冊的電子郵件，輸入完畢後，請接著按下「繼續」鈕。

接著如果你是透過電子郵件進行註冊，在註冊過程中系統會要求使用者輸入一組密碼作為這個帳號的註冊密碼。同時也會有有確認電子郵件真實性的確認程序及輸入註冊者的姓名等相關註冊流程。如果你是透過 Google 帳號或 Microsoft 帳戶快速註冊登入，那麼就會直接進入到下一步輸入姓名的畫面。

輸入完姓名後，再請接著按下「繼續」鈕，這著就會要求各位輸入你個人的電話號碼進行身分驗證，這是一個非常重要的步驟，如果沒有透過電話號碼來透過身分驗證，就沒有辦法使用 ChatGPT。請注意，輸入行動電話時，請直接輸入行動電話後面的數字，例如你的電話是「0931222888」，只要直接輸入「931222888」，輸入完畢後，大概過幾秒後，各位就可以收到官方系統發送到指定號碼的簡訊，該簡訊會顯示 6 碼的數字。各位只要輸入手機所收到的 6 碼驗證碼後，就可以正式啟用 ChatGPT。登入 ChatGPT 之後，會看到類似下圖畫面：

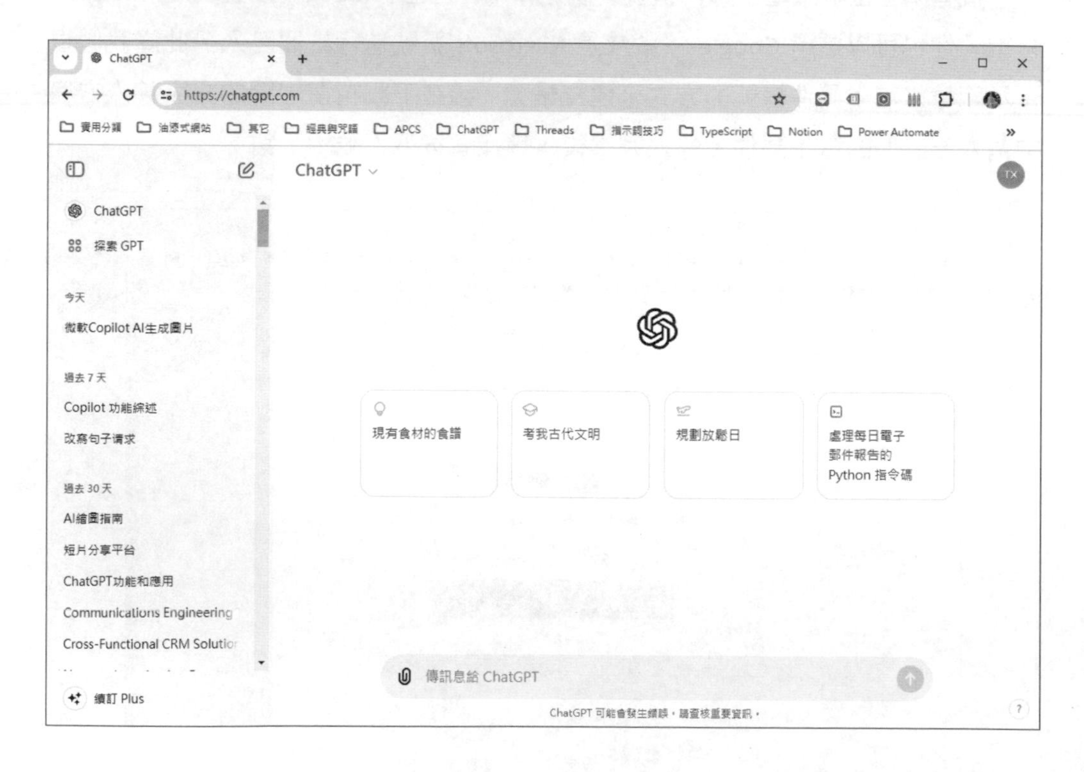

1-5-1 第一次與 AI 機器人對話就上手

當我們登入 ChatGPT 之後，開始畫面會告訴你 ChatGPT 的使用方式，各位只要將直接於畫面下方的對話框，輸入要問題就可以和 AI 機器人輕鬆對話。例如請輸入提示（Prompt）詞：「請用 Python 寫九九乘法表的程式」，按下「Enter」鍵正式向 ChatGPT 機器人詢問，就可以得到類似下圖的回答：

提示（prompt）詞

請用 Python 寫九九乘法表的程式

ChatGPT 回答內容

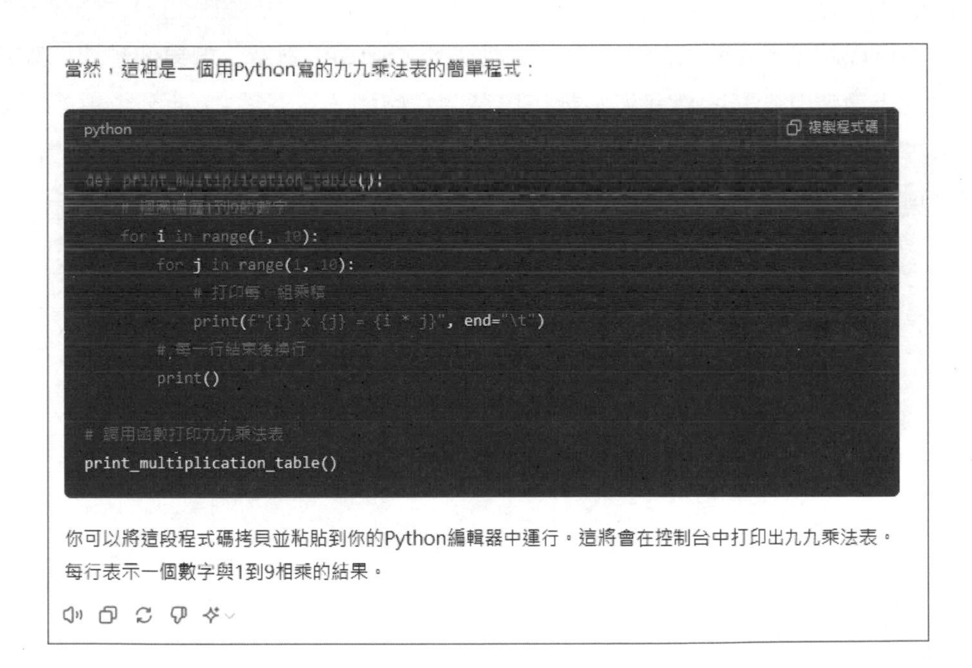

如果可以要取得這支程式碼，還可以按下回答視窗右上角的「複製程式碼（如果是英文介面則是 Copy code）」鈕，就可以將 ChatGPT 所幫忙撰寫的程式，複製貼上到 Python 的 IDLE 的程式碼編輯器去修改或執行（如果各位電腦系統有安裝過 Python 的 IDLE，如果沒有，下載網址為 https://www.python.org/downloads/），如下圖所示：

untitled

File Edit Format Run Options Window Help

```
for i in range(1, 10):
    for j in range(1, 10):
        product = i * j
        print(f"{i} x {j} = {product}")
    print()
```

Ln: 6 Col: 0

1-5-2 更換新的機器人

你可以藉由這種問答的方式，持續地去和 ChatGPT 對話。如果你想要結束這個機器人改選其它新的機器人，就可以點選左側的「新交談」，他就會重新回到起始畫面，並改用另外一個新的訓練模型，這個時候輸入同一個題目，可能得到的結果會不一樣。

例如下圖中我們還是輸入「請用 Python 寫九九乘法表的程式」，並按下「Enter」鍵向 ChatGPT 機器人詢問，就可能得到不同的回答結果：

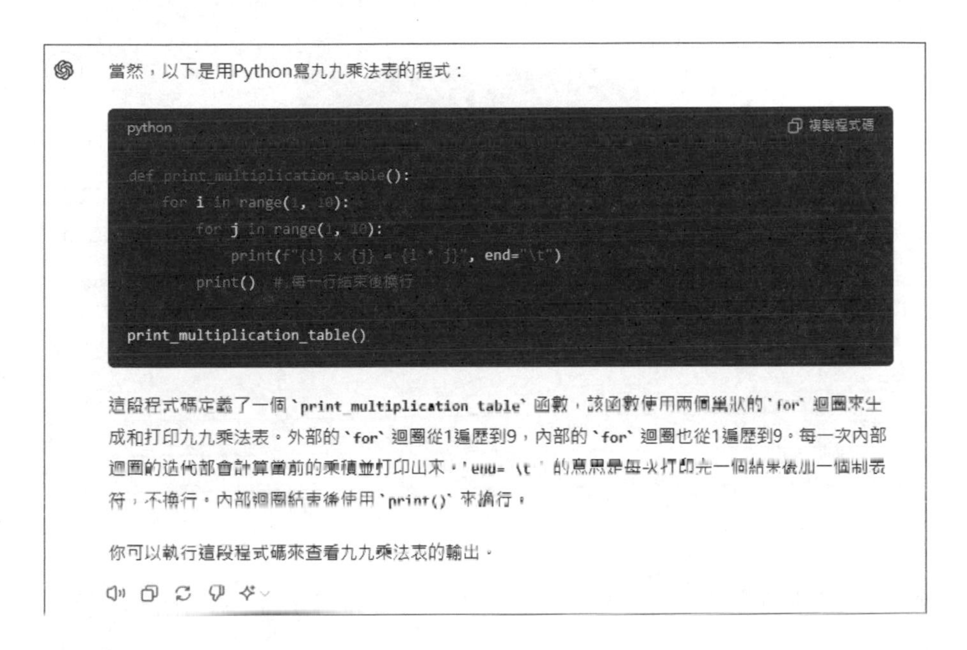

1-5-3 登出 ChatGPT

當各位要登出 ChatGPT，只要按下畫面中的「登出（如果是英文介面則是 Log out）」鈕。

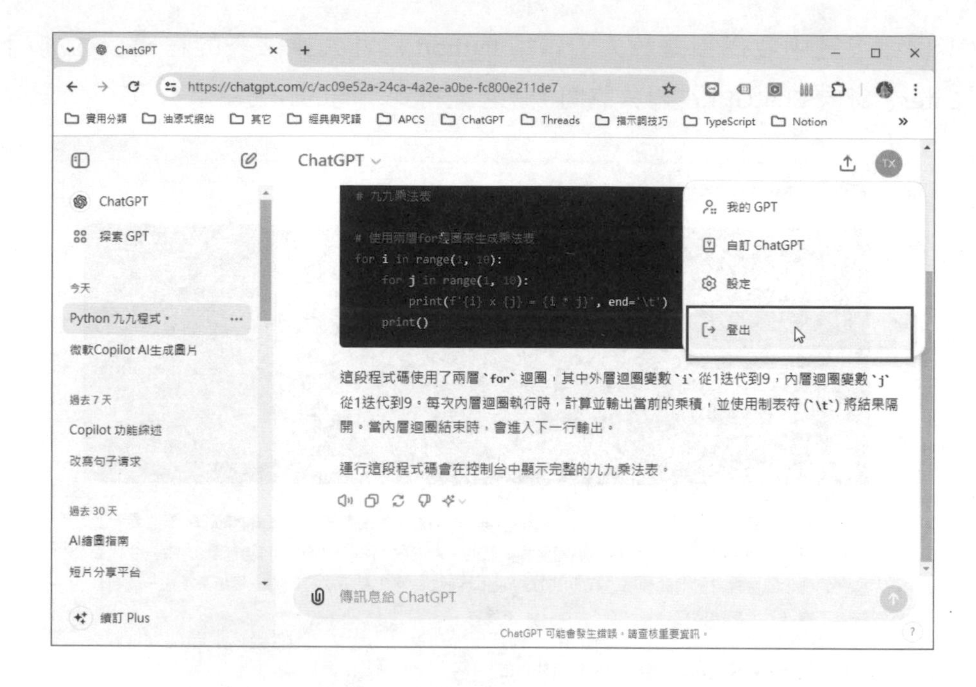

登出後就會看到如下的畫面，只要各位再按下「登入」鈕，就可以再次登入 ChatGPT。

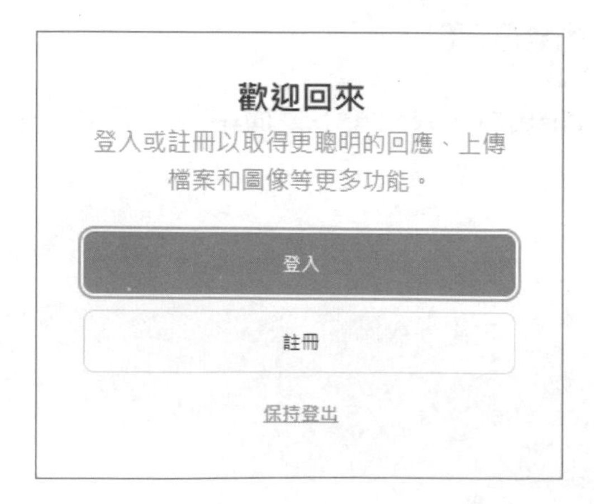

1-6 了解 ChatGPT Plus 付費帳號

OpenAI 於 2023 年 2 月 1 日推出了 ChatGPT Plus，這是一個付費訂閱服務，提供額外的優勢和特點，以提供更卓越的使用體驗。訂閱使用者每月支付 20 美元，即可享受更快速的回應時間、優先級提問權益和額外的免費試用時間。

ChatGPT Plus 的推出鼓勵使用者的忠誠度和持續使用，同時為 OpenAI 提供可持續發展的商業模式。隨著時間的推移，我們預計會看到更多類似的付費方案和優勢出現，推動 AI 技術的商業應用和持續創新。

這個單元我們將深入了解 ChatGPT Plus 付費帳號的相關資訊。ChatGPT Plus 提供了更多功能和優勢，讓使用者享受更好的體驗。我們將探討 ChatGPT Plus 與免費版 ChatGPT 之間的差異，了解升級為 ChatGPT Plus 訂閱使用者的流程，以及如何開啟功能 Plugins 的功能。

1-6-1 ChatGPT Plus 與免費版 ChatGPT 差別

ChatGPT Plus 是 ChatGPT 的付費版本，提供了一系列額外的優勢和功能，進一步提升使用者的體驗。使用 ChatGPT 免費版時，當上線人數眾多且網路流量龐大時，常會遇到無法登錄和回應速度較慢等問題。為了解決這些缺點，對於頻繁使用 ChatGPT 的重度使用者，我們建議升級至 ChatGPT 付費版。付費版不僅享有在高流量時的優先使用權，回應速度也更快，有助於提高工作效率。

此外，付費版還提供了「連網使用」和「使用 GPT4.0 版本」兩種功能，對於注重回答內容品質的使用者來説，考慮訂閱 ChatGPT Plus 可能是一個不錯的選擇。底下我們摘要出付費版 ChatGPT Plus 和免費版 ChatGPT 的差異：

- 流量大時，有優先使用權。
- 優先體驗新功能
- 回應速度較快

- 可使用 GPT4.0 版本，但仍有每 3 小時提問 25 個問題的限制
- 可以使用各種 plugin 外掛程式

如果您想了解更多關於 ChatGPT Plus 的功能和優勢，請開啟以下網頁以獲取更詳細的說明：

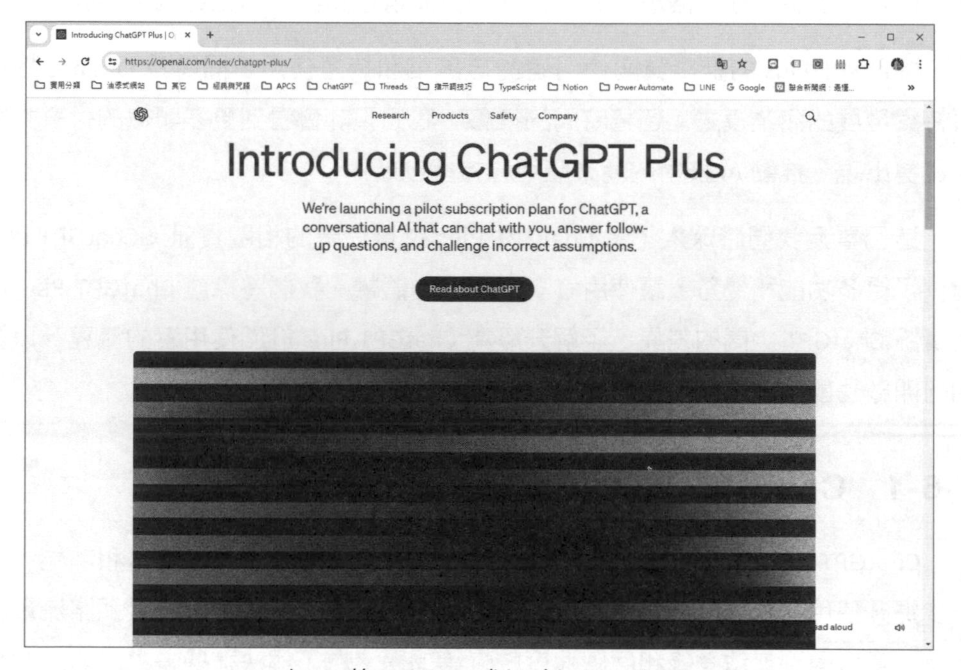

https://openai.com/blog/chatgpt-plus

1-6-2　升級為 ChatGPT Plus 訂閱使用者

在這一節中，我們將介紹如何升級為 ChatGPT Plus 的訂閱使用者。您將了解到訂閱的流程和步驟，以及相關的訂閱方案和價格。我們將提供實用的建議和指引，幫助您順利升級並開始享受 ChatGPT Plus 的優勢。

如果要升級或續訂為 ChatGPT Plus 可以在 ChatGPT 畫面左下方按下「升級 Plus」或「續訂 Plus」(如果之前已訂過 ChatGPT Plus，但後來取消訂閱)：

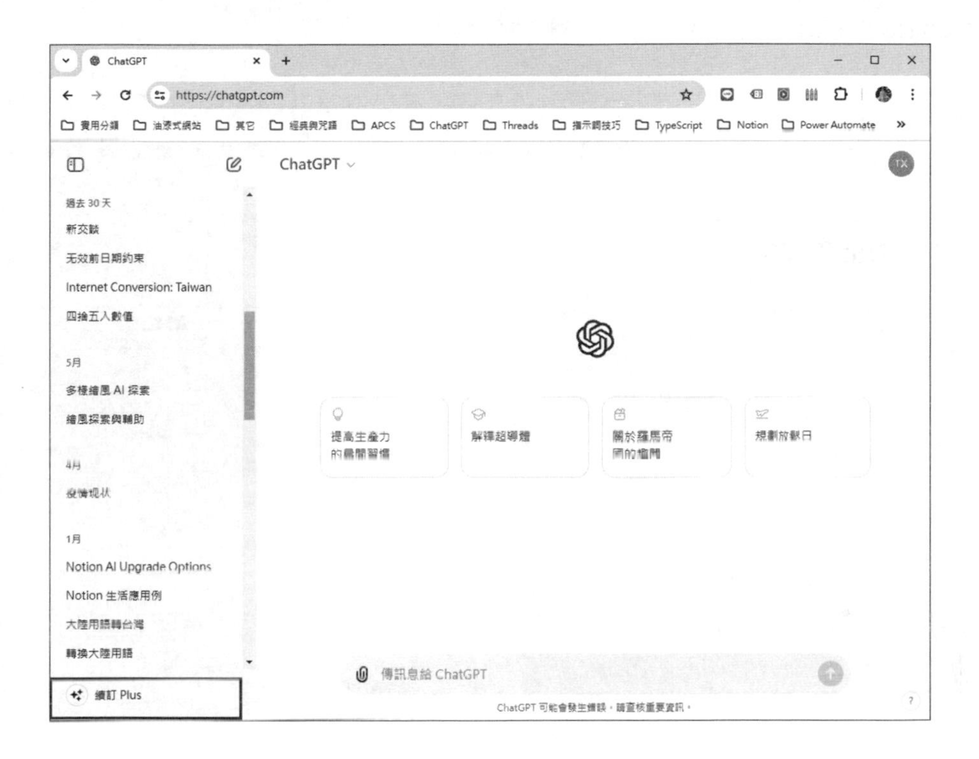

填寫信用卡和帳單資訊後，點擊「訂閱」按鈕即可完成 ChatGPT Plus 的升級。請注意，目前付費方案是每個月 US 20，會自動扣款，如果下個月不想再使用 ChatGPT Plus 付費方案，記得去取消訂閱。

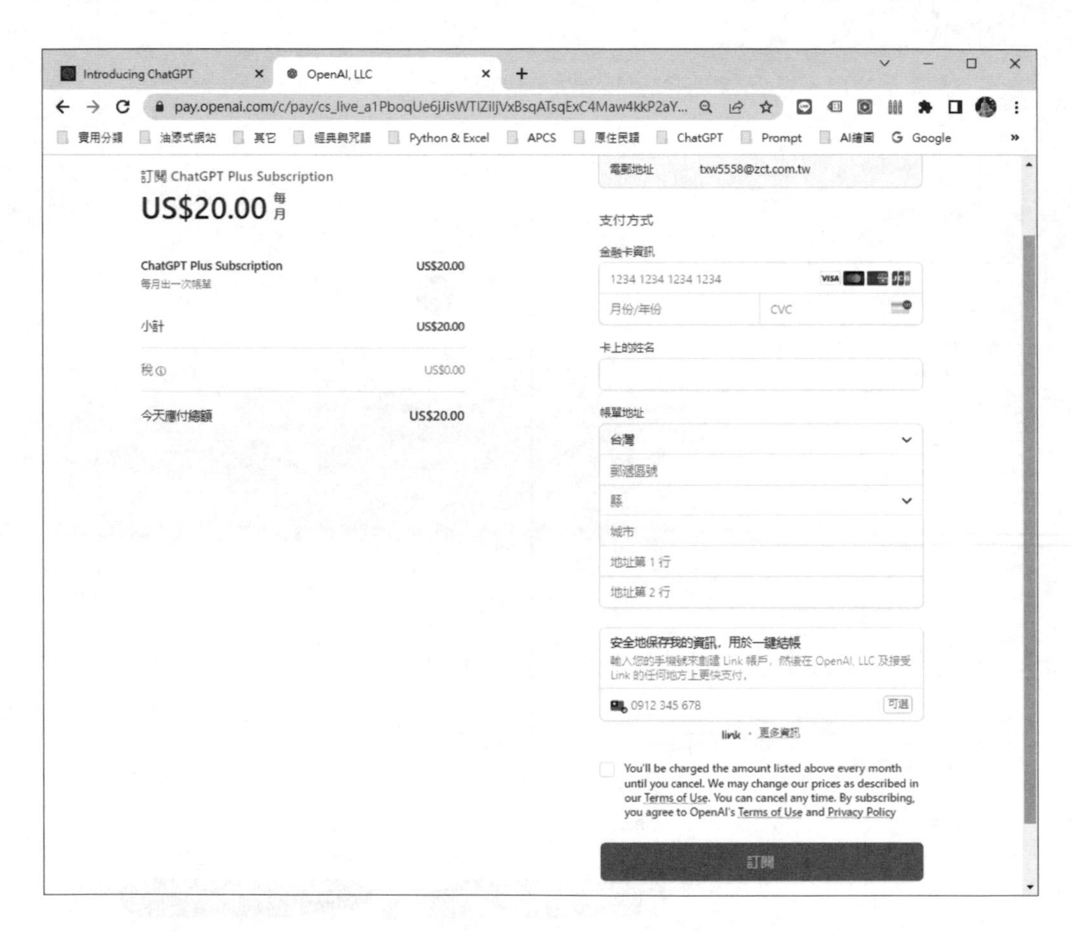

02 CHAPTER 提示詞重要原則基本功

在這個數位時代，與 AI 的互動已成為日常的一部分。但如何有效地與 ChatGPT 溝通，並從中獲得有價值的答案？本章將為您揭露提示詞的藝術和科學，並提供一系列的原則和技巧等基本功，幫助您最大化 AI 的潛力。

2-1 基本功 1：以專家角色扮演來提高提示精確度

當您將自己置於專家的位置時，您的問題將更具針對性。這不僅可以提高回答的質量，還可以使您更深入地了解主題。

2-1-1 角色扮演的重要性

在 AI 的世界中，如何提問往往決定了你得到的答案的質量。當我們提問時，如果能夠從專家的角度出發，那麼得到的答案往往更加精確和深入。這是因為，當你以專家的身份提問，你的問題會更具針對性，更加具體，這樣 AI 能夠更好地理解你的需求，從而給出更加滿意的答案。

例如，當你想知道某個程式語言的特點時，如果你只是問：「Python 是什麼？」那麼你可能得到的答案是非常基礎和廣泛的。但如果你問：「作為一名資深的程式設計師，我想知道 Python 在大數據處理上的優勢是什麼？」這樣的問題，則更有可能得到具體、深入的答案。

2-1-2 如何進行角色扮演

進行角色扮演並不困難，關鍵是要先確定你想要模仿的專家角色。這需要你對該領域有一定的了解，或者至少知道你想要得到什麼樣的答案。當你確定了角色後，就可以開始模仿該角色的語言和思維方式，從而提出更具針對性的問題。

例如，當你想知道某個醫學問題時，你可以扮演一名醫生，並問：「作為一名內科醫生，我想知道最新的高血壓治療方法有哪些？」這樣的問題，往往能夠得到更加專業和深入的答案。

2-1-3 ChatGPT 的實際操作範例

在這一小節中，我們將透過具體的提問實例，呈現如何巧妙地運用「以專家角色扮演來提高提示精確度」的技巧，讓你在與 ChatGPT 互動時，能夠更加得心應手，獲得更精確的答案。

提示（prompt）詞

請以有 10 年以上專業中醫的角度提供如何防止便秘的建議。

ChatGPT 回答內容

從擁有10年以上專業中醫的角度來看，防止便秘的方法是多方面的，且需要從體質、飲食、生活習慣等多個角度來進行調理。以下是一些建議：

1. **調整飲食結構：**
   - 增加蔬果攝取：蔬果中的纖維質有助於促進腸道蠕動，如木耳、蘆筍、香蕉、無花果等。
   - 減少高脂肪、高糖和加工食品的攝取，這些食物可能會使腸道過於滑膩，影響腸道蠕動。
   - 增加全穀類食品，如糙米、燕麥等，這些食物含有大量的膳食纖維，有助於腸道健康。
2. **適量運動：**
   - 每天保持至少30分鐘的適度運動，如散步、瑜伽或太極，可以促進腸道蠕動，有助於排便。
3. **調理脾胃：**
   - 在中醫理論中，脾胃健康是消化系統正常運作的關鍵。可以選擇一些中藥材如山藥、茯苓、白朮等來調理。
   - 避免冷飲和生冷食物，這些食物會傷害脾胃，影響其運作。
4. **按摩腹部：**
   - 每天早晚各按摩腹部5-10分鐘，順時針方向，可以刺激腸道，促進腸道蠕動。
5. **保持良好的生活作息：**
   - 固定的作息有助於調節身體的生物鐘，使腸道運作更加正常。
   - 避免熬夜，確保每晚7-8小時的充足睡眠。
6. **喝足夠的水：**
   - 水分可以軟化糞便，使其更容易排出。每天至少喝8杯水，並根據運動量和天氣調整。
7. **適時排便：**
   - 當感覺到排便的衝動時，應該立即去廁所，不要忍住。
8. **中藥調理：**
   - 若長期便秘，可以考慮使用一些中藥如大黃、芒硝等來調理，但最好在專業中醫師的建議下使用。

總之，防止便秘需要從多方面進行調理，並結合飲食、生活習慣和中醫理論。如有持續的便秘問題，建議尋求專業中醫師的診斷和建議。

Regenerate

提示（prompt）詞

請以在地專業導遊的角度推薦 " 高雄 " 的私房景點。

ChatGPT 回答內容

當然可以！作為一位在地專業導遊，我會推薦以下幾個高雄的私房景點，這些地方或許不像旗津、六合夜市那麼知名，但卻有著獨特的魅力和故事：

1. **旗津老街：**
   - 雖然旗津因其海灘而聞名，但其老街也是一個值得探索的地方。這裡有著古老的建築、獨特的小吃和手工藝品店，讓你體驗到不同於都市的悠閒氛圍。
2. **哈瑪星：**
   - 位於鹽埕區的哈瑪星是一個充滿藝術氛圍的區域，這裡有許多獨立設計師的工作室和咖啡店，是一個適合閒逛和尋找獨特紀念品的地方。
3. **舊城區的歷史建築：**
   - 高雄的舊城區有著許多保存完好的日治時期建築，如前鎮天后宮、旗後燈塔等，這些地方不僅有著豐富的歷史背景，也是拍照的好地方。
4. **三鳳宮：**
   - 位於左營區的三鳳宮是一座有著300多年歷史的廟宇，其獨特的建築風格和精緻的雕刻都值得一看。
5. **六龜風景區：**
   - 雖然距離市區較遠，但六龜的自然風光絕對值得一遊。這裡有著清澈的溪流、綠意盎然的山林和多樣的生態，是一個適合親近大自然的好地方。
6. **新興街區：**
   - 這裡是高雄的老商圈，有著許多古老的店鋪和小吃，如阿公店、萬川號等，是一個適合品味老高雄風情的地方。
7. **草衙燈籠會：**
   - 每年農曆新年期間，草衙都會舉辦大型的燈籠展，這裡不僅有著各式各樣的燈籠，還有著各種表演和活動，是一個適合全家大小的好去處。

總之，高雄除了知名的旅遊景點外，還有著許多私房景點等待你去探索。希望你能在 Regenerate 都找到屬於自己的小確幸！

提示（prompt）詞

請以一位專精動物保育部落格寫手寫一篇關於台灣獼猴的部落格文章。

ChatGPT 回答內容

台灣的綠色精靈：獼猴的故事

大家好，我是動物保育部落客小綠。今天，我想帶大家認識一下台灣的特有種動物——台灣獼猴。

一、獼猴的基本介紹

台灣獼猴（學名：Macaca cyclopis），又稱為台灣長尾猴，是台灣的特有種，也是我們唯一的野生猴子。牠們的體型中等，體長約50-60公分，尾巴長度則可達70公分。成猴的毛色為灰褐色，而幼猴則為金黃色。

二、生活習性

台灣獼猴主要分布在台灣的中、低海拔山區，從平地到海拔2000公尺的地方都有牠們的蹤影。牠們是群居動物，一般一群由數十隻到上百隻不等，由一位或多位成年雄猴領導。獼猴的食性很廣泛，包括水果、葉子、花朵、昆蟲等，而牠們最喜歡的食物是果實。

三、獼猴與人類的互動

由於人類的活動範圍與獼猴的棲息地越來越接近，獼猴和人類的互動也越來越頻繁。在一些山區或觀光景點，獼猴甚至會主動接近人類尋求食物。但這樣的互動其實對獼猴並不利，容易造成牠們的飲食習慣改變，甚至可能帶來疾病。

四、保護獼猴的重要性

台灣獼猴是我們的國寶，也是台灣生態的重要組成部分。但由於棲息地的破壞、非法捕獵等因素，獼猴的數量在過去曾一度減少。幸好，經過多年的保育努力，獼猴的數量已經逐漸回升。但我們仍需持續努力，確保這些綠色的精靈能夠在台灣的土地上繁衍生息。

結語

台灣獼猴不僅是我們的國寶，更是台灣生態的重要指標。保護獼猴，就是保護我們的家園。希望大家在遇到獼猴時，能夠保持距離，不要餵食，讓牠們能夠在自然環境中自由生活。讓我們一起努力，為台灣的綠色精靈創造一個更好的未來！

提示（prompt）詞

作為一名營養師，我想知道低碳水化合物飲食的優點和缺點是什麼？

ChatGPT 回答內容

當然可以，低碳水化合物飲食在近年來受到許多人的喜愛，尤其是那些希望減重或控制血糖的人群。以下是低碳水化合物飲食的優點和缺點：

優點：

1. **減重**：許多研究顯示，低碳水化合物飲食可以幫助人們在短時間內減少體重，尤其是減少腹部的脂肪。
2. **控制血糖和胰島素**：低碳飲食可以降低血糖和胰島素水平，對於糖尿病患者或是想要預防糖尿病的人來說，這是一個很好的選擇。
3. **提高良好膽固醇**：低碳飲食可以提高高密度脂蛋白（HDL）的水平，這是一種良好的膽固醇。
4. **降低血壓**：有些人在實施低碳飲食後，血壓有所下降。
5. **飽足感**：高蛋白和高脂肪的食物可以增加飽足感，減少飢餓感。

缺點：

1. **營養不均衡**：由於碳水化合物的攝取受到限制，可能會缺乏某些維生素、礦物質和纖維。
2. **副作用**：在開始低碳飲食的初期，有些人可能會經歷所謂的"低碳流感"，症狀包括頭痛、疲勞、暈眩和腸胃不適。
3. **長期效果未知**：目前對於低碳飲食的長期效果還不太清楚，有些研究指出長期實施可能對心臟健康有害。
4. **可能影響運動表現**：由於碳水化合物是運動能量的主要來源，低碳飲食可能會影響持續時間長、高強度的運動表現。
5. **食物選擇受限**：低碳飲食可能會限制某些健康的食物，如水果、全穀物和豆類。

總之，低碳水化合物飲食對某些人來說可能是一個有效的方法，但最好在開始此種飲食前諮詢營養師或醫生的建議，以確保飲食是均衡和健康的。

提示（prompt）詞

身為一位建築師，我想了解現代建築中綠色建築的設計原則有哪些？

ChatGPT 回答內容

當然可以，綠色建築是現代建築設計的重要趨勢，它強調環境保護、資源節約和人與自然的和諧共生。以下是綠色建築的主要設計原則：

1. **永續性**：這是綠色建築的核心概念，意指建築物在其整個生命週期中，從設計、建造、使用到拆除，都應該考慮到環境、社會和經濟的影響。
2. **能源效率**：綠色建築應該追求高效的能源使用，包括使用被動式設計策略（如自然通風和日光照明）和高效的設備和系統。
3. **水資源管理**：這包括雨水收集、再利用和節水設備的使用，以減少對地下水和市政供水的依賴。
4. **使用可再生和可回收材料**：選擇低環境影響的建築材料，並優先考慮使用可再生和可回收的材料。
5. **健康和室內環境質量**：確保室內空氣質量良好，避免使用有害或有毒的材料，並提供充足的自然光和新鮮空氣。
6. **土地使用和生態保護**：選擇合適的建築地點，保護現有的自然環境，並優化景觀設計以增強生物多樣性。
7. **整合設計**：這是一種跨學科的合作方法，將建築師、工程師、環境科學家和其他專家結合在一起，從一開始就確保建築物的綠色策略得到實施。
8. **適應性和靈活性**：設計應該考慮到建築物的未來使用和可能的變化，以確保其長期的可持續性。
9. **文化和社區連接**：綠色建築應該尊重和回應其所在的文化和社區環境，並鼓勵社區參與和教育。
10. **生命週期成本分析**：不僅考慮初次建造的成本，還要考慮建築物在其整個生命週期中的運營、維護和拆除成本。

綠色建築的設計原則鼓勵我們重新思考我們如何設計、建造和使用建築物，以確保它們對環境、社會和經濟都有正面的影響。這不僅可以減少我們的碳足跡，還可以創建更健康、更舒適和更具吸引力的空間。

2-2 基本功 2：確定您的問題是明確的

一個明確的問題是成功的第一步。它為 AI 提供了清晰的方向，並確保您獲得的答案與您的期望相符。一定要避免含糊不清的問題，它可能會導致模糊的答案，因此確保您的問題具體和明確，這樣您可以得到更具體的回答。

2-2-1 為何明確的問題如此重要

在與 AI 系統互動時，提供清晰明確的問題是獲得正確答案的關鍵。模糊或不明確的問題容易導致 AI 誤解，從而產生不相關或不精確的答案。這不僅浪費使用者的時間，還可能導致使用者對 AI 的信任度下降。想像一下，當你與人交談時，如果你的問題模糊不清，對方可能會困惑或誤解你的意思。AI 也不例外。事實上，AI 更依賴於明確的指示，因為它沒有人類的直覺或情境理解能力。

例如，當你問 ChatGPT「天氣如何？」而沒有提供具體的地點或日期，AI 可能會回答一個很廣泛的答案，或者根本不知道你想知道哪裡的天氣。

2-2-2 如何確保問題的明確性

要確保問題的明確性可以有以下幾種常見作法：

- 避免過於廣泛的問題：例如，問「告訴我關於太陽系的資訊」可能會得到一個非常基本的答案。但如果問「太陽系中的哪顆行星最大？」則更具體，AI 也更容易提供正確答案。
- 提供足夠的上下文：例如，「他是誰？」這樣的問題對 AI 來說是不明確的。但如果問「在《哈利波特》中，誰是赫敏的最好的朋友？」則更清晰。
- 請避免使用模糊的詞語：例如，「近期的電影」可能對 AI 來說是不明確的，因為「近期」的定義因人而異。更好的問法是「2021 年上映的電影」。
- 具體化：儘可能提供詳細的資訊。例如，不是問「最好的書？」，而是問「你推薦的關於攝影技巧的書籍有哪些？」。
- 避免使用雙重否定：例如，不要問「你不認為這不是個好主意嗎？」，這樣的問題會使 AI 混淆。改為直接問「你認為這是個好主意嗎？」。
- 限制問題的範疇：例如，不是問「告訴我關於太空的一切」，而是問「太空中的黑洞是什麼？」。

2-2-3 ChatGPT 的實際操作範例

在這一小節中，我們將透過具體的提問實例，呈現如何巧妙地運用「確定您的問題是明確的」的技巧，讓你在與 ChatGPT 互動時，能夠更加得心應手，獲得更精確的答案。

提示（prompt）詞

我想學習攝影，我該從哪裡開始？

ChatGPT 回答內容

學習攝影是一個既有趣又充滿挑戰的過程。以下是一些建議，幫助你開始攝影的旅程：

1. **了解你的相機**：不論你使用的是數位單眼相機、手機還是傳統的照片相機，首先瞭解它的基本功能和設置是非常重要的。閱讀使用手冊，並熟悉各種模式和設置。
2. **學習基本的攝影原則**：
    - **三分法則**：這是一個幫助你構圖的基本原則，將畫面分為九個相等的部分，並將主題放在交叉點上。
    - **曝光**：瞭解快門速度、光圈和ISO如何影響你的照片。
    - **白平衡**：學習如何根據不同的光源調整白平衡，使照片的色彩更為真實。
3. **參加攝影課程或工作坊**：有許多在線和實體課程都提供初學者攝影教學。這不僅可以幫助你建立基礎知識，還可以與其他攝影愛好者交流。
4. **多練習**：攝影就像其他技能一樣，需要不斷的練習和學習。嘗試在不同的時間、地點和光線條件下拍攝，這樣可以幫助你瞭解如何在各種情況下獲得最佳效果。
5. **評估和學習**：每次拍攝後，花時間回顧和評估你的照片。思考哪些地方做得好，哪些地方還需要改進。
6. **加入攝影社群**：無論是在線還是實體的攝影社群，都可以提供寶貴的反饋和建議，並與其他攝影師交流經驗。
7. **持續學習**：攝影是一門不斷發展的藝術和技術。隨著技術的進步和自己的成長，總是有新的東西可以學習。

最後，記住攝影是一門藝術，每個人都有自己的風格和視角。享受拍攝的過程，並找到自己的攝影語言！

提示（prompt）詞

玫瑰花在春季應該如何澆水？

ChatGPT 回答內容

玫瑰花在春季的澆水是相當重要的，因為這是它們生長的旺盛時期。以下是一些建議，幫助您在春季正確地澆灌玫瑰：

1. **深度澆水**：玫瑰花的根系喜歡深度澆水，這意味著每次澆水時，您應該確保水能夠滲透到土壤的較深層。這不僅可以鼓勵玫瑰花的根部向下生長，還可以確保根部獲得充足的水分。
2. **避免澆灌葉片**：當您澆水時，儘量避免將水澆在玫瑰花的葉片上。這是因為濕潤的葉片更容易受到疾病的侵害，如真菌感染。
3. **早上澆水**：最好在早上澆水，這樣可以確保在日落之前，土壤表面的多餘水分會蒸發掉。這可以減少由於土壤過於濕潤而引起的疾病風險。
4. **檢查土壤的濕度**：在澆水之前，先用手指插入土壤約1-2吋深，檢查土壤的濕度。如果土壤感覺乾燥，那麼就是澆水的時候了。如果土壤仍然濕潤，則可以再等一兩天。
5. **考慮天氣條件**：在春季，天氣可能會有所變化。在雨季或潮濕的天氣中，您可能需要減少澆水的頻率。相反，如果天氣乾燥，您可能需要增加澆水的頻率。

總之，為玫瑰花提供適當的澆水是確保它們健康生長的關鍵。記住，每個花園和每株玫瑰花的需求都可能有所不同，所以最好定期檢查土壤的濕度，並根據需要調整澆水的頻率和量。

透過以上的範例，我們可以看到，確保問題的明確性不僅可以幫助 AI 更好地理解你的需求，還可以確保你得到更有價值和相關的答案。所以，下次與 ChatGPT 互動時，記得先思考一下你的問題是否足夠明確！

2-3 基本功 3：避免開放式或過寬的提示

過於開放的提示可能會導致資訊過載。縮小範圍，確保提示的目的性，這樣您可以獲得更有價值的答案。

2-3-1　開放式提示的挑戰

開放式的提示，例如「告訴我關於歷史」或「我想知道科學」，雖然看似簡單，但對於 AI 來說，這樣的問題範圍過於廣泛。結果可能是 AI 提供的答案過於籠統，或是涵蓋了太多不相關的主題，使得答案失去了深度和價值。此外，由於 AI 試圖回答如此廣泛的問題，它可能會花費更多的時間和資源，這在某些情況下可能會導致效能問題。為了獲得更具體和有價值的答案，建議使用者在提問時提供更多的上下文或限制範圍。這不僅可以幫助 AI 更快速地找到答案，還可以確保答案的質量和相關性。

2-3-2　ChatGPT 的實際操作範例

在這一小節中，我們將透過具體的提問實例，呈現如何巧妙地運用「避免開放式或過寬的提示」的技巧，讓你在與 ChatGPT 互動時，能夠更加得心應手，獲得更精確的答案。

提示（prompt）詞

我想知道關於攝影的資訊。

ChatGPT 回答內容

當然，攝影是一門結合藝術和技術的學問，它涉及使用相機捕捉光線，以創建和保存圖像。以下是關於攝影的一些基本資訊：

1. 歷史：

- 攝影的歷史可以追溯到19世紀初，當時人們使用銀鹽和其他化學物質在玻璃或金屬板上捕捉圖像。
- 35mm底片相機在20世紀初成為主流，使得攝影更加便攜和普及。
- 數位攝影的崛起在21世紀初改變了攝影界，使得照片的拍攝、編輯和分享變得更加容易。

2. 基本技術：

- **快門速度**：控制相機的感光時間，影響動態物體的捕捉。
- **光圈**：控制進入相機的光量，影響景深。
- **ISO**：感光度的設定，影響照片的亮度和噪點。

3. 攝影種類：

- **肖像攝影**：專注於捕捉人的面部和情感。
- **風景攝影**：捕捉自然或城市的美景。
- **微距攝影**：拍攝小物件或生物的細節。
- **運動攝影**：捕捉運動員或動態物體的動作。
- **夜景攝影**：在低光環境下拍攝，通常需要使用腳架。

4. 後製：

- 數位攝影允許攝影師在拍攝後進行編輯，例如調整亮度、對比度、色彩等。
- 軟體如Adobe Photoshop和Lightroom是攝影師後製的常用工具。

攝影是一門深奧且有趣的藝術，不斷的學習和實踐可以幫助您更好地掌握它。如果您有特定的問題或想深入了解某一方面，請告訴我！

Regenerate

提示（prompt）詞

我想知道著名的攝影師和他們的作品。

ChatGPT 回答內容

當然，歷史上有許多著名的攝影師，他們的作品不僅捕捉了時代的精神，也推動了攝影藝術的發展。以下是一些著名的攝影師及其代表作品：

1. **安塞爾·亞當斯 (Ansel Adams)**：
   - 代表作品：《月夜的優勝美地》(Moonrise, Hernandez, New Mexico)、《優勝美地國家公園》系列
   - 特色：他以其精湛的黑白風景攝影技巧而聞名，特別是他對美國國家公園的作品。
2. **亨利·卡提埃-布列松 (Henri Cartier-Bresson)**：
   - 代表作品：《背後的塞納河》(Behind the Gare Saint-Lazare)、《甘地的最後一天》(Gandhi's Last Day)
   - 特色：被譽為「街頭攝影之父」，他的作品捕捉了生活中的決定性瞬間。
3. **黛安·阿勃絲 (Diane Arbus)**：
   - 代表作品：《雙胞胎姐妹》(Identical Twins, Roselle, New Jersey)
   - 特色：她的作品經常探索社會邊緣的人物，如小矮人、巨人、變裝皇后等。
4. **理查德·阿維頓 (Richard Avedon)**：
   - 代表作品：《美國西部的人們》(In the American West)
   - 特色：他以其時尚攝影和深入的肖像攝影而聞名。
5. **羅伯特·卡帕 (Robert Capa)**：
   - 代表作品：《死亡的士兵》(The Falling Soldier)
   - 特色：他是20世紀最偉大的戰地攝影師之一，捕捉了多次重大戰爭的決定性時刻。

6. **辛迪·舍曼 (Cindy Sherman)：**
   - 代表作品：《不完整的電影場景》(Untitled Film Stills) 系列
   - 特色：她以自己為模特，創作了一系列模仿1950年代和60年代電影場景的自拍照。

這只是冰山一角，還有許多其他著名的攝影師和他們的傑出作品。如果您想深入了解某位攝影師或某個特定時期的攝影，請告訴我！

2-4 基本功 4：適當的上下文和背景

正確地提供上下文和背景是確保 AI 能夠為您提供有價值答案的關鍵。透過明確、具體的問題，並在必要時提供足夠的背景資訊，您可以最大化 ChatGPT 的效能，獲得更精確的回答。

2-4-1 上下文的重要性

當我們在日常生活中與他人交談時，我們經常依賴上下文來理解對方的意思。同樣地，當與 AI 交談時，提供清晰的上下文可以幫助 AI 更精確地回答您的問題。例如，當您問及「這部電影的評價如何？」，如果沒有提供電影名稱或其他相關資訊，AI 可能會感到困惑。但如果您說「關於《鐵達尼號》這部電影的評價如何？」，AI 就能夠提供更具體的回答。

2-4-2 如何提供上下文

在與 ChatGPT 交談時，確保您的問題或指示包含了足夠的背景資訊。這不僅僅是問題的具體性，還包括了您希望 AI 知道的任何相關資訊。例如，當您詢問某個專業領域的問題時，可以先說明您已經知道的資訊，這樣 AI 就可以在這基礎上為您提供更深入的答案。

雖然提供上下文很重要，但也要避免給 AI 太多不必要的資訊。太多的背景可能會使問題變得模糊，導致 AI 無法正確回答。另外一定要確保您提供的資訊是與問題直接相關的，並嘗試將問題簡化為最重要的部分。

2-4-3 ChatGPT 的實際操作範例

在這一小節中，我們將透過具體的提問實例，呈現如何巧妙地運用「適當的上下文和背景」的技巧，讓你在與 ChatGPT 互動時，能夠更加得心應手，獲得更精確的答案。

提示（prompt）詞

我已經知道太陽能板是如何運作的，但我想知道其在台灣的普及率和效益。

ChatGPT 回答內容

太陽能在台灣的發展已經有一段時間，且在近年來受到政府的大力推廣。以下是關於太陽能板在台灣的普及率和效益的資訊：

1. 台灣太陽能板的普及率

台灣政府在近年來提出了多項太陽能發展計畫，目標是到2025年，太陽能裝置容量達到20GW。由於這些政策的推動，太陽能板的安裝量在台灣持續增加。特別是在南部地區，由於日照時間長，太陽能板的安裝量特別高。許多工業區、學校、公共建築物和住宅區都開始安裝太陽能板。

2. 太陽能板在台灣的效益

- **經濟效益**：由於政府提供的補助和固定收購價格，太陽能投資在台灣具有相當吸引力。許多企業和個人投資者都看到了太陽能發電的經濟潛力，並開始投資於此。
- **環境效益**：太陽能發電是一種潔淨的能源，不會產生溫室氣體排放。隨著太陽能板在台灣的普及，可以減少對傳統燃料的依賴，從而減少碳排放，對抗全球暖化。
- **能源獨立性**：隨著太陽能發電量的增加，台灣可以減少對外部能源的依賴，提高能源安全性。
- **創造就業機會**：太陽能產業的發展也帶動了就業市場。從研發、製造到安裝和維護，太陽能產業提供了大量的工作機會。

結語：

太陽能在台灣的發展前景十分看好。隨著技術的進步和成本的降低，加上政府的政策支持，太陽能板在台灣的普及率和效益都將持續增加。對於有意投資或使用太陽能的人來說，現在是一個絕佳的時機。

2-5 基本功 5：避免使用模糊或歧義性的詞語

清晰的語言是成功的基石。選擇明確的詞語，避免可能的混淆，確保您的問題被正確理解。

2-5-1 模糊詞語的問題

在與 AI 互動時，模糊或歧義性的詞語可能會導致不必要的誤解。例如，當您使用「大」這個詞，AI 可能不確定您是指「大尺寸」、「大量」還是「重要性」。這種不確定性可能會導致 AI 提供不精確或不相關的答案。例如以下的範例比較：

- 不佳的問題：「我想要一個大的解決方案。」

  這樣的問題太過模糊，AI 可能會困惑您是希望得到一個全面的解決方案，還是一個具有大規模效果的解決方案。

- 改進後的問題：「我想要一個全面的解決方案來提高銷售業績。」

  這樣的問題更具體，AI 可以更容易地提供相關的策略和建議。

2-5-2 如何避免模糊或歧義性的詞語

要避免模糊或歧義性的詞語可以有以下幾種常見作法：

- 明確指定詞語的意義：如果必須使用可能有歧義的詞語，請在問題中提供更多的上下文，以幫助 AI 理解您的意圖。
- 使用具體的名詞和動詞：避免使用太過泛泛的詞語，如「東西」或「做」，而是選擇更具體的詞語，如「策略」或「實施」。
- 避免使用雙關語：雙關語可能會使 AI 困惑，因此最好避免在問題中使用。

2-5-3 ChatGPT 的實際操作範例

在這一小節中，我們將透過具體的提問實例，呈現如何巧妙地運用「避免使用模糊或歧義性的詞語」的技巧，讓你在與 ChatGPT 互動時，能夠更加得心應手，獲得更精確的答案。

提示（prompt）詞

告訴我一些攝影技巧，可以幫助我拍出更好的風景照片。

ChatGPT 回答內容

當然可以！拍攝風景照片是一門藝術，但也有一些技巧和原則可以幫助您拍出更加吸引人的作品。以下是一些建議：

1. **黃金時刻**：「黃金時刻」通常指的是日出和日落時的短暫時間。在這段時間，太陽的光線是柔和和暖色的，可以為您的照片增添一種夢幻和浪漫的感覺。
2. **使用三分法則**：在構圖時，將畫面分成九個相等的部分，由兩條垂直線和兩條水平線形成。將您的主題或景點放在這些線的交叉點上，可以使照片更加平衡和吸引人。
3. **低角度拍攝**：嘗試從低處拍攝，這可以使天空、雲層或遠方的山脈更加突出。
4. **使用廣角鏡頭**：廣角鏡頭可以捕捉更廣闊的景色，並強調前景中的物體。
5. **使用三腳架**：特別是在光線不足的情況下，使用三腳架可以確保您的照片不會因手震而模糊。
6. **注意前景**：一個有趣的前景可以為風景照片增添深度和興趣。例如，一塊岩石、一棵樹或一條小溪都可以作為前景。
7. **使用慢速快門**：如果您想拍攝流動的水或移動的雲，使用慢速快門可以捕捉到這些元素的動態美。
8. **注意天氣**：有時候，多雲或陰天可能會為您的風景照片增添一種特殊的氛圍。不要只在晴天出門拍照。
9. **使用偏光鏡**：偏光鏡可以減少非金屬表面的反光，增強天空的藍色，使雲層更加突出。
10. **學習後期製作**：使用軟體如Adobe Lightroom或Photoshop來後期調整您的照片，可以提高照片的質量，並強調某些元素。

希望這些建議能幫助您拍出更美的風景照片！攝影是一門需要不斷學習和實踐的藝術，所以多出去拍照，並從每次的經驗中學習。

2-6 基本功 6：避免使用模糊的形容詞和副詞

形容詞和副詞可以豐富語言，但模糊的描述可能會導致答案的不確定性。確保您的描述是具體和明確的。

2-6-1 形容詞和副詞的重要性

形容詞和副詞在語言中扮演著重要的角色，它們可以幫助我們更詳細、更具體地描述事物或動作。然而，當我們在與 AI 溝通時，過於模糊或不明確的形容詞和副詞可能會導致答案的不確定性。例如，當我們說「我想要一些好的建議」時，「好的」是一個相對模糊的形容詞，因為「好」的標準因人而異。

2-6-2 如何避免模糊的形容詞和副詞

首先，我們需要明確我們的需求。例如，如果我們想要攝影技巧，不應該只說「給我一些建議」，而應該說「給我一些建議，如何在低光環境下拍攝」。這樣的描述更具體，可以得到更精確的答案。

其次，嘗試避免使用「很」、「非常」、「多」等模糊的副詞。例如，「我想知道很多攝影技巧」可以改為「我想知道五種攝影技巧」。

最後，當您不確定如何描述時，可以先問自己：「我真正想要知道什麼？」這樣可以幫助您更具體地描述您的需求。

2-6-3 ChatGPT 的實際操作範例

在這一小節中，我們將透過具體的提問實例，呈現如何巧妙地運用「避免使用模糊的形容詞和副詞」的技巧，讓你在與 ChatGPT 互動時，能夠更加得心應手，獲得更精確的答案。以下是一些實際的範例：

提示（prompt）詞

我想要一些建議，如何提高我的寫作技巧？

ChatGPT 回答內容

當然可以！提高寫作技巧是一個持續的學習過程，以下是一些建議，希望能幫助您提升寫作能力：

1. **閱讀為王**：閱讀不同類型的書籍、文章和文學作品，可以幫助您了解不同的寫作風格和技巧。透過閱讀，您可以學習到如何組織文章、如何使用修辭手法，以及如何有效地傳達思想。
2. **每日寫作練習**：像其他技能一樣，寫作也需要經常練習。設定每日寫作目標，無論是寫日記、短篇小說，還是專業文章，持續的練習可以幫助您找到自己的寫作聲音。
3. **參加寫作工作坊或課程**：透過專業的指導，您可以學習到更多寫作技巧和策略。此外，與其他學員的交流也可以提供不同的觀點和建議。
4. **寫作後徹底修訂**：初稿往往不是最佳版本。寫完後，花時間修訂和編輯您的文章，確保語言流暢，結構清晰。
5. **尋求他人的反饋**：讓家人、朋友或同事閱讀您的作品，並聆聽他們的建議。外部的觀點可以幫助您發現可能忽略的問題。
6. **擴展詞彙**：豐富的詞彙可以使您的寫作更具表現力。嘗試學習新詞彙，並在寫作中使用它們。
7. **研究文法和語法**：正確的文法和語法是寫作的基礎。確保您熟悉基本的文法規則，並避免常見的錯誤。
8. **設定寫作目標**：無論是完成一篇文章、一本書，還是每天寫一定的字數，設定目標可以幫助您保持動力。
9. **避免拖延**：設定寫作時間，並遵循它。避免分心，專注於寫作。
10. **保持好奇心**：好的作家總是對世界充滿好奇。持續學習，不斷探索，這將為您的寫作帶來新的靈感。

記住，寫作是一個旅程，不斷的學習和練習將使您不斷進步。祝您寫作愉快！

提示（prompt）詞

你知道台灣的阿里山嗎？

ChatGPT 回答內容

TX 你知道台灣的阿里山嗎？

當然知道！阿里山是台灣的著名旅遊景點，位於嘉義縣的中部山區。以下是一些關於阿里山的基本資訊：

1. **阿里山森林遊樂區**：這是阿里山最受歡迎的旅遊區域，擁有豐富的自然景觀、古老的森林鐵路和多樣的生態。
2. **日出觀賞**：阿里山的日出是其著名的自然景觀之一。許多遊客會在清晨到達觀景台，欣賞壯觀的日出景色。
3. **神木區**：這裡有許多古老的樹木，包括千年的紅檜樹。這些古樹見證了阿里山的歷史和文化。
4. **阿里山森林鐵路**：這是一條歷史悠久的鐵路，原本用於運輸木材，現在則是遊客觀光的重要交通工具。
5. **櫻花季**：每年春天，阿里山的櫻花盛開，吸引大量遊客前來賞花。
6. **原住民文化**：阿里山是台灣原住民族 - 嘉義的居住地，遊客可以在此體驗原住民的文化和傳統。
7. **高山茶**：阿里山的高山茶因其獨特的風味和高品質而聞名。許多遊客會購買當地的茶葉作為紀念品。

阿里山不僅是自然愛好者的天堂，也是文化和歷史愛好者的理想旅遊地點。如果您計劃訪問台灣，阿里山絕對是不容錯過的景點之一。

總之，當我們與 AI 溝通時，應該儘量避免使用模糊的形容詞和副詞，並提供足夠的上下文和背景，這樣可以確保我們得到更精確和有價值的答案。

2-7 基本功 7：避免使用多義詞

多義詞可能會導致混淆。選擇最能描述您需求的詞語，確保 AI 能夠正確地解讀您的問題。

2-7-1 多義詞的定義與挑戰

多義詞是指在不同的語境中具有不同意義的詞語。例如，「葉」可以指樹的葉子，也可以指某人的名字。當我們在與 AI 系統交流時，使用多義詞可能會導致誤解或不確定性，因為 AI 可能無法確定您所指的是哪一種意義。這種不確定性會影響 AI 的回答質量，可能使其回答偏離您的期望。

2-7-2 如何避免多義詞帶來的困擾

首先，當您提問時，嘗試提供更多的上下文。例如，如果您想知道「葉」在植物學中的意義，您可以問「請解釋植物學中的 " 葉 " 是什麼？」，而不是僅僅問「葉是什麼？」。提供足夠的上下文可以幫助 AI 更準確地理解您的問題。

其次，避免使用那些在您的語境中可能引起混淆的詞語。如果可能的話，選擇那些意義明確、不容易引起誤解的詞語。

2-7-3 ChatGPT 的實際操作範例

以下的範例展示如何避免使用多義詞，並提供清晰的指示給 ChatGPT：

- 不佳的提問：「我想知道清華大學的簡介。」這裡的「清華大學」可能指的是北京的「清華大學」，也可能是指台灣的「清華大學」。
- 更佳的提問：「我想知道在北京清華大學的簡介。」

提示（prompt）詞

我想知道在北京清華大學的簡介。

ChatGPT 回答內容

北京清華大學，簡稱「清華」，是中國的一所頂尖研究型大學，位於北京市海淀區。以下是北京清華大學的簡介：

1. **歷史背景：**
   清華大學的前身是1909年成立的清華學堂，其初衷是培養學生到美國留學。後來，學堂逐步發展成為一所綜合性大學。清華大學經歷了中國的多次歷史變革，但始終保持其學術優越性。
2. **學術優勢：**
   清華大學在多個學術領域都有卓越的表現，特別是在工程、自然科學、社會科學和人文學科。該校擁有一流的教授團隊和研究設施，並與全球多所頂尖大學建立了合作關係。
3. **校園環境：**
   清華大學的校園環境優美，充滿了歷史和文化的氛圍。古老的建築和現代化的設施相結合，形成了一個獨特的學術環境。
4. **國際化：**
   清華大學致力於國際化教育，與世界各地的頂尖學府建立了合作與交換計畫，吸引了大量的國際學生前來就讀。
5. **研究與創新：**
   清華大學在科研和技術創新方面有著傑出的貢獻，許多研究成果都被國際學術界所認可。該校鼓勵學生參與研究項目，培養他們的創新能力和批判思考能力。
6. **社區與文化：**
   清華大學的學生活動豐富多彩，有各種學生組織、社團和文化活動，讓學生在學術學習之外，也能夠充分發展自己的興趣和才能。

總之，北京清華大學是一所歷史悠久、學術優秀的大學，為學生提供了一個高質量的教育環境。

2-8 基本功 8：避免使用難以理解的縮寫和術語

縮寫和術語可能會造成誤解。確保使用的語言是清晰和易於理解的，這樣可以獲得更好的結果。

2-8-1 縮寫和術語的挑戰

在專業領域中，縮寫和術語是常見的，它們可以使溝通更迅速、更精確。但對於不熟悉這些詞彙的人來說，這可能會造成困惑。當我們與 AI 系統互動時，這種困惑可能會放大。AI 可能不會像人類那樣根據上下文來猜測縮寫的意思，尤其是當同一縮寫有多個意義時。

例如，「CPR」在醫學領域中通常指的是「心肺復甦術」，但在其他領域中，它可能有其他意義。如果不提供清晰的上下文，AI 可能會提供不相關或不正確的資訊。

2-8-2 如何正確地與 AI 溝通

為了獲得最佳的答案，我們應該避免使用模糊或不常見的縮寫和術語，或者至少在問題中提供足夠的背景資訊。如果必須使用專業術語，最好解釋其意義或提供相關的上下文。例如，當詢問 AI 有關「CPR」的問題時，可以這樣提問：「請告訴我心肺復甦術（CPR）的基本步驟？」這樣可以確保 AI 理解您的問題並提供正確的答案。

2-8-3 ChatGPT 的實際操作範例

當與 ChatGPT 互動時，確保您的問題是明確的，並避免使用可能引起混淆的縮寫或術語。以下是一些範例：

✗ 錯誤示範：「告訴我 CPR 的資訊。」

✓ 正確示範：「請告訴我心肺復甦術（CPR）的基本步驟。」

✗ 錯誤示範：「我想知道 CRISPR 的用途。」

✓ 正確示範：「我想知道 CRISPR 基因編輯技術的主要應用。」

提示（prompt）詞

請告訴我心肺復甦術（CPR）的基本步驟。

ChatGPT 回答內容

心肺復甦術（CPR）是一種在緊急情況下，當某人的心跳或呼吸停止時，可以救命的生命支持技術。以下是CPR的基本步驟：

1. **確認安全性**：在進行CPR之前，首先確保現場安全，避免自己和受傷者面臨進一步的危險。
2. **檢查反應**：輕輕拍打受傷者的肩膀並大聲呼叫他，確認他是否有反應。
3. **呼叫求救**：如果受傷者沒有反應，立即呼叫緊急服務或叫他人呼叫。
4. **開放氣道**：將受傷者放在硬平面上，輕輕地傾斜他的頭部，使下巴提起，以確保氣道暢通。
5. **檢查呼吸**：接近受傷者的臉，觀察、聆聽和感覺他的呼吸約10秒。如果沒有正常的呼吸，開始CPR。
6. **胸部按壓**：
   - 將一只手的掌心放在受傷者的胸骨中央，然後將另一只手放在第一只手的上面。
   - 使用您的上半身的重量，壓下胸部至少5公分深，但不超過6公分。
   - 保持壓力的速度約每分鐘100到120次，並確保每次壓縮後胸部都能完全回彈。
7. **人工呼吸**：如果您受過訓練且願意進行，每30次胸部按壓後給予2次人工呼吸。首先，確保氣道暢通，然後完全封住受傷者的鼻子，用嘴巴完全封住他的嘴，然後吹氣，使胸部明顯上升。
8. **持續CPR**：直到受傷者恢復正常呼吸、有專業人員接手、或您太過疲勞而無法繼續為止。
9. **使用自動體外心臟去顫器（AED）**：如果現場有AED，請按照其指示使用。AED可以檢測心律並提供必要的電擊，以恢復正常的心跳。

記住，即使您對CPR不太熟悉，進行CPR總比不做要好。在等待專業醫療人員到達的過程中，提供CPR可以大大增加受傷者生存的機會。如果可能的話，建議定期參加CPR培訓課程，以保持技能和知識的更新。

2-9 基本功 9：適當使用同義詞

同義詞提供了不同的視角和解釋。使用它們可以幫助您從不同的角度獲得答案，並增加回答的豐富性。

2-9-1 同義詞的重要性

在與 AI 進行交流時，我們經常會遇到一些問題，這些問題的答案可能不如我們所期望的那麼精確。這時，同義詞就成為了一個非常有用的工具。透過使用不同的詞彙來描述同一件事情，我們可以從 AI 那裡獲得更多元、更全面的答案。例如，當我們詢問「如何烹飪牛排？」時，可能會得到一個基本的答案。但如果我們改用「如何煎煮牛排？」或「牛排的烹飪技巧是什麼？」，答案可能會更具深度和詳細。

2-9-2 如何適當地使用同義詞

使用同義詞的關鍵在於「適當」。不是每一次的提問都需要使用同義詞，而是要在確定原始問題得到的答案不夠完整或不夠精確時，再考慮使用。例如，當我們問「台灣的首都是哪裡？」得到的答案是「台北」，這時就不需要再使用同義詞。但如果我們問「如何提高工作效率？」，可能會得到很多不同的答案，這時就可以考慮使用「如何增加工作生產力？」或「有哪些提升工作效能的方法？」來獲得更多不同的建議。

2-9-3 ChatGPT 的實際操作範例

假設我們想知道「如何提高學習效率？」，但得到的答案不夠完整。這時，我們可以改用以下的問法：

- 「有哪些策略可以幫助我更有效地學習？」
- 「我該如何優化我的學習方法？」
- 「如何加強學習的成效？」

在這一小節中，我們將透過具體的提問實例，呈現如何巧妙地運用「適當地使用同義詞」的技巧，讓你在與 ChatGPT 互動時，能夠更加得心應手，獲得更精確的答案。以下是一些實際的範例：

提示（prompt）詞

有哪些策略可以幫助我更有效地學習？

ChatGPT 回答內容

當然，學習效率是許多學生和專業人士都關心的議題。以下是一些策略，可以幫助您更有效地學習：

1. **主動學習**：不僅僅是被動地接收資訊，而是主動參與，例如問問題、參與討論或教學他人。
2. **分段學習法（Pomodoro Technique）**：將學習時間分成短時段，例如25分鐘學習後休息5分鐘，這樣可以保持專注並減少疲勞。
3. **深度工作**：設定一段不被打擾的時間，完全專注於學習，避免多工和分心。
4. **使用記憶技巧**：如故事法、首字母法或心智圖，幫助記憶和整理資訊。
5. **定期複習**：學習新知識後，隔天、隔週和隔月複習，可以鞏固記憶。
6. **自我測試**：不只是重複閱讀，而是測試自己是否真的理解和記住了材料。
7. **健康的生活習慣**：良好的睡眠、均衡的飲食和定期運動都有助於提高學習效率。
8. **建立學習環境**：確保您的學習空間整潔、安靜，並有足夠的光線。
9. **與他人合作**：組成學習小組，與他人討論和分享，可以從不同的角度了解材料。
10. **設定目標和計劃**：明確知道自己要學什麼，並設定一個實際的學習計劃。
11. **尋求幫助**：當您遇到困難時，不要害怕尋求老師、同學或其他專家的幫助。
12. **保持好奇心**：對所學的東西保持好奇和熱情，這可以增加動機和興趣。

每個人的學習方式都是獨特的，所以最重要的是找到最適合自己的策略，並持續調整和優化。希望這些建議能幫助您提高學習效率！

提示（prompt）詞

我該如何優化我的學習方法？

ChatGPT 回答內容

優化學習方法是一個持續的過程，需要根據個人的學習風格和目標進行調整。以下是一些建議，可以幫助您優化學習方法：

1. **自我評估**：首先，花一些時間反思您目前的學習方法。問自己：哪些方法有效？哪些方法不太有效？這可以幫助您確定需要改進的地方。
2. **設定明確目標**：確定您學習的目的和目標。這可以幫助您集中注意力，並確保您的學習活動是有目的的。
3. **使用主動學習策略**：例如問問題、參與討論、或嘗試教授他人。這些策略可以幫助您更深入地理解材料。
4. **適時複習**：定期回顧和複習材料，以鞏固記憶和加深理解。
5. **使用多種資源**：不要只依賴一本書或一個來源。使用多種資源，如視頻、文章、線上課程等，可以幫助您從不同角度理解材料。
6. **建立學習習慣**：設定固定的學習時間和地點，這可以幫助您建立學習習慣，並提高學習效率。
7. **減少分心**：關閉不必要的通知，選擇安靜的學習環境，並使用專注力管理工具，如番茄鐘法，來增加專注力。
8. **自我測試**：定期測試自己的知識和技能，這可以幫助您確定自己的強項和弱點，並調整學習策略。
9. **尋求反饋**：請教師、同學或專家給予您的學習方法和成果提供反饋，這可以幫助您了解自己的盲點。
10. **保持好奇心和開放心態**：對新知識和技能保持好奇心，並願意嘗試不同的學習方法。
11. **照顧自己的身體和心靈**：確保充足的睡眠、均衡的飲食和定期運動。這些都可以幫助您保持清晰的頭腦，並提高學習效率。

最後，記住學習是一個持續的過程，不斷地調整和優化您的學習方法是關鍵。祝您學習愉快！

總結來說，同義詞是一個非常有用的工具，可以幫助我們從不同的角度獲得答案，並增加回答的豐富性。但使用時也要注意，不是每一次的提問都需要使用，而是要根據情況來適當地選擇。

2-10 基本功 10：適當的格式和語法

正確的格式和語法不僅使您的問題更易於理解，還可以確保答案的質量和準確性。

2-10-1 格式和語法的重要性

在與 ChatGPT 等 AI 模型互動時，正確的格式和語法至關重要。首先，這確保了 AI 能夠正確地解讀您的問題，從而提供更精確的答案。其次，清晰的格式和語法可以減少誤解和混淆，使得交流更為流暢。想像一下，如果您在與人交談時使用了不正確的語法或格式，對方可能會困惑或誤解您的意思。與 AI 的互動也是如此。

2-10-2 如何確保適當的格式和語法

要確保適當的格式和語法可以有以下幾種常見作法：

- 句子結構：確保您的句子結構清晰，避免過長或複雜的句子。例如，避免使用過多的從句或插入語。
- 標點符號：正確使用標點符號，如逗號、句號和問號，可以幫助 AI 更好地解讀您的問題。

2-10-3 ChatGPT 的實際操作範例

在這一小節中，我們將透過具體的提問實例，呈現如何巧妙地運用「適當的格式和語法」的技巧，讓你在與 ChatGPT 互動時，能夠更加得心應手，獲得更精確的答案。以下是一些實際的範例：

提示（prompt）詞

請告訴我台灣的氣候型態。

ChatGPT 回答內容

台灣位於亞洲的東部，介於熱帶與亞熱帶之間。因此，台灣的氣候型態相當多變，主要可以分為以下特點：

1. **亞熱帶氣候**：北部及中部地區屬於亞熱帶氣候，有明顯的四季之分。冬季涼爽但不嚴寒，夏季則炎熱潮濕。
2. **熱帶季風氣候**：南部及東部地區則屬於熱帶季風氣候，冬季溫暖，夏季炎熱。
3. **季節風**：受到季節風的影響，每年的冬季，東北季風會帶來較涼爽的天氣，特別是在北部地區。夏季時，則是受到太平洋高壓帶來的西南季風影響，天氣炎熱且多雨。
4. **梅雨季節**：通常在每年的5月至7月，台灣會進入梅雨季節，這段期間雨量豐沛，常有連續降雨的情況。
5. **颱風**：每年的夏季至秋季，台灣常受到颱風的侵襲。颱風不僅帶來強風和大雨，還可能導致山崩、土石流等自然災害。
6. **地理影響**：台灣的中央有一道高聳的中央山脈，使得西部和東部的氣候有所不同。東部受到太平洋的直接影響，雨量較多，而西部則受到山脈的遮擋，雨量相對較少。

總的來說，台灣的氣候多變，受到地理位置、季節風和颱風等多種因素的影響。不同的地區和季節都有其獨特的氣候特點。

從上面範例中，我們可以看到，正確和清晰的格式和語法可以大大提高 AI 回答的質量和準確性。因此，當與 ChatGPT 或其他 AI 模型互動時，確保您的問題格式和語法正確是非常重要的。

2-11 基本功 11：協助整理大量資訊

在這個數位化、全球化的世界，我們每天都被無數的資訊所包圍。從社交媒體的動態、新聞報導，到學術論文，每一刻都有新的資訊湧入我們的生活。這樣的資訊爆炸帶來了一個重要的問題：如何在這海量的資訊中，快速且正確地找到我們真正需要的答案？

對於許多人來說，面對這麼多的資訊，很容易感到迷失和壓力。但其實，只要掌握一些技巧和方法，就能夠更有效地整理和提問，從而獲得真正有價值的答案。

2-11-1 如何有效地整理和提問

首先，我們需要確定自己真正想要知道的資訊是什麼。這需要我們學會提問的藝術。一個好的問題，應該是具體、明確且有針對性的。例如，不是問「我想知道太陽能的資訊」，而是問「我想知道太陽能板在台灣的普及率和未來的發展趨勢」。

接著，學會使用各種工具和資源來進行搜尋。現在有許多高效的搜尋引擎和數據庫，提供了強大的搜尋和篩選功能。利用這些工具，可以幫助我們更快地找到所需的資訊。

最後，當我們獲得資訊後，也需要學會如何整理和保存。這不僅可以幫助我們未來更快地找到資訊，還可以避免重複的工作和浪費時間。

2-11-2 ChatGPT 的實際操作範例

在這一小節中，我們將透過具體的提問實例，呈現如何巧妙地運用「協助整理大量資訊」的技巧，讓你在與 ChatGPT 互動時，能夠更加得心應手，獲得更精確的答案。

例如，不是直接問「我想知道太陽能的資訊」，而是說「我最近在研究太陽能技術，特別是太陽能板。我想知道它在台灣的普及率和未來的發展趨勢。」

此外，當我們需要整理大量的資訊時，也可以請求 ChatGPT 幫助。例如，我們可以說「我最近在研究太陽能技術，請幫我整理一下目前全球太陽能技術的最新發展和趨勢。」透過這樣的方式，我們不僅可以獲得更精確的答案，還可以節省大量的時間和精力。

提示（prompt）詞

我最近在研究太陽能技術，請幫我整理一下目前全球太陽能技術的最新發展和趨勢。

ChatGPT 回答內容

1. 高效率太陽能電池

隨著技術的進步，太陽能電池的轉換效率持續提升。目前，單晶矽太陽能電池和多晶矽太陽能電池的效率已經達到了20%以上，而某些頂尖的太陽能電池甚至可以達到25%以上的效率。

2. 薄膜太陽能技術

薄膜太陽能電池由於其輕薄、柔韌的特性，使其在建築集成光伏（BIPV）和可攜帶式太陽能產品中有很大的應用潛力。目前，鎘銅鎢硒（CIGS）和銅銦鎵硒（CIGS）薄膜太陽能電池已經達到了相對較高的轉換效率。

3. 建築集成光伏技術 (BIPV)

這是一種將太陽能電池板直接整合到建築物結構中的技術，如窗戶、屋頂或外牆。這不僅可以節省空間，還可以提供額外的能源，使建築物更加環保和節能。

4. 儲能技術

隨著太陽能發電技術的發展，如何儲存太陽能發電所產生的電能成為一個重要的議題。目前，鋰電池和鹽水電池等儲能技術正在迅速發展，以滿足太陽能發電的儲存需求。

5. 浮動太陽能發電系統

這是一種在水面上安裝太陽能電池板的技術，特別適合於土地資源有限的地區。除了節省土地，浮動太陽能發電系統還可以減少水的蒸發，並提高太陽能電池的轉換效率。

2-12 基本功 12：拆解問題、追問

複雜的問題可能需要多步驟來解決。學會拆解問題和追問，這樣您可以更系統地獲得答案。

2-12-1 為何拆解問題是必要的？

在我們面對一個複雜的問題時，直接尋求答案可能會讓我們感到困惑或答案不夠明確。這時，拆解問題就變得尤為重要。透過將大問題分解成數個較小、較具體的子問題，我們可以更有系統、更有針對性地尋求答案。例如，當我們問：「如何提高產品的銷售？」這樣的問題太過廣泛，但如果我們拆解成：「哪些行銷策略可以提高產品的知名度？」或是「如何優化產品定價以吸引更多消費者？」等子問題，我們就能更容易找到具體的解決方案。

2-12-2 追問的藝術

追問是一種深入了解問題的方法，它可以幫助我們獲得更多的資訊、更明確的方向或更具體的答案。例如，當使用 ChatGPT 時，如果您對某個答案不夠滿意或想要更深入的資訊，您可以透過追問來獲得更完整的回答。例如，當您問：「如何提高寫作技巧？」得到的答案可能是一些基本的建議。但如果您追問：「有哪些書籍可以幫助我提高寫作技巧？」或是「請分享一些實際的寫作練習方法。」，您將獲得更具體和實用的建議。

2-12-3 ChatGPT 的實際操作範例

首先，當您面對一個複雜的問題時，嘗試先自己將其拆解成幾個子問題，然後分別向 ChatGPT 提問。例如，當您想知道如何開設一家成功的咖啡店，您可以先問：「如何選擇咖啡店的地點？」接著問：「如何確定咖啡的價格？」以及「有哪些推薦的咖啡豆供應商？」等。

其次，當您對某個答案不滿意或想要更多資訊時，不妨具體地追問。例如，當 ChatGPT 給您一個答案後，您可以說：「請你再詳細解釋一下。」或「你能給我更多相關的例子嗎？」這樣，您將更有可能獲得滿意的答案。

提示（prompt）詞

如何提高寫作技巧？

ChatGPT 回答內容

提高寫作技巧是一個持續的學習過程，以下是一些建議和策略，幫助您逐步提升：

1. **持續閱讀**：閱讀是提高寫作的最佳方式。透過閱讀，您可以學習到不同的寫作風格、語言結構和詞彙運用。閱讀範疇應該多元，包括小說、非小說、報紙、雜誌等。
2. **每日寫作練習**：就像任何技能，寫作也需要經常練習。設定每日寫作目標，無論是字數或時間，並持續寫作。
3. **參加寫作工作坊或課程**：這可以提供給您專業的指導和反饋，幫助您了解自己的強項和弱點。
4. **寫作小組**：加入或組建一個寫作小組，與他人分享您的作品，並從他人的作品中學習。
5. **寫作指南和書籍**：有許多優秀的寫作指南和書籍，提供了寫作技巧和策略。例如，史蒂芬·金的《寫作之道》就是一本關於寫作的經典書籍。
6. **寫作工具**：使用寫作軟體或應用程式，如Grammarly或Hemingway Editor，來檢查您的語法和風格。
7. **重新寫作和編輯**：寫作不只是一次就完成。寫完初稿後，花時間重新寫作和編輯，確保您的文章結構清晰，語言流暢。
8. **接受批評**：當他人給予您寫作的反饋時，保持開放的心態。批評可以幫助您看到自己沒有注意到的問題。
9. **研究和筆記**：當您閱讀或研究某個主題時，做筆記。這不僅可以幫助您記住重要的資訊，還可以提供寫作的素材。
10. **寫作環境**：找到一個適合您的寫作環境。有些人喜歡安靜的環境，而有些人則喜歡有背景音樂。找到最適合您的環境，並創建一個有利於寫作的空間。

記住，寫作是一個持續的學習和成長的過程。不要害怕犯錯，每次的寫作都是一次學習的機會。持續練習，您的寫作技巧將會逐步提升。

提示（prompt）詞

有哪些書籍可以幫助我提高寫作技巧？

ChatGPT 回答內容

提高寫作技巧的書籍有很多，以下是一些廣受好評的書籍，它們涵蓋了從基礎寫作技巧到進階策略的各種主題：

1. **《寫作之道》（On Writing: A Memoir of the Craft）** - 史蒂芬·金（Stephen King）
   - 這本半自傳、半寫作指南的書提供了史蒂芬·金的寫作經驗和建議，對於希望了解如何成為一名作家的人來說，這是一本必讀的書。
2. **《寫作的要素》（The Elements of Style）** - 威廉·史特龍克（William Strunk Jr.）和E.B. 白（E.B. White）
   - 這是一本經典的英文寫作指南，提供了清晰、簡潔寫作的基本原則。
3. **《寫作生活》（Bird by Bird: Some Instructions on Writing and Life）** - 安·拉莫特（Anne Lamott）
   - 這本書提供了寫作的心得和建議，並鼓勵讀者從生活中找到寫作的靈感。
4. **《寫作無阻》（Writing Down the Bones: Freeing the Writer Within）** - 娜塔莉·高德堡（Natalie Goldberg）
   - 這本書提供了一系列的寫作練習和策略，幫助讀者克服寫作的障礙。
5. **《寫作工具：55個必要策略，讓你的寫作更好》（Writing Tools: 55 Essential Strategies for Every Writer）** - 羅伊·彼得·克拉克（Roy Peter Clark）
   - 這本書提供了55個寫作策略，幫助讀者改善他們的寫作技巧。
6. **《寫作是一種思考的方式》（Writing to Learn）** - 威廉·齊辛瑟（William Zinsser）
   - 這本書探討了寫作如何幫助我們更好地理解和學習各種主題。
7. **《寫作的力量》（The Power of Writing）** - 丹尼爾·潘克（Daniel Pink）
   - 這本書探討了寫作如何影響我們的思考、學習和工作。

以上只是其中一些書籍，還有許多其他的寫作指南和書籍可以幫助您提高寫作技巧。建議您根據自己的需求和興趣選擇合適的書籍進行閱讀。

透過拆解問題和追問，您不僅可以更有效地使用 ChatGPT，還可以在日常生活中更有系統地解決問題。這是一種十分實用的技巧，值得我們花時間去學習和實踐。

2-13 基本功 13：三層結構：目的、輸入資料及設定輸出

結構化的問題可以幫助您更清晰地表達需求。透過三層結構，您可以確保每一步都有明確的目的和方向。

2-13-1 目的：明確知道您想要什麼

在進行任何問題的提問之前，首先要明確知道自己的目的。這意味著您需要先確定自己想要從 AI 得到什麼答案或資訊。例如，您是否想要知道某個特定主題的基本知識，還是想要深入研究某個專業領域？或者，您是否只是想要一些建議或指導？當您明確了解自己的需求時，您就可以更有效地提問。請參考以下的範例：

- 不良的提問：「告訴我關於太陽能的資訊。」
- 良好的提問：「我想了解太陽能板的工作原理和其在台灣的普及率。」

2-13-2 輸入資料：提供足夠的背景和上下文

當您確定了目的後，下一步是提供足夠的背景資訊和上下文。這可以幫助 AI 更好地理解您的問題，並提供更精確的答案。您應該提供所有相關的資訊，例如您已經知道的事實、您的專業背景或您希望答案達到的深度。請參考以下的範例：

- 不良的提問：「我想知道太陽能板。」
- 良好的提問：「我是一名環境工程師，我已經知道太陽能板的基本原理。但我想深入了解其最新的技術發展和在台灣的應用情況。」

2-13-3 設定輸出：明確指定您希望得到的答案格式

最後，您應該明確指定您希望得到的答案格式。這可以是一個簡單的答案、一個詳細的報告、一個列表或其他任何格式。這樣，AI 可以根據您的需求提供最合適的答案。請參考以下的範例：

- 不良的提問：「告訴我關於太陽能的資訊。」
- 良好的提問：「請提供一份關於太陽能技術最新發展的報告，並列出其在台灣的主要應用領域。」

2-13-4 ChatGPT 的實際操作範例

在這一小節中，我們將透過具體的提問實例，呈現如何巧妙地運用「三層結構：目的、輸入資料及設定輸出」的技巧，讓你在與 ChatGPT 互動時，能夠更加得心應手，獲得更精確的答案。以下是一些實際的範例：

提示（prompt）詞

請提供一份關於太陽能技術最新發展的報告，並列出其在台灣的主要應用領域。

ChatGPT 回答內容

太陽能技術最新發展與其在台灣的主要應用領域

1. 太陽能技術的最新發展

- **高效率太陽能板**：隨著技術的進步，太陽能板的轉換效率持續提高。最新的太陽能板可以達到20%以上的轉換效率，這意味著它們可以更有效地將太陽光轉化為電能。
- **柔性太陽能板**：這種新型的太陽能板具有高度的柔韌性，可以應用於各種曲面，如車頂、建築物的曲面等。

- **透明太陽能板**：這種太陽能板可以應用於窗戶或其他透明表面，同時提供遮陽和發電的功能。
- **太陽能儲能技術**：隨著電池技術的進步，太陽能儲能系統的成本逐漸降低，使得家庭和商業用戶可以更方便地儲存和使用太陽能。

---

2. 太陽能在台灣的主要應用領域

- **家庭太陽能系統**：許多家庭在屋頂安裝太陽能板，以供應家庭用電並賣回多餘的電力給電網。
- **大型太陽能發電廠**：台灣已經建立了多個大型太陽能發電廠，以滿足國家的可再生能源目標。
- **商業建築物**：許多商業建築物，如購物中心和辦公大樓，也開始安裝太陽能板，以減少電力成本。
- **運輸領域**：台灣的一些公共交通工具，如公車和火車站，也開始使用太陽能技術，以提供部分電力需求。
- **農業領域**：太陽能灌溉系統和溫室也在台灣的農業領域得到應用，幫助農民節省能源成本。

透過這三層結構，您可以確保您的問題被正確地理解，並獲得最符合您需求的答案。這不僅可以節省您的時間，還可以提高工作效率。

2-14 基本功 14：三層結構：指派角色、輸入資料、設定輸出範本

明確的角色和資料來源是獲得相關答案的關鍵。透過這一結構，您可以確保 AI 能夠提供最適合您的答案。

2-14-1 指派角色

在與 AI 互動時，明確地指派一個角色給 AI 可以幫助您獲得更專業、更具體的答案。例如，當您希望獲得醫學建議時，您可以指定 AI 為「醫生」；當您需要法律建議時，您可以指定 AI 為「律師」。這樣的角色指派不僅讓 AI 知道您期望的答案風格和深度，還可以幫助 AI 更準確地回答您的問題。

2-14-2 輸入資料

提供足夠的背景資料和上下文是獲得具體答案的關鍵。當您的問題涉及特定的情境或需求時，確保提供所有相關的資訊。這樣，AI 可以根據您提供的資料為您提供最合適的答案。

2-14-3 設定輸出範本

明確地告訴 AI 您希望答案的格式和範本可以幫助您獲得組織良好、易於理解的答案。這尤其適用於需要結構化資訊的問題，例如列表、步驟或比較。

2-14-4 ChatGPT 的實際操作範例

在這一小節中，我們將透過具體的提問實例，呈現如何巧妙地運用「三層結構：指派角色、輸入資料、設定輸出範本」的技巧，讓你在與 ChatGPT 互動時，能夠更加得心應手，獲得更精確的答案。以下是一些實際的範例：

提示（prompt）詞

你現在的角色是一位營養師，我是一名中年男生，請以表格比較輸出方式列出三種增強記憶力的食物，並為每種食物提供一段簡短的說明。

ChatGPT 回答內容

了解，以下是以表格式列出的三種增強記憶力的食物及其說明：

食物	說明
核桃	核桃富含奧米加-3脂肪酸，有助於增強大腦功能和改善記憶。
藍莓	藍莓含有抗氧化劑，可以對抗自由基，保護大腦細胞，並有助於提高記憶力。
綠茶	綠茶中的咖啡因和L-茶氨酸可以提高注意力和記憶力，並有助於放鬆心情。

這三種食物都是天然的，且經過研究證實對記憶力有所幫助。建議您可以適量地將它們納入日常飲食中，以助於提高記憶力。

透過這三層結構，您不僅可以確保 AI 理解您的問題，還可以確保您獲得的答案是組織良好、具體和相關的。學會這一技巧，您可以更有效地與 AI 互動，並充分利用其能力。

2-15 基本功 15：適當區分不同角色對話串

在多人對話中，了解與您互動的是哪個角色是非常重要的。這樣可以幫助您更有效地與 ChatGPT 互動，並獲得所需的答案。

2-15-1 為何需要區分角色對話串？

在多人對話或多角色互動的情境中，每個角色可能都有其獨特的知識、技能和觀點。例如，當您在 ChatGPT 中請求與一位營養師和一位健身教練對話時，兩者給予的建議可能會有所不同。營養師可能會提供飲食建議，而健身教練則可能會提供運動方面的指導。因此，能夠清楚區分和識別每個角色的回答是非常重要的，這樣您就可以確保從正確的專家那裡獲得所需的資訊。

在現實生活中，我們經常會在多人會議或團隊合作中遇到這種情況。每個人都可能根據其專業背景和經驗提供不同的意見和建議。因此，能夠區分和識別每個人的發言可以幫助我們更有效地理解和整合資訊。

2-15-2 如何在 ChatGPT 中區分不同角色？

當您在 ChatGPT 中與多個角色互動時，建議您在提問時明確指定希望回答的角色。例如，您可以這樣提問：「作為一位營養師，你認為我應該如何調整我的飲食？」或者「作為一位健身教練，你建議我每週運動幾次？」這樣，ChatGPT 就可以根據指定的角色提供相應的答案。

此外，您還可以使用角色名稱作為前綴，例如：「[營養師] 請給我一些建議。」或「[健身教練] 我應該如何鍛煉？」這樣可以幫助 ChatGPT 更快速地識別和切換到相應的角色。

2-15-3 ChatGPT 的實際操作範例

在這一小節中，我們將透過具體的提問實例，呈現如何巧妙地運用「適當區分不同角色對話串」的技巧，讓你在與 ChatGPT 互動時，能夠更加得心應手，獲得更精確的答案。以下是一些實際的範例：

提示（prompt）詞

[營養師] 我想減肥，請給我一些建議。

ChatGPT 回答內容

[營養師]當然可以，減肥是一個涉及飲食、運動和生活方式的綜合過程。以下是一些建議，希望對您有所幫助：

1. **均衡飲食**：確保您的飲食中包含足夠的蛋白質、健康的脂肪和複雜的碳水化合物。避免過多的簡單糖和加工食品。
2. **控制熱量攝取**：了解您每天所需的熱量，並根據您的活動水平進行調整。使用食物日記或手機應用程式來追踪您的熱量攝取和消耗。
3. **多喝水**：水可以幫助您保持飽足感，並確保身體的新陳代謝正常運作。
4. **定期進食**：每天吃5-6餐小餐，可以幫助您維持穩定的血糖水平，避免飢餓感和暴飲暴食。
5. **增加膳食纖維**：高纖維的食物如全穀、蔬菜和水果可以幫助您保持飽足感，並促進消化系統的健康。
6. **減少鹽分攝取**：過多的鹽分會導致身體保水，增加體重。避免加工食品和高鹽食品。
7. **適量攝取健康脂肪**：如魚油、堅果和橄欖油，它們可以幫助您保持飽足感，並提供必要的營養。
8. **避免空腹飲酒**：酒精會減少身體燃燒脂肪的能力，並增加熱量攝取。
9. **定期運動**：結合有氧運動和力量訓練，可以幫助您燃燒多餘的熱量，並增加肌肉質量。
10. **獲得足夠的睡眠**：缺乏睡眠會影響您的飢餓荷爾蒙，使您更容易感到飢餓。

最後，每個人的身體都是獨特的，所以最好咨詢營養師或醫生，制定一個適合您的減肥計劃。

提示（prompt）詞

[健身教練] 除了飲食調整，我還應該如何運動？

ChatGPT 回答內容

[健身教練]很好的問題！適當的運動是減肥和保持健康的重要部分。以下是一些建議，幫助您制定適合的運動計劃：

1. **有氧運動：**
   - **種類**：跑步、游泳、騎自行車、跳繩、橄欖球等。
   - **頻率**：每週3-5次。
   - **持續時間**：每次30-60分鐘。
   - **好處**：增強心肺功能，燃燒大量熱量，提高新陳代謝。
2. **力量訓練：**
   - **種類**：舉重、使用器械、自體重訓練（如俯臥撐、深蹲）。
   - **頻率**：每週2-4次。
   - **組數與次數**：每個動作3-4組，每組8-12次。
   - **好處**：增加肌肉質量，提高基礎代謝率，強化骨骼。
3. **柔韌性訓練：**
   - **種類**：瑜伽、普拉提、伸展運動。
   - **頻率**：每週2-3次或在每次運動後。
   - **好處**：增加關節活動度，減少受傷風險，放鬆肌肉。
4. **高強度間歇訓練（HIIT）：**
   - **種類**：短時間的高強度運動，如跑步、跳躍、俯臥撐，間隔較低強度的休息或運動。
   - **頻率**：每週1-2次。
   - **持續時間**：15-30分鐘。
   - **好處**：短時間內燃燒大量熱量，提高心肺功能，增強肌肉耐力。
5. **核心訓練：**
   - **種類**：板橋、俄羅斯扭轉、腹部捲曲等。
   - **頻率**：每週2-3次。
   - **好處**：強化核心肌群，改善體態，減少腰背部疼痛。
6. **休息與恢復：**
   - 確保每週有1-2天的休息，讓肌肉得到恢復。
   - 使用泡綿滾筒或按摩來放鬆緊繃的肌肉。

總之，適當地區分和指定角色可以幫助您更有效地與 ChatGPT 互動，並確保獲得所需的答案。

03
CHAPTER

ChatGPT 常見狀況與解決建議

雖然 ChatGPT 是一個強大的工具，但在使用過程中可能會遇到一些常見的問題。本章將探討這些常見狀況並提供相應的解決建議，幫助您更有效地使用 ChatGPT。

3-1 狀況 1：答案未必正確

AI 的答案基於大量的資料，但並不保證 100% 的正確性。因此，即使 AI 給出了一個答案，我們也需要具有批判性地思考，並進一步驗證其正確性。例如以下的對話範例中陳水扁只擔任中華民國第十、十一任中華民國總統，但下面的回答卻是「曾任第 10、11、12 屆中華民國總統（2000 年至 2008 年）」。

提示（prompt）詞

請介紹陳水扁

ChatGPT 回答內容

請介紹陳水扁

陳水扁（Chen Shui-bian）是台灣的政治家，曾任第10、11、12屆中華民國總統（2000年至2008年）。他是台灣民主進步黨（DPP）的成員，是該黨的重要領袖之一。

陳水扁出生於1950年，畢業於國立台灣大學法律系。他曾擔任律師、臺北市議員、臺北縣長等職務，1994年當選為臺北市市長。2000年，他以DPP的身分參選總統，並以43%的得票率當選，成為台灣首位民選的非中國國民黨（KMT）總統。

在他擔任總統期間，他推動了一系列的政治改革和經濟改革，並在兩岸關係方面採取了更加積極的立場。他的內政政策包括推動憲政改革、加強司法獨立、強化人權保障等。他的經濟政策包括推動科技發展、提高勞工福利、發展綠能產業等。他也積極推動臺灣與國際社會的關係，加強臺灣在國際上的存在感。

然而，在他擔任總統期間也面臨了許多爭議和挑戰，包括貪污糾紛、洩密案等。他在2008年卸任總統後，因被判刑服刑，曾長期處於監禁狀態，並引發了社會上的許多爭議和反應。

3-1-1 AI 的來源與限制

在這個數位化的時代，AI 技術已經成為我們生活中不可或缺的一部分。從智慧型手機的語音助理到自動駕駛汽車，AI 的應用範疇日益擴大。但是，當我們在使用 AI 技術時，必須明白它的答案是基於大量的資料和演算法生成的。這些資料可能來自於網路、書籍、研究報告等各種來源，但這並不意味著它們都是正確無誤的。AI 的答案可能會受到訓練資料的偏見、過時的資訊或演算法的限制所影響。例如，當我們問 ChatGPT 一個問題，它會根據其訓練資料給出答案。但這些訓練資料可能包含了過時的資訊或者某些偏見。

3-1-2 如何批判性地看待 AI 的答案

隨著 AI 技術的進步，其在各種場景中的答案越來越接近人類的思考方式。但這並不意味著我們應該盲目接受 AI 的所有回答。學會批判性地看待 AI 的答案，就像我們在閱讀新聞或研究報告時會做的那樣，是非常重要的。

例如，當 AI 建議我們購買某一股票或選擇某一醫療治療方法時，我們是否應該直接採納，還是應該進一步研究並諮詢專家的意見？透過批判性思考，我們可以更好地利用 AI，同時避免潛在的風險。以下是如何批判性地看待 AI 的答案的常見思維：

- 多角度檢視：當 AI 給出答案時，不妨從多個來源或角度去驗證這個答案。例如，如果你想知道某個醫學相關的問題，除了問 AI 外，還可以參考醫學期刊或專家的意見。
- 持續更新知識：科技和資訊是日新月異的，今天正確的答案，明天可能就過時了。因此，我們需要持續更新自己的知識，以確保我們所獲得的資訊是最新的。
- 避免完全依賴 AI：雖然 AI 是一個強大的工具，但我們不應該完全依賴它。當面對重要的決策時，我們應該結合自己的判斷和 AI 的建議，做出最佳的選擇。

3-2 狀況 2：流量超載

當過多的使用者同時使用 ChatGPT 時，可能會遇到流量超載的問題。了解如何應對，可以確保您在需要時能夠順利使用。

3-2-1 流量超載的成因與影響

在這個數位時代，線上服務已經成為我們生活的一部分。從線上購物、社交媒體到各種 AI 服務，我們都習慣於隨時隨地獲得所需的資訊和服務。但當大量的使用者同時使用某一線上服務時，這個服務可能會因為流量超載而變得不穩定或無法使用。這不僅會影響使用者的體驗，也可能導致資料遺失或其他技術問題。

ChatGPT，作為一個先進的 AI 服務，也不例外。當過多的使用者同時向 ChatGPT 發送請求時，它可能會遇到流量超載的問題。這意味著您可能需要等待一段時間才能獲得答案，或者你大量傳送提問訊息，也可能會收到類似下圖的錯誤訊息。

Only one message at a time. Please allow any other responses to complete before sending another message, or wait one minute.

3-2-2 如何應對流量超載

底下的幾種作法可以作為應對流量超載的相關措施：

- 避開高峰時段：如果可能的話，嘗試在非高峰時段使用 ChatGPT。通常，高峰時段可能是在工作日的上午和下午，或者是在某些特定的活動和節日。
- 簡化您的問題：當流量超載時，嘗試簡化您的問題，這樣可以減少 ChatGPT 的計算負擔。例如，您可以將一個複雜的問題拆分成幾個簡單的問題，逐一提問。

- 使用其他資源：當 ChatGPT 無法使用時，您可以考慮使用其他的資源或工具來獲得答案。例如，您可以查閱相關的書籍、網站或諮詢專家。

當您遇到流量超載的問題時，可以透過以下的方式來優化您的提問：

- 不好的問題：「告訴我關於太陽能的所有資訊。」
- 好的問題：「請簡單介紹太陽能板的工作原理。」

提示（prompt）詞

請簡單介紹太陽能板的工作原理。

ChatGPT 回答內容

太陽能板，又稱為太陽能電池板，是一種將太陽光能轉換成電能的裝置。以下是其工作原理的簡單介紹：

1. **光電效應**：太陽能板主要由光伏電池（通常是矽基材料）組成。當太陽光照射到這些電池上時，電池中的半導體材料會吸收光能，使得材料中的電子被激發並從其原子中釋放出來。
2. **電子運動**：被激發的電子會在電池中移動，形成一個電流。這是因為太陽能電池有兩層特殊的半導體材料，一層帶正電，另一層帶負電。當太陽光照射到電池上，這兩層材料之間就會形成一個電場。
3. **電能輸出**：透過導線，這個電流可以被引導出來，供給電力給各種電器或存儲在電池中。經過一個稱為逆變器的裝置，直流電（DC）可以轉換成交流電（AC），使得家庭和商業用電設備可以使用。

簡而言之，太陽能板就是利用半導體材料的光電效應，將太陽光的能量轉換成電能。這種綠色能源技術不僅環保，還能幫助減少對化石燃料的依賴。

又例如：

- 不好的問題：「我想知道所有的維生素和他們的功效。」
- 好的問題：「請告訴我維生素 C 的主要功效。」

提示（prompt）詞

請告訴我維生素 C 的主要功效。

ChatGPT 回答內容

維生素C，也稱為抗壞血酸（Ascorbic Acid），是一種水溶性維生素，對人體健康有多種重要功效，以下是維生素C的主要功效：

1. **抗氧化作用**：維生素C是一種強效的抗氧化劑，可以幫助抵抗自由基的傷害，進而減少細胞受損和老化的速度。
2. **促進膠原蛋白合成**：膠原蛋白是皮膚、骨骼、牙齒和血管的主要組成成分。維生素C參與膠原蛋白的合成，有助於維護皮膚的彈性和健康。
3. **增強免疫功能**：維生素C可以刺激白血球的產生，強化免疫系統的功能，幫助身體抵抗感染和疾病。
4. **促進鐵的吸收**：維生素C可以增加非血紅素鐵（植物性食物中的鐵）的吸收，有助於預防貧血。
5. **傷口癒合**：由於其在膠原蛋白合成中的作用，維生素C可以加速傷口的癒合過程。
6. **抗壞血酸缺乏症**：維生素C是預防和治療壞血病的必要營養素。壞血病是由於維生素C嚴重缺乏所導致的。

維生素C在多種食物中都可以找到，尤其是新鮮的水果和蔬菜，如橙子、草莓、紅椒和西蘭花等。由於人體不能自行製造維生素C，所以透過飲食攝取是非常重要的。

透過簡化和明確化您的問題，您不僅可以減少流量超載的風險，還可以更快速地獲得所需的答案。

3-3 狀況 3：以簡體字回答

語言和文化差異可能會影響 ChatGPT 的回答方式。了解其背後的原因，可以幫助我們更好地與其互動。當我們使用 ChatGPT 時，有時可能會發現它以簡體字回答，即使我們的問題是用繁體字提出的。這可能是因為它的訓練資料中，簡體字的資料量較大，或者是因為某些特定的問題在簡體字文化中更常見。

提示（prompt）詞

我想知道'你好'在日語中是怎麼說的？

ChatGPT 回答內容

“你好”在日语中可以翻译为“こんにちは”，发音为“konnichiwa”。这是一种用于日常问候的常用短语。

為了降低 ChatGPT 以簡體字回答，我們建議有以下幾種作法：

- 明確指定語言和文化背景：當您提問時，可以明確指定您希望得到的答案的語言和文化背景。例如，「請用繁體中文回答」或「請用台灣用語來解釋」。
- 使用地區性的詞彙：使用具有地區性的詞彙和語句，可以幫助 ChatGPT 更好地理解您的需求。例如，「台灣的夜市文化是什麼？」而不是「夜市文化是什麼？」。
- 檢查和修正：如果您發現 ChatGPT 的回答是用簡體字，您可以再次提問，並明確指定您希望的答案格式。或者，您也可以使用線上的簡繁轉換工具來轉換答案。

3-3-1　ChatGPT 的實際操作範例

當您希望得到繁體中文的答案時，可以透過以下的方式來優化您的提問，例如：

- 不好的問題：「中國的傳統節日有哪些？」
- 好的問題：「請用繁體中文告訴我，中國的傳統節日有哪些？」

提示（prompt）詞

請用繁體中文告訴我，中國的傳統節日有哪些？

ChatGPT 回答內容

中國的傳統節日豐富多彩，反映了中國深厚的文化底蘊。以下是一些主要的傳統節日：

1. **春節**：也稱為農曆新年，是中國最重要的節日之一。人們會回家與家人團聚、放鞭炮、貼春聯、吃年夜飯。
2. **元宵節**：又稱燈節，慶祝在農曆正月十五。人們會吃元宵（或湯圓）並放燈籠。
3. **清明節**：是紀念先人、掃墓的日子，也是春天踏青的好時節。
4. **端午節**：慶祝在農曆五月初五，主要活動是賽龍舟和吃粽子，以紀念古代詩人屈原。
5. **七夕節**：又稱情人節，慶祝在農曆七月初七，紀念牛郎織女的愛情故事。
6. **中秋節**：慶祝在農曆八月十五，是家人團聚的時刻，主要活動是賞月和吃月餅。
7. **重陽節**：慶祝在農曆九月初九，是登高遠足和賞菊的日子。
8. **冬至**：是冬季的一個重要節氣，人們會吃餃子或湯圓來慶祝。

除了上述節日，還有許多其他的節氣和慶典，如：立春、植樹節、婦女節等。每個節日都有其獨特的文化背景和慶祝方式，充分展現了中國傳統文化的魅力。

又例如：

- 不好的問題：「紅燒肉怎麼做？」
- 好的問題：「請用台灣的烹飪方法，告訴我紅燒肉怎麼做？」

提示（prompt）詞

請用台灣的烹飪方法，告訴我紅燒肉怎麼做？

ChatGPT 回答內容

當然可以！紅燒肉是台灣家常菜中的經典之作，以下是一個基本的台灣風格紅燒肉的做法：

材料：

- 肉：五花肉約500克
- 調味料：老抽、生抽、糖（冰糖或紅糖）、米酒、薑片、八角2~3顆、鹽

步驟：

1. **肉的處理**：五花肉切成約3-4公分的塊狀，用熱水燙過去血水，撈起瀝乾。
2. **炒糖色**：在鍋中放入少量油，加入糖。用小火慢慢炒至糖融化，並呈現出紅棕色的糖色。注意不要炒焦。

> 3. **炒肉**：將處理好的五花肉塊放入鍋中，大火翻炒至肉的表面微微上色。
> 4. **加入調味料**：放入薑片、八角，再加入老抽、生抽、米酒，繼續翻炒均勻，讓肉塊充分吸收醬汁的色澤和味道。
> 5. **燉煮**：加入足夠的水，蓋上鍋蓋，轉小火慢慢燉煮。期間可以偶爾翻動，避免肉塊黏鍋。
> 6. **調味**：燉煮約30分鐘後，試味道，根據個人口味加入鹽調味。繼續燉煮至肉質軟嫩，湯汁濃稠即可。
> 7. **完成**：將紅燒肉盛出，放在碗或盤中，即可享用。
>
> 這只是基本的做法，有些家庭會加入硬煮的雞蛋或豆腐一同燉煮，增加口感和風味。紅燒肉搭配白飯或饅頭，味道絕佳！

透過明確指定語言和文化背景，您不僅可以獲得更符合您需求的答案，還可以避免不必要的誤解和混淆。

3-4 狀況 4：因網路流量造成回應速度慢

網路狀況可能會影響 ChatGPT 的回應速度。確保良好的網路連接，可以提高使用體驗。

3-4-1 網路流量對 ChatGPT 的影響

在這個數位化的時代，我們越來越依賴網路來完成各種任務，從簡單的網頁瀏覽到複雜的雲端運算。然而，當網路流量過大或連接不穩定時，這些任務可能會受到影響，導致效率降低或甚至中斷。

當網路流量過大時，您可能會發現 ChatGPT 的回應速度變慢，或者有時甚至無法正常工作。為了降低因網路流量造成回應速度慢，提高使用體驗，我們建議有以下幾種作法：

- 確保良好的網路連接：使用有線網路連接通常比無線網路更加穩定。如果您正在使用 Wi-Fi，請確保您的設備與路由器之間的距離不要太遠，並避免有太多的障礙物。

■ 選擇合適的使用時段：在網路高峰時段，例如晚上或假日，網路流量可能會特別大。如果可能，您可以選擇在非高峰時段使用 ChatGPT，以獲得更快的回應速度。

■ 關閉不必要的網路應用程式：同時執行多個網路應用程式可能會消耗大量的網路流量。關閉不必要的應用程式，可以確保 ChatGPT 獲得足夠的網路資源。

3-4-2 ChatGPT 的實際操作範例

當您發現 ChatGPT 的回應速度變慢時，可以透過以下的方式來優化您的提問：

■ 不好的問題：「我想知道所有關於台灣的歷史事件。」

■ 好的問題：「請簡述台灣在 20 世紀的主要歷史事件。」

提示（prompt）詞

請簡述台灣在 20 世紀的主要歷史事件。

ChatGPT 回答內容

台灣在20世紀經歷了多次重大的政治、社會和經濟變革。以下是一些主要的歷史事件：

1. **1895年**：根據《馬關條約》，清朝將台灣割讓給日本。隨後，台灣開始了50年的日本統治時期。
2. **1945年**：第二次世界大戰結束後，根據《開羅宣言》和《波茨坦宣言》，台灣由中華民國國民政府接收，結束日本統治。
3. **1947年**：發生了「二二八事件」，是台灣歷史上的一次大規模社會運動，由於政府與民間的矛盾引發，事件後導致大量的死傷和逮捕。
4. **1949年**：國共內戰結束，中國國民黨在大陸失利後，將政府遷移到台灣，並宣布臺北為暫時首都。
5. **1950-1970年代**：台灣經歷了所謂的「台灣奇蹟」，經濟快速成長，從農業社會轉型為工業社會。

6. **1971年**：中華人民共和國取代中華民國在聯合國的席位，台灣退出聯合國。
7. **1987年**：結束了長達38年的戒嚴令，開始政治民主化的過程。
8. **1991年**：立法院進行了首次的全面改選，標誌著台灣的民主制度邁向成熟。
9. **1996年**：台灣舉行了首次的總統選舉，李登輝成為首位由全體公民直接選舉產生的總統。

這只是20世紀台灣歷史中的一些重要事件，實際上，這一時期的台灣歷史還包括了許多其他的社會、文化和政治變革。

透過縮小問題的範圍和提供明確的指示，您不僅可以獲得更快的回應速度，還可以確保答案的質量和準確性。

3-5 狀況 5：同一問題不同解答

AI 的回答可能會根據問題的提法或其他因素而有所不同。了解這一點，可以幫助我們更加靈活地使用 ChatGPT。

3-5-1 為何會有不同的解答？

ChatGPT 是基於大量的資料和複雜的模型訓練而來的。當我們向它提問時，它會根據其訓練資料和模型結構給出答案。但是，由於 AI 的回答是基於機率的，所以即使是相同的問題，有時也可能會得到不同的答案。此外，問題的提法、語境、以及其他外部因素也可能影響到 AI 的回答。例如以下兩個相同的提問，但得到的回答內容卻有一些的差異：

提示（prompt）詞

請推薦高雄一日遊的景點。

ChatGPT 回答內容

TX 請推薦高雄一日遊的景點。

高雄是台灣的重要港口城市，擁有豐富的文化遺產和自然景觀。以下是推薦的高雄一日遊景點：

1. **旗津島**：這是一個美麗的沙洲，適合沙灘遊憩、衝浪和品嚐海鮮。您可以搭乘渡輪前往，並在島上租借單車遊覽。
2. **六合夜市**：作為台灣最大的夜市之一，這裡有各式各樣的小吃、手工藝品和遊樂設施。
3. **旗山老街**：這是一條充滿歷史氛圍的老街，您可以品嚐到地道的傳統小吃，並欣賞古老的建築。
4. **佛光山佛陀紀念館**：這是一個壯觀的佛教複合體，擁有大佛、寺廟和博物館。從這裡，您還可以俯瞰整個高雄市的景色。
5. **哈瑪星**：這是一個充滿藝術和文化氛圍的區域，有許多特色咖啡館、書店和手工藝品店。
6. **蓮池潭**：這是一個美麗的湖泊，適合划船、散步和欣賞湖畔的風景。
7. **旗津風車公園**：這裡有一排排的風車，是拍照的好地方，並且可以欣賞到海洋的美景。
8. **草衙燈塔**：這是一座現代化的燈塔，您可以爬到塔頂，俯瞰高雄港和市區的景色。

建議您根據自己的興趣和行程時間，選擇其中幾個景點進行遊覽。高雄的交通非常便利，您可以搭乘捷運、公車或租借單車遊覽。

提示（prompt）詞

請推薦高雄一日遊的景點。

ChatGPT 回答內容

TX 請推薦高雄一日遊的景點。

高雄是台灣的第三大城市，擁有豐富的歷史、文化和自然景觀。以下是一些建議的高雄一日遊景點：

1. **旗津島**：
   - 這是一個美麗的沙洲，適合游泳、衝浪和品嚐新鮮的海鮮。
   - 可以搭乘渡船前往，沿途還可以欣賞到高雄港的美景。

2. 六合夜市：
    • 這是台灣最大的夜市之一，有各種小吃、手工藝品和遊樂設施。
3. 旗山老街：
    • 這裡保存了許多古老的建築和店鋪，是體驗傳統台灣文化的好地方。
4. 佛光山佛陀紀念館：
    • 這是一個壯觀的佛教寺廟，有大佛、塔和美麗的花園。
5. 哈瑪星：
    • 這是一個新興的文創區，有許多特色咖啡館、藝術工作室和手作市集。
6. 蓮池潭：
    • 這是一個美麗的湖泊，適合划船、騎自行車和散步。
7. 旗后砲台：
    • 這是一個歷史悠久的軍事設施，可以俯瞰高雄市的美景。

以上只是高雄的一部分景點，還有許多其他的地方值得探索。希望這些建議能幫助您規劃一個愉快的高雄之旅！

3-5-2 如何更靈活地使用 ChatGPT？

當同一個問題有不同的解答時，為了可以更加靈活地使用 ChatGPT，我們建議有底下幾種作法：

- 多角度提問：如果您對 AI 的某個答案感到疑惑或不確定，可以嘗試從不同的角度或方式重新提問。例如，「太陽是如何形成的？」和「請解釋太陽的形成過程」可能會得到不同的答案。
- 提供更多的上下文：給 AI 更多的背景資訊可以幫助它更好地理解您的問題，從而給出更準確的答案。例如，「我是一名中學生，請問如何寫一篇關於太陽的報告？」可能會得到比「如何寫關於太陽的報告？」更具體和適合的答案。
- 確認答案的可靠性：不要完全依賴 AI 的答案，尤其是在重要或專業的問題上。建議您可以進一步查證或諮詢專家的意見。

3-6 狀況 6：沒有回答完整

有時 ChatGPT 可能不會提供完整的答案。在這種情況下，我們需要學會如何追問或提供更多的上下文。

3-6-1 為何會出現不完整的答案？

ChatGPT 基於其訓練資料和模型結構給出答案。但有時，由於問題的複雜性、模型的限制或其他外部因素，它可能只提供部分答案或不夠詳細的答案。這可能是因為問題太過於開放，或者 AI 沒有足夠的上下文來理解問題的真正意圖。

3-6-2 如何應對不完整的答案？

當遇到不完整的答案，為了可以更加靈活地使用 ChatGPT，建議有底下幾種作法：

- 追問：如果您覺得答案不夠完整或不夠詳細，可以直接追問。例如，如果您問「請告訴我關於太陽的資訊？」，而 AI 只回答了太陽的基本特性，您可以追問「那太陽的形成過程是怎樣的？」。
- 提供更多上下文：給 AI 更多的背景資訊或具體描述您的需求，可以幫助它提供更完整的答案。例如，「我是一名初中生，正在寫一篇關於太陽的報告，請問太陽是如何形成的，以及它的主要特性是什麼？」。
- 重新組織問題：有時，重新組織或簡化問題也可以幫助獲得更完整的答案。例如，將「請告訴我關於太陽的所有資訊」改為「請先告訴我太陽的形成過程，然後是它的主要特性」。

- 輸入請繼續或直接按下「Continue generating」鈕：當回答內容不完整時，這種情況下就可以按下方的「Continue generating」鈕或自行輸入「請繼續」提示詞來接續未完成的回答內容。如下圖所示：

請以有醫美專業的醫師角度提供如何瘦身的建議。

作為一位具有醫美專業知識的醫師，我樂意為您提供瘦身的建議。以下是一些基本的指導原則，但請記住，每個人的身體狀況和需求都不同，因此建議在進行任何健身或瘦身計劃之前，最好先諮詢您的醫生。

1. 營養均衡的飲食：確保您的飲食包含足夠的蛋白質、蔬果、全穀類和健康脂肪。減少高糖和高脂肪食物的攝入，選擇低熱量和營養豐富的食物。定期進食小而頻繁的餐點，以維持血糖穩定。
2. 控制卡路里攝入量：了解您的身體所需的日常卡路里攝入量，並在此基礎上制定合理的減重目標。減少每日攝入的卡路里量，創造負能量平衡，以促進體重減輕。
3. 適度運動：結合有氧運動和力量訓練，以增加代謝率和燃燒脂肪。有氧運動如慢跑、游泳或有氧舞蹈可以提高心肺功能和燃燒卡路里。力量訓練則有助於增加肌肉質量，提高基礎代謝率。
4. 持之以恆：瘦身是一個長期的過程，需要堅定的決心和耐心。設定合理的目標，逐漸改變生活方式，並保持一個穩定的健康習慣。
5. 尋求專業協助：如果您對瘦身計劃感到困惑或需要個別化的指導，建議尋求專業醫生或營養師的幫助。他們可以根據您的個人需求和醫學背景，提供更具針對性的建議和計劃。

最重要的是，瘦身不僅僅是外觀上的改變，更重要的是促進整體健康。請記住，每個人的身體都是獨特的，

Regenerate response　Continue generating

3-7 狀況 7：紅框錯誤訊息

當 ChatGPT 遇到問題時，可能會顯示紅框錯誤訊息。了解這些錯誤訊息的含義，可以幫助我們更快地解決問題。

3-7-1 紅框錯誤訊息的起因

當我們使用 ChatGPT 時，偶爾可能會遇到一些技術問題或系統錯誤。這些問題可能是由於伺服器超載、網路問題，或是其他未知因素所引起。當這些問題發生時，ChatGPT 會顯示一個紅色的錯誤框，通知使用者目前的操作無法正常完成。

當遇到紅框錯誤訊息，為了可以更加靈活地使用 ChatGPT，我們建議有底下幾種作法：

- 重新嘗試：有時，只是暫時性的網路問題或伺服器壓力。稍等片刻後再次嘗試，可能就能解決問題。
- 檢查網路連線：確保您的網路連線穩定。不穩定的網路可能會導致資料傳輸中斷，從而引發錯誤。
- 提供清晰的指示：模糊或不清晰的指示有可能會導致 ChatGPT 無法正確解讀，進而出現錯誤。確保您的問題或指示足夠明確。

透過更具體和明確的提問，您可以減少遇到紅框錯誤訊息的機會。當然，如果問題持續發生，建議您聯絡技術支援或稍後再試。

3-8 狀況 8：詢問有關未來的問題

ChatGPT 基於其訓練資料提供答案，但它不能預測未來。了解這一點，可以幫助我們更實際地使用 ChatGPT。

3-8-1 ChatGPT 的知識範疇

ChatGPT 是一個基於大量資料訓練的語言模型，它的知識來自於過去的資料，而非對未來的預測能力。因此，當我們詢問有關未來的問題時，它所提供的答案是基於過去的資料和趨勢，而不是真正的未來預測。

3-8-2 如何與 ChatGPT 討論未來相關的問題？

至於如何與 ChatGPT 討論未來相關的問題？我們建議有底下幾種作法：

- 明確您的期望：當您詢問未來的問題時，應該明確您是希望了解過去的趨勢、數據或是相關的資訊，而非真正的未來預測。
- 提供足夠的上下文：如果您想了解某個領域的未來趨勢，提供足夠的上下文可以幫助 ChatGPT 提供更相關的過去資訊。
- 批判性思考：對於 ChatGPT 提供的答案，應該進行批判性的思考，並結合其他可靠的資訊來源。

3-8-3 ChatGPT 的實際操作範例

接著我們就來示範如何與 ChatGPT 討論未來相關的問題。

- 不好的指示：「我明年的運勢如何？」
- 好的指示：「你能提供我一些建議，如何在新的一年中提高我的生活品質嗎？」

提示（prompt）詞

你能提供我一些建議，如何在新的一年中提高我的生活品質嗎？

ChatGPT 回答內容

當然可以！提高生活品質不僅僅是物質層面的提升，還包括心理、身體和社交等多方面的平衡與成長。以下是一些建議，希望能幫助你在新的一年中提高生活品質：

1. **身體健康**：
   - **定期運動**：無論是走路、慢跑、瑜伽還是健身，運動可以增強體能、提高免疫力並釋放壓力。
   - **均衡飲食**：多吃蔬果、減少加工食品，確保營養均衡。
   - **充足睡眠**：確保每晚7-8小時的睡眠，有助於恢復體能和提高工作效率。
2. **心理健康**：
   - **冥想和放鬆**：定期進行冥想或深呼吸練習，幫助放鬆心情、提高專注力。
   - **學會說不**：不必應付所有的社交邀請或工作要求，學會拒絕，確保自己的時間和能量。
   - **尋求支援**：當感到壓力或困惑時，不妨尋求家人、朋友或專業人士的幫助和建議。
3. **學習與成長**：
   - **設定目標**：為自己設定短期和長期的目標，並制定計劃逐步達成。
   - **持續學習**：可以選擇線上課程、閱讀書籍或參加工作坊，不斷充實自己。
   - **嘗試新事物**：無論是新的運動、新的興趣還是新的旅行目的地，嘗試新事物可以帶來新的視野和樂趣。
4. **社交與人際關係**：
   - **保持聯繫**：定期與家人和朋友聯繫，維護親密的人際關係。
   - **擴展社交圈**：參加社團、活動或網絡，認識新的朋友和夥伴。
   - **提高溝通技巧**：學習有效的溝通方法，避免誤解和衝突。
5. **工作與事業**：
   - **工作與生活平衡**：確保工作時間和休息時間的平衡，避免過度工作。
   - **提高效率**：學習時間管理和任務管理技巧，提高工作效率。
   - **尋求機會**：不斷學習和成長，尋找晉升或轉職的機會。

希望這些建議能幫助你在新的一年中提高生活品質，祝你新的一年快樂、健康、充實！

一旦了解 ChatGPT 的能力和限制，就可以幫助我們更有效地使用它。當我們詢問未來的問題時，應該尋求過去的資訊和趨勢，而不是期望得到真正的未來預測。透過正確的提問方式，我們可以獲得更有價值的答案，並避免誤解。

3-9 狀況 9：資料的時間受限 2021

ChatGPT 的知識可能會有時間限制。各位只要了解其知識的時間範圍，可以幫助我們獲得更準確的答案。例如下圖所示：

根據過去的數據，你能告訴我近五年的股市趨勢嗎？

很抱歉，我的最後一次訓練數據只到2021年9月，所以我可以提供從2016年到2021年的股市趨勢概述。但請注意，這只是一個大致的描述，具體的數據和詳細的分析可能需要參考專業的金融資訊平台或專家意見。

1. **2016年**：全球股市在這一年面臨了許多挑戰，包括中國的經濟減速、英國脫歐公投以及美國總統大選。儘管如此，美國股市在年底之前已經反彈，並在選後上升。
2. **2017年**：這一年，全球股市普遍上揚。美國的稅改和經濟數據的改善推動了股市的上升。其他主要市場，如歐洲和亞洲，也表現得相對穩健。
3. **2018年**：這一年開始時，股市繼續上升，但在年中開始出現波動，主要受到美中貿易戰和全球經濟增長放緩的影響。
4. **2019年**：儘管全球經濟增長放緩，但中美達成初步的貿易協議和主要央行的寬鬆貨幣政策支持了股市。這一年，多數股市都有不錯的回報。
5. **2020年**：新冠病毒疫情對全球股市造成了巨大的打擊，尤其是在3月時。但隨著各國央行和政府推出刺激措施，以及疫苗研發的進展，股市在年底之前已經大幅反彈。
6. **2021年（至9月）**：隨著疫苗的大規模推出和經濟的逐步恢復，股市在這一年的前幾個月中大致上揚。但仍然面臨著通脹擔憂、新冠病毒的變種以及其他地緣政治因素的影響。

請注意，這只是一個大致的描述，具體的數據和詳細的分析可能需要參考專業的金融資訊平台或專家意見。

3-9-1 ChatGPT 的知識時間範疇

ChatGPT 的知識庫是基於大量的資料訓練而來，但這些資料並不是實時更新的。至 2021 年為止，ChatGPT 所擁有的資訊都是基於此之前的資料。這意味著，對於 2021 年之後的事件或最新發展，ChatGPT 可能不太清楚或完全不知情。

3-9-2 如何適當地與 ChatGPT 互動

至於如何適當地與 ChatGPT 互動？我們建議有底下幾種作法：

- 明確指出時間範圍：當您詢問某個特定主題時，最好能夠明確指出您想知道的時間範圍。例如，「請告訴我 2010 到 2020 年間的太陽能技術發展。」
- 避免詢問過於近期的事件：如果您想知道非常近期的資訊或事件，ChatGPT 可能無法提供。在這種情況下，建議您查詢其他可靠的新聞來源或資料庫。
- 確認答案的時間正確性：當您從 ChatGPT 獲得答案時，記得確認其時間正確性。例如，如果您問到「最新的太陽能技術是什麼？」，ChatGPT 可能會給出 2021 年的資訊，而不是 2023 年的。

3-9-3 ChatGPT 的實際操作範例

為了獲得最精確的答案，您可以嘗試以下方式來優化您的提問：

- 不好的指示：「最近有什麼大事件？」（ChatGPT 可能不知道「最近」是指哪個時間點）
- 好的指示：「請告訴我 2021 年的重大國際事件。」

提示（prompt）詞

請告訴我 2021 年的重大國際事件。

ChatGPT 回答內容

截止到我最後的訓練數據（2021年9月），以下是2021年一些重大的國際事件：

1. **COVID-19大流行持續**：各國繼續努力對抗COVID-19疫情。隨著疫苗的研發和分發，許多國家開始大規模的疫苗接種計劃。
2. **美國總統就職**：2021年1月20日，喬·拜登正式成為美國第46任總統，卡馬拉·哈里斯成為第一位女性、第一位非裔美國人和第一位南亞裔美國人副總統。

4. **蘇伊士運河堵塞**：2021年3月，一艘名為「長賜號」的超大型貨船在蘇伊士運河擱淺，導致全球貿易受到嚴重影響。
5. **以色列和哈馬斯的衝突**：2021年5月，以色列和加薩地帶的哈馬斯爆發了短暫但激烈的衝突。
6. **G7峰會**：2021年6月，G7峰會在英國的康沃爾舉行，主要討論了全球經濟復甦、疫苗分發和氣候變化等議題。
7. **阿富汗局勢**：塔利班在2021年迅速取得領土上的勝利，並於8月中旬完全控制了首都喀布爾，結束了長達20年的美國軍事介入。
8. **東京夏季奧運會**：原定於2020年舉行的東京夏季奧運會因COVID-19大流行而延期，並於2021年7月至8月在日本東京舉行，但是沒有觀眾參加。

這只是2021年的部分重大國際事件，還有許多其他的事件和發展也對全球產生了影響。

提示（prompt）詞

請告訴我 2015 到 2020 年間的科技趨勢。

ChatGPT 回答內容

2015到2020年間，科技界經歷了許多重大的變革和發展。以下是這段時期的主要科技趨勢：

1. **人工智慧 (AI) 與機器學習**：
   - AI技術在這段時間內取得了巨大的進展，特別是在深度學習領域。這使得語音識別、圖像識別和自然語言處理等任務達到了前所未有的精確度。
   - 機器學習模型，如GPT和BERT，開始在各種應用中取得成功，從搜索引擎到聊天機器人。
2. **物聯網 (IoT)**：
   - 從智能家居到工業4.0，連接到網路的裝置數量持續增加，使得日常生活和工作更加智能化和自動化。
3. **增強現實 (AR) 與虛擬現實 (VR)**：
   - Oculus Rift、HTC Vive 和其他VR設備的推出，使得虛擬現實成為消費者市場的一部分。
   - AR技術，如Apple的ARKit和Google的ARCore，開始被廣泛應用在手機遊戲和其他應用中。
4. **5G通訊技術**：
   - 5G開始在全球範圍內部署，提供更快速、更可靠的網路連接，為IoT、自動駕駛車和其他先進技術提供支持。
5. **區塊鏈與加密貨幣**：
   - 除了比特幣之外，以太坊和其他加密貨幣也開始受到關注。區塊鏈技術被認為有潛力改變金融、供應鏈和其他行業。

6. **邊緣計算：**
   - 與雲計算相輔相成，邊緣計算將數據處理的部分工作移到離數據源更近的地方，如IoT裝置，從而提高效率和減少延遲。
7. **自動駕駛車輛：**
   - Tesla、Waymo和其他公司在這段時間內進行了大量的自動駕駛測試，並開始推出部分自動化功能。
8. **生物技術與基因編輯：**
   - CRISPR技術的發展使得基因編輯變得更加容易和可行，帶來了醫學和農業上的革命性變革。

透過明確指出時間範圍和具體的提問，您可以確保從 ChatGPT 獲得的答案是準確和有用的。當然，對於超出 ChatGPT 知識範疇的問題，建議您尋找其他資訊來源進行確認。

3-10 狀況 10：無法或拒絕回答的問題

有些問題，由於其性質或其他原因，ChatGPT 可能無法或拒絕回答。了解這些限制，可以幫助我們更有效地提問。

3-10-1 ChatGPT 的回答限制

ChatGPT 是一款強大的語言模型，但它並不是全知全能的。有些問題，無論是因為其內容、複雜性還是其他原因，ChatGPT 都可能無法給出答案。此外，為了確保使用者安全和遵循道德規範，某些問題 ChatGPT 可能會選擇不回答。

3-10-2 常見的無法或拒絕回答的問題類型

以下是常見的無法或拒絕回答的問題類型：

- 涉及隱私或敏感資訊：例如詢問他人的私人資料、密碼等。

- 非道德或非法的內容：例如詢問如何製造毒品、犯罪方法等。
- 過於抽象或哲學性的問題：雖然 ChatGPT 可以提供一些觀點，但對於一些深奧的哲學問題，它可能無法給出明確答案。
- 超出知識庫範圍的問題：例如詢問 2021 年後的事件或最新科技。

3-10-3 如何與 ChatGPT 有效互動？

至於如何適當地與 ChatGPT 互動？我們建議有底下幾種作法：

- 明確且具體的提問：避免使用模糊或過於開放式的問題。例如，「告訴我一個故事」可能不如「請分享一個關於古羅馬的歷史故事」來得具體。
- 避免敏感或不道德的問題：如果您認為某個問題可能涉及隱私、安全或道德問題，最好不要問。
- 嘗試不同的問法：如果 ChatGPT 未能回答您的問題，您可以嘗試用不同的方式再次提問。

3-10-4 ChatGPT 的實際操作範例

為了獲得最精確的答案，您可以嘗試以下方式來考慮到 ChatGPT 的回答限制的因素：

- 不好的指示：「我想知道我的鄰居的生日。」（涉及隱私）
- 好的指示：「請告訴我如何選擇一份適合所有年齡的生日禮物。」

提示（prompt）詞

請告訴我如何選擇一份適合所有年齡的生日禮物。

ChatGPT 回答內容

選擇一份適合所有年齡的生日禮物可以是一項挑戰，但以下的建議可以幫助您找到一個既有意義又實用的禮物：

1. **通用性**：選擇那些大多數人都會喜歡的禮物。例如，美味的食品、水果籃或甜點都是大多數人都會喜歡的。
2. **個性化禮物**：考慮選擇可以個性化的禮物，如定制的首飾、名字刻印的筆或定制的日曆。這些禮物不僅具有紀念價值，而且適合所有年齡段。
3. **體驗**：提供一次體驗往往比物質禮物更有意義。這可以是音樂會門票、電影票、餐廳禮券、SPA體驗或一次短途旅行。
4. **教育性玩具或書籍**：對於孩子，選擇教育性的玩具或書籍可以是一個好選擇。對於成人，可以考慮購買一本暢銷書或與其興趣相關的書籍。
5. **手工藝品**：手工製作的禮物總是充滿了心意。無論是手織的圍巾、手繪的畫作還是自製的糖果，都能展現您的心意。
6. **禮品卡**：如果您真的不確定該送什麼，禮品卡是一個不錯的選擇。這樣，收禮者可以根據自己的喜好選擇他們想要的。
7. **植物或花卉**：一盆植物或一束花總是一個受歡迎的禮物。它們不僅能裝飾家居，還能為生活帶來一絲生機。
8. **考慮文化和宗教**：確保您選擇的禮物不會冒犯收禮者的文化或宗教信仰。

最後，記住，選擇禮物時最重要的是心意，而不僅僅是物質價值。花時間考慮收禮者的喜好和需求，並選擇一個能夠展現您心意的禮物。

- 不好的指示：「告訴我未來的股市走勢。」(超出知識庫範圍)
- 好的指示：「請分享一些股市投資的基本策略。」

提示（prompt）詞

請問投資 ETF 和投資股票的優缺點比較，如果第一考慮風險，第二考慮投資報酬率，第三考慮較大的價差獲利，您會建議我選擇哪一個投資標的？為什麼？

ChatGPT 回答內容

ETF (交易所交易基金)：

優點：

1. **多元化：**ETF通常追蹤某個指數，因此投資一個ETF就相當於投資該指數下的多家公司，達到分散風險的效果。
2. **靈活性：**ETF可以像普通股票一樣在交易所買賣，交易時間長，且可以使用各種交易策略。
3. **透明性：**ETF的組合結構通常每日公開，投資者可以清楚知道其持有的資產。
4. **低成本：**許多ETF的管理費用較低。

缺點：

1. **價差：**由於ETF是在交易所交易，可能存在買賣價差。
2. **追蹤誤差：**ETF可能無法完全追蹤其基準指數的表現。

股票：

優點：

1. **高報酬潛力：**選擇正確的股票可能帶來高於市場平均的報酬。
2. **完全控制：**投資者可以選擇特定的公司進行投資。
3. **價差獲利：**股票的價格波動可能較大，對於短期交易者，這提供了價差獲利的機會。

缺點：

1. **高風險：**股票投資可能面臨公司經營風險、市場風險等。
2. **需要更多研究：**選擇正確的股票需要對公司和行業進行深入的研究。

建議：

1. **風險：**如果您首先考慮風險，ETF由於其多元化的特性，通常風險較低。
2. **投資報酬率：**雖然股票有更高的報酬潛力，但也伴隨著更高的風險。ETF提供的是市場平均報酬。
3. **價差獲利：**股票的價格波動較大，更適合價差獲利。

透過了解 ChatGPT 的限制和如何有效地提問，我們可以更好地利用這一工具，獲得所需的答案。

3-11 狀況 11：向 ChatGPT 的提問次數受限

在使用 ChatGPT 這類的 AI 語言模型時，我們可能會遇到一些使用限制，其中之一就是「提問次數」。這是因為每次與 AI 的互動都需要計算資源，而這些資源是有限的。當大量的使用者同時使用或是單一使用者頻繁地提問時，可能會對系統造成壓力，導致回應速度變慢或是其他使用上的限制。

3-11-1 如何更有效地使用有限的提問次數？

- 事先整理問題：在向 ChatGPT 提問之前，先將您的問題整理好，確定真正需要問的內容，避免重複或不必要的提問。
- 合併相似問題：如果有多個相似或相關的問題，可以試著將它們合併成一個問題，這樣不僅可以節省提問次數，還可以獲得更完整的答案。
- 避免過於複雜的問題：過於複雜的問題可能需要多次的互動才能得到答案，嘗試將問題簡化或拆解，一次問一個主題。

當遇到提問次數受限時該如何應對？可以有底下幾種作法：

- 稍後再試：如果遇到提問次數受限，可以稍等一段時間後再次嘗試。
- 確認帳號狀態：有些平台或服務可能會根據帳號的類型或付費狀態來限制提問次數，確認並調整帳號設定可能可以解決問題。
- 尋求其他資源：當 ChatGPT 無法使用時，可以考慮尋找其他的資訊來源或工具來解答您的問題。

3-12 狀況 12：問題模糊不清

清晰的問題是獲得清晰答案的關鍵。避免模糊的問題，可以提高回答的質量。

3-12-1 問題的清晰性與答案的質量

當我們向 ChatGPT 或任何 AI 模型提問時，問題的清晰性直接影響到答案的質量。模糊或不明確的問題可能會導致答案偏離我們的期望，或者得到一個不夠精確的答案。這是因為 AI 模型主要依賴我們提供的輸入資訊來生成答案，如果輸入的問題不夠明確，模型可能會選擇其中一個可能的答案，而這可能不是我們真正想要的。

3-12-2 如何避免模糊的問題？

- 明確您的需求：在提問之前，先確定您真正想知道的是什麼。例如，如果您想知道某種食物的營養成分，則應明確指出該食物的名稱和您想知道的具體營養成分。
- 提供足夠的上下文：有時候，提供一些背景資訊或上下文可以幫助 AI 更好地理解您的問題。例如，「我剛從運動回來，應該吃些什麼？」比「我應該吃些什麼？」更能得到具體的答案。
- 避免使用模糊的詞語：詞語如「那個」、「這個」或「某些」可能會使問題變得不清晰。嘗試使用具體的名稱或描述。

3-12-3 當得到模糊的答案時該如何應對？

當得到模糊的答案時，您可以嘗試以下方式來應對：

- 重新提問：嘗試用不同的方式或更具體的詞語重新提問。
- 追問：如果答案不夠明確，可以追加問題以獲得更多資訊。
- 提供更多的上下文：有時候，提供更多的背景資訊可以幫助 AI 更好地回答您的問題。

實際下達指示的範例：

- 不好的問題：「那個東西怎麼做？」
- 好的問題：「請問如何製作提拉米蘇？」

提示（prompt）詞

請問如何製作提拉米蘇？

ChatGPT 回答內容

提拉米蘇是一道經典的義大利甜點，其名稱意為"帶我走"。以下是製作提拉米蘇的基本步驟：

材料：

1. 指形餅乾 (Savoiardi或Ladyfingers)：約24片
2. 濃縮咖啡：約1杯 (冷卻)
3. 馬斯卡彭起司：250克
4. 糖：100克
5. 蛋黃：3個
6. 蛋白：3個
7. 朗姆酒或咖啡酒：2-3大匙 (可選)
8. 可可粉：適量 (裝飾用)

製作方法：

1. **咖啡混合**：將冷卻的濃縮咖啡與朗姆酒或咖啡酒混合在一起，放在一個淺碗中備用。
2. **製作奶酪混合物**：
   - 在一個大碗中，將蛋黃和糖混合，使用電動攪拌器攪拌至淺黃色且質地滑順。
   - 加入馬斯卡彭起司，繼續攪拌至完全混合。
   - 在另一個乾淨的碗中，將蛋白打至硬性發泡。
   - 將打發的蛋白輕輕摺入馬斯卡彭混合物中，直到完全混合。
3. **組裝提拉米蘇**：
   - 將指形餅乾迅速浸入咖啡混合物中，使其吸收咖啡，但不要浸泡太久，以免變得太軟。
   - 在一個適中大小的矩形烤盤底部鋪上一層浸泡過的指形餅乾。
   - 在餅乾上鋪上一層馬斯卡彭混合物。
   - 重複以上步驟，直到所有材料用完，通常可以做2-3層。
   - 確保最後一層是馬斯卡彭混合物。
4. **裝飾**：將可可粉過篩，撒在提拉米蘇的頂部。
5. **冷藏**：將提拉米蘇放入冰箱冷藏至少4小時，最好是過夜，這樣味道會更加融合。
6. **享用**：從冰箱取出，切片並享受！

這只是提拉米蘇的基本版本，您可以根據自己的口味進行調整或添加其他成分，如果仁、巧克力碎片等。

了解如何清晰地提問，以及如何應對模糊的答案，可以讓我們更有效地使用 ChatGPT，並獲得更高質量的答案。

3-13 狀況 13：用過於專業術語

過於專業的術語可能會影響 ChatGPT 的理解。確保問題的語言是清晰和易於理解的。

3-13-1 專業術語的挑戰

在我們的日常生活中，我們可能會遇到各種專業領域，從醫學、工程到藝術，每一個領域都有其特定的術語和語言。當我們使用這些專業術語向 ChatGPT 提問時，雖然它具有大量的知識，但有時可能會因為術語的複雜性或特定的語境而難以給出正確的答案。這是因為某些術語可能在不同的場景中有不同的意義，或者其意義非常專業，需要特定的背景知識來理解。了解如何避免使用過於專業的術語，以及如何應對專業術語的答案，可以讓我們更有效地與 ChatGPT 互動，並獲得更高質量的答案。

3-13-2 如何避免過於專業的術語？

底下的幾種作法可以避免過於專業的術語：

- 簡化問題：嘗試將問題簡化，避免使用不必要的專業術語。
- 提供背景資訊：如果必須使用專業術語，請提供一些背景資訊或上下文，以幫助 ChatGPT 更好地理解您的問題。
- 使用常見的語言：儘量使用大多數人都能理解的語言，這樣可以提高答案的質量和準確性。

3-13-3 當遇到專業術語的答案時該如何應對？

當遇到專業術語的答案，為了獲得最精確的答案，您可以嘗試以下方式來優化您的提問：

- 追問：如果答案中包含您不理解的專業術語，可以追問其意義或要求更簡單的解釋。
- 重新提問：嘗試用不同的方式或更簡單的語言重新提問，以獲得更清晰的答案。
- 提供更多的上下文：有時候，提供更多的背景資訊或說明您的需求可以幫助 AI 更好地回答您的問題。

例如底下的範例：

- 不好的提示詞：「請解釋 NMR 的 J 分裂。」
- 好的提示詞：「請用簡單的語言解釋核磁共振中的 J 分裂是什麼？」

提示（prompt）詞

請用簡單的語言解釋核磁共振中的 J 分裂是什麼？

ChatGPT 回答內容

核磁共振（NMR）是一種用來研究分子結構的技術。在NMR中，J分裂（或稱為耦合常數）描述的是兩個核旋磁比相近的核之間的相互作用。

簡單來說，當一個原子核的環境中有其他的核時，這些核之間會有一種相互作用，使得NMR信號分裂成多個峰。這種分裂的模式和大小（J值）可以告訴我們這些核之間的相對位置和它們的化學環境。

例如，如果我們在NMR圖上看到一個氫原子的信號被分裂成三個峰，這可能意味著它旁邊有兩個其他的氫原子與它相互作用。

通過觀察和分析J分裂，科學家可以獲得更多的信息來確定分子的結構。

3-14 狀況 14：試圖得到具有主觀性的答案

ChatGPT 提供的答案是基於其訓練資料，並不具有主觀性。了解這一點，可以幫助我們更客觀地看待其回答。

3-14-1 AI 與主觀性

當我們提到「主觀性」，通常指的是基於個人感受、信仰、偏見或解釋的觀點或判斷。與人類不同，ChatGPT 並不具有情感、信仰或偏見。它的答案是基於大量的訓練資料，這些資料來自於各種來源，包括書籍、網站和其他文字。因此，當我們試圖從 ChatGPT 獲得一個「主觀」的答案時，實際上我們得到的是基於其訓練資料的「客觀」回應。

至於如何與 ChatGPT 互動以獲得「主觀」答案？建議有底下幾種作法：

- 明確指定資料來源：如果您想知道某一特定群體或作者的觀點，請明確指定。例如，「根據佛教的觀點，生命的意義是什麼？」。
- 問多個相似問題：通過問多個相似的問題，您可以從不同的角度獲得答案，這有助於獲得更全面的視角。
- 要求多種觀點：例如，「請告訴我關於全球暖化的正反兩方觀點。」

3-14-2 ChatGPT 的實際操作範例

儘管 ChatGPT 可以提供基於其訓練資料的答案，但這些答案可能不會反映任何特定個體的真實感受或信仰。而且，由於訓練資料的範圍和多樣性，有時可能會得到看似矛盾的答案。因此，當尋求主觀答案時，最好還是諮詢真實的專家或進一步研究。

實際下達指示的範例：

- 不好的問題：「你覺得全球暖化是真的嗎？」
- 好的問題：「請根據科學研究，告訴我全球暖化的現狀。」

提示（prompt）詞

請根據科學研究，告訴我全球暖化的現狀。

ChatGPT 回答內容

全球暖化是指地球的平均氣溫上升，這是由於人類活動所釋放的溫室氣體（如二氧化碳、甲烷和氮氧化物）在大氣中積累所引起的。以下是根據科學研究對全球暖化現狀的簡要描述：

1. **氣溫上升**：根據世界氣象組織的數據，過去四十年中，地球的平均氣溫已經上升了約1°C。這種上升的速度和幅度在地球的歷史上是前所未有的。
2. **冰川和極地冰層融化**：許多地方的冰川和冰帽正在迅速融化。例如，格陵蘭和南極的冰層正在以前所未有的速度減少，這導致海平面上升。
3. **海平面上升**：由於冰川融化和海水因暖化而膨脹，全球的海平面正在上升。這對於沿海地區和低窪地區的居民來說是一個嚴重的威脅。
4. **極端天氣事件增加**：全球暖化導致的氣候變化使得極端天氣事件，如颶風、熱浪和大雨，變得更加頻繁和劇烈。
5. **生態系統和生物多樣性受到威脅**：許多動植物因為氣候變化而面臨棲息地喪失或遷移的壓力，這可能導致某些物種滅絕。
6. **人類健康受到影響**：極端的高溫和變化的天氣模式可能導致健康問題，如熱相關疾病、呼吸問題和某些傳染病的傳播。

為了應對全球暖化的挑戰，許多國家已經採取了減少溫室氣體排放的措施，並在國際層面上進行合作，如《巴黎協定》。然而，為了有效地減緩全球暖化的影響，還需要進一步的努力和合作。

- 不好的問題：「你喜歡吃巧克力嗎？」
- 好的問題：「巧克力有什麼營養價值和健康效益？」

提示（prompt）詞

巧克力有什麼營養價值和健康效益？

ChatGPT 回答內容

巧克力，特別是黑巧克力，含有多種營養成分，並且被認為對健康有一定的益處。以下是巧克力的營養價值和健康效益：

營養價值：

1. **多酚和抗氧化劑**：巧克力是富含多酚的食物，特別是黃酮類化合物，這些化合物具有強大的抗氧化作用。
2. **礦物質**：巧克力含有鎂、鐵、鋅、銅和錳等礦物質。
3. **纖維**：黑巧克力含有一定量的膳食纖維。
4. **咖啡因和可可鹼**：這些成分可以提供暫時的精神提振。

健康效益：

1. **心血管健康**：多項研究顯示，適量食用黑巧克力可以改善心血管健康，降低心臟病和中風的風險。這主要是因為巧克力中的抗氧化劑有助於提高HDL（好的膽固醇）水平並減少LDL（壞的膽固醇）的氧化。
2. **提高腦功能**：巧克力中的咖啡因和可可鹼可以提高注意力、反應速度和認知功能。
3. **抗氧化**：巧克力中的多酚和黃酮類化合物具有抗氧化作用，可以幫助對抗自由基，減少細胞損傷。
4. **情緒提振**：巧克力中的化合物，如酚胺類，可以促進內啡肽的釋放，這是一種天然的"快樂"化學物質。
5. **皮膚健康**：一些研究表明，巧克力的抗氧化劑可以保護皮膚免受紫外線損傷。

然而，雖然巧克力有其健康益處，但它也含有糖和卡路里，所以應該適量食用。選擇高可可含量的黑巧克力，並避免含有大量添加糖和奶油的巧克力，可以最大化巧克力的健康效益。

3-15 狀況 15：詢問過於私人或敏感的問題

保護個人隱私和敏感資訊是非常重要的。避免詢問過於私人或敏感的問題，可以確保我們的安全。尤其在數位時代，隱私和資料保護成為了大家關心的焦點。私人或敏感的資訊可能包括但不限於：身分證號碼、銀行帳戶、家庭地址、健康狀況、宗教信仰等。這些資訊在不當的手中可能會被濫用，導致身分盜竊、詐騙或其他形式的侵犯。

ChatGPT 有時會拒絕回答某些問題，尤其是當它認為問題涉及私人或敏感資訊時。另外與 ChatGPT 互動提問時，使用者仍應避免提供任何私人或敏感的資訊。

3-15-1 ChatGPT 的實際操作範例

實際下達指示的範例：

- 不好的問題：「我的身分證號碼是 A123456789，請幫我查詢我的信用評分。」
- 好的問題：「一般而言，如何查詢信用評分？」
- 不好的問題：「我的朋友小明住在台北市中正區，他的電話號碼是 0987-654321，他最近過得如何？」
- 好的問題：「如何關心朋友的心情和健康？」

了解如何安全地與 ChatGPT 互動，並保護自己和他人的隱私，是每位使用者的責任。透過正確的提問方式，我們可以確保在獲得所需答案的同時，也確保了自己的安全。

04

CHAPTER

ChatGPT 聰明提示的私房秘技

在這個 AI 技術日新月異的時代，如何更加熟練地使用 ChatGPT 成為了許多人的關注焦點。隨著技術的進步，我們有更多的機會與 AI 進行互動，但如何才能真正發揮其潛力呢？本章將深入探討一些不為人知的使用技巧，這些技巧不僅可以讓您更有效地與 ChatGPT 互動，還能幫助您在各種情境下獲得更精確的答案。從格式設定到問題的提法，我們將一一為您揭秘。

4-1 秘技 1：說明輸出內容格式

在與 ChatGPT 互動時，明確的指示往往能獲得更精確的答案。其中一個常被忽略的技巧是「說明輸出內容格式」。當您需要 ChatGPT 提供特定格式的答案時，例如列表、段落或表格，明確地指示輸出格式可以使結果更符合您的期望。至於如何有效地指示輸出內容格式？建議有底下幾種作法：

- 明確指出您想要的格式：例如，如果您希望答案是一個列表，可以明確地説表格式，並指定要輸出的欄位意義。例如：

提示（prompt）詞

請幫我將下列的大陸用語轉換成台灣用語

渠道

使用者

質量

營銷

探索

演示

洞見

建模

調用

接口

- 表格式：A 欄是大陸用語；B 欄是英文原文；C 欄是台灣用語

 ChatGPT 回答內容

當然可以，下表是根據你的要求整理出的轉換表格：

A欄	B欄	C欄
渠道	Channel	通路
用戶	User	使用者
質量	Quality	品質
營銷	Marketing	行銷
探索	Explore	探索
演示	Demonstration	示範
洞見	Insight	洞見
建模	Modeling	建模
調用	Invoke	調用
接口	Interface	介面

請注意這裡一些詞彙在台灣和大陸用法上並無太大區別，但為了保持一致性，我還是提供了相對應的翻譯。

- 提供範例：有時候，提供一個範例可以幫助 ChatGPT 更好地理解您的需求。例如：" 請像這樣回答：1. XX 2. XX 3. XX。"
- 避免過於複雜的格式要求：雖然 ChatGPT 很強大，但過於複雜的格式要求可能會使答案變得不夠清晰。建議您儘量保持簡單和明確。

透過這些技巧，您不僅可以獲得更精確的答案，還可以確保答案的格式完全符合您的需求。在日常使用中，嘗試結合這些技巧，您會發現與 ChatGPT 的互動變得更加流暢和高效。

4-2 秘技 2：利用標記或符號作為補充說明

標記或符號可以幫助強調重點或區分不同部分的內容。例如，當您問：「描述太陽系。」，您可以加上 "*" 來強調每個行星的名稱，使答案更有組織性。

4-2-1 標記與符號的重要性

在文字溝通中，尤其是在缺乏語氣和面部表情的文字介面，標記和符號扮演著至關重要的角色。它們不僅可以幫助強調重點、區分不同部分的內容，還能使答案更有組織性，更易於閱讀和理解。對於 ChatGPT 這種文字為主的互動介面，正確地使用標記和符號更是提高效率和溝通質量的關鍵。

- 強調重點：當您希望 ChatGPT 強調某些內容時，可以使用如 "" 或 "**" 這樣的符號。例如，當您問：" 描述太陽系。"，您可以指示：" 請使用來強調每個行星的名稱。"

提示（prompt）詞

請描述太陽系，並使用 "**" 這樣的符號來強調每個行星的名稱。

ChatGPT 回答內容

1. 水星
   - 最接近太陽的行星
   - 一日和一年相當短
   - 沒有自然衛星
2. 金星
   - 第二顆距太陽的行星
   - 天空中最亮的天體之一
   - 擁有非常密集的大氣層
3. 地球
   - 唯一已知存在生命的行星
   - 有一顆自然衛星：月亮
   - 大部分被水覆蓋
4. 火星
   - 通常被稱為"紅色行星"
   - 有證據顯示曾存在流水
   - 有兩顆小型衛星：火卫一和火卫二

5. 木星
    - 太陽系中最大的行星
    - 擁有非常強大的磁場
    - 擁有多顆衛星和一系列的環
6. 土星
    - 有明顯的環系統，由無數的冰塊和岩石組成
    - 有多顆衛星，其中最大的是泰坦
    - 是太陽系中第二大的行星
7. 天王星
    - 軸傾斜極端，導致極端的季節變化
    - 有複雜的環系統和多顆衛星
    - 是太陽系中唯一一顆以側轉方式旋轉的行星
8. 海王星
    - 被認為是太陽系中最後一顆主要行星
    - 有強風和大型風暴
    - 有多顆衛星，其中最著名的是特里頓

這樣，ChatGPT 可能會回答答案更具組織性，且重點明確。

- 區分不同部分：當答案涉及多個部分或層次時，可以使用如 "-" 或 "1.、2.、3.…" 這樣的符號來區分。例如，當您詢問某個主題的優點和缺點時，可以指示：" 請使用 1.、2.、3.…列出優點，並用 a.、b.、c.…列出缺點。" 這樣的結構使答案更易於閱讀和理解。

提示（prompt）詞

請描述核能的優缺點，請使用 1.、2.、3.…列出優點，並用 a.、b.、c.…列出缺點。

ChatGPT 回答內容

核能是通過核反應來產生能量的一種方式，通常是通過核裂變或核聚變來實現的。以下是核能的一些優缺點：

優點：

1. 高能量產出：核能可以產生大量的能量，而且只需很少量的原料。
2. 降低碳排放：與燃煤和天然氣相比，核能可以大大減少碳排放和其他溫室氣體的排放。
3. 穩定的能源供應：核能發電站可以提供持續穩定的能源供應，不受天氣或季節影響。
4. 長壽命：一旦建成，核反應堆可以運行多年，甚至數十年。
5. 提高能源獨立性：通過減少對外國石油和天然氣的依賴，可以增強一個國家的能源獨立性。

缺點：

a. 核事故的風險：如切爾諾貝利和福島事故所示，核事故可以帶來災難性的後果。
b. 放射性廢料：核能產生長壽命的放射性廢料，這需要安全存放數千年。
c. 高昂的建設和清理成本：建設核電廠和最終清理核廢料的成本非常高。
d. 有可能用於製造武器：核技術可以被用來開發核武器，這引發了擴散的恐慌。
e. 有限的鈾資源：核能目前主要依賴鈾作為燃料，而鈾是一種有限的資源，雖然存在其他潛在的核燃料選擇，但它們還沒有得到商業化的開發。

這些優缺點顯示出核能是一個具有高風險和高回報的能源選擇，而這就要求進行嚴格的安全控制和規劃來利用它的好處並減少其風險。

4-2-2 實際應用：如何指示 ChatGPT 使用標記和符號

在與 ChatGPT 互動時，如何指示 ChatGPT 使用標記和符號？以下是一些實際的指示範例：

- 不佳的提問：「請告訴我蘋果的好處。」
- 較佳的提問：「請使用 - 來列出蘋果的好處。」

提示（prompt）詞

請使用 - 來列出蘋果的好處。

ChatGPT 回答內容

蘋果是一種非常受歡迎的水果，它不僅味道美味，而且還有多種健康益處。以下是一些蘋果的好處：

- **營養豐富**：蘋果含有各種維生素和礦物質，包括維生素C、鉀和多種膳食纖維。
- **有助於減肥**：蘋果是一種低熱量，高纖維的食物，可以幫助你感到飽足，從而減少過量飲食的可能性。
- **心臟健康**：一些研究顯示，吃蘋果可以降低心臟疾病的風險。
- **有助於控制血糖**：蘋果中的纖維可以幫助減緩糖的吸收，有助於保持血糖水平穩定。
- **改善消化**：蘋果中的纖維可以幫助促進消化系統的健康，防止便秘。
- **增強免疫系統**：蘋果中的維生素C可以增強你的免疫系統，幫助你抵抗疾病。
- **對牙齒有益**：咀嚼蘋果可以刺激唾液的產生，有助於減少牙菌斑和蛀牙的風險。
- **提供抗氧化劑**：蘋果富含多種抗氧化劑，可以幫助保護你的身體免受自由基的傷害。
- **提高腦健康**：一些研究顯示，蘋果中的一些物質可以有助於改善大腦功能和記憶力。

蘋果是一種多功能和營養豐富的水果，是增強你的日常飲食的好選擇。

4-3 秘技 3：限制回答內容的字數

有時候，簡短的答案更能夠直接解決問題。透過設定字數限制，例如：「描述太陽系，不超過 50 字。」，可以確保答案的簡潔性。

在現今資訊爆炸的時代，人們的注意力越來越難以維持。因此，能夠迅速、簡潔地提供答案變得尤為重要。簡短的答案不僅可以節省時間，還能夠讓重點更為突出，使接收者更容易理解和吸收。對於 ChatGPT 這種 AI 助理，如何有效地獲得簡短答案，往往是使用者最關心的問題。至於如何設定字數限制？主要有以下的幾種作法：

- 明確指示字數：在提問時，明確指出您希望答案的字數限制。例如：「請描述太陽系，不超過 50 字。」這樣的指示可以確保 ChatGPT 提供的答案簡短且切中要點。

提示（prompt）詞

請以華語幫我寫一篇 50 字以內關於「音樂課」的短文，在短文結束後，出一個和這個短文內容有關的問題，這個問題有（A）（B）（C）（D）四個選項，最後，給我這個問題的答案。

ChatGPT 回答內容

音樂課不僅是學習音律、旋律和節奏的地方，更是培育感情與創意的溫床。在老師的指導下，學生學會了演奏樂器和詮釋樂曲，進而深化對藝術的理解和欣賞。音樂不僅豐富了我們的靈魂，也為每日的學習帶來無限的可能和樂趣。

問題：音樂課主要培育學生的什麼能力？
(A) 數學能力
(B) 音樂理解和演奏能力
(C) 語言能力
(D) 美術能力

答案：(B) 音樂理解和演奏能力

- 使用範疇限制：除了直接限制字數，您還可以透過限制答案的範疇來獲得簡短答案。例如：「只告訴我太陽系的行星名稱。」這樣，ChatGPT 會提供一個只包含行星名稱的列表，而不是詳細的描述。

提示（prompt）詞

只告訴我太陽系的行星名稱。

ChatGPT 回答內容

當然可以，太陽系的八大行星名稱依照它們距離太陽的遠近依次是：

1. 水星（Mercury）
2. 金星（Venus）
3. 地球（Earth）
4. 火星（Mars）
5. 木星（Jupiter）
6. 土星（Saturn）
7. 天王星（Uranus）
8. 海王星（Neptune）

4-4 秘技 4：下達不需要重複題目的指示

為了避免重複和節省時間，您可以指示 ChatGPT 直接回答，而不重複問題。例如，當您問：「太陽的主要成分是什麼？」而不希望答案中再次提到「太陽」，您可以這樣説：「告訴我，不要重複問題。」

在許多情境中，簡潔和效率是我們追求的目標。當我們詢問某些問題時，希望得到的答案能夠直接且不帶有多餘的重複內容。這不僅使答案更加清晰，也能夠讓我們更快速地獲得所需的資訊。尤其在商業或學術環境中，這種效率尤為重要。至於如何指示 ChatGPT 避免重複？有以下幾種作法：

- 明確指出不要重複：在提問時，您可以加上「不要重複問題」或「直接回答」這樣的指示。例如：「太陽的主要成分是什麼？直接回答。」這樣，ChatGPT 會知道您希望得到的答案不需要再次提及問題中的內容。

- 使用簡短的指令：除了完整的指示，您也可以使用簡短的指令，例如：「告訴我，不要重複。」或「答案是？」。這些簡短的指令可以使您的提問更加簡潔，且 ChatGPT 也能夠理解您的需求。
- 提供範例：為了確保 ChatGPT 能夠正確理解您的需求，提供一個具體的答案範例是非常有幫助的。

以下是「下達不需要重複題目的指示」一些實際的指示範例：

不佳的提問：「太陽的主要成分是什麼？」

ChatGPT 回答內容

太陽主要由氫和氦兩種元素組成。其中：

- 氫：佔太陽質量的約74%
- 氦：佔太陽質量的約24%

除了氫和氦外，太陽還包含較小量的其他元素，如氧、碳、氖和鐵等，但它們的含量相對非常少。

較佳的提問：「太陽的主要成分是什麼？直接回答。」

ChatGPT 回答內容

透過這種方式，您可以確保回答的簡潔性，並迅速獲得所需的資訊。在日常使用中，嘗試結合這些技巧，您會發現與 ChatGPT 的互動變得更加高效和直接。

4-5 秘技 5：結合引號功能來補強重點

引號可以幫助強調某些詞語或句子，使您的問題更加明確。例如，當您問：「什麼是 '光合作用' ？」，引號可以幫助 ChatGPT 更精確地識別和回答您的問題。

在語言的世界中，引號扮演著一個非常重要的角色。它們不僅用於引述他人的話語，還常被用來強調、特指或界定某些詞語和句子。在與 ChatGPT 互動時，利用引號可以使您的問題更加明確，並幫助 AI 更精確地識別和回答您的問題。至於如何結合引號來提問？有以下幾種作法：

- 特指某一詞語或概念：當您想要詢問某一特定的詞語或概念時，可以使用引號來界定。例如：「什麼是 '光合作用' ？」這樣的提問方式可以確保 ChatGPT 聚焦於引號內的詞語，並給予相對應的答案。
- 強調重要性：有時候，我們希望 ChatGPT 特別注意某一部分的內容。這時，引號可以作為一個強調的工具。例如：「請解釋 '量子力學' 中的 '雙縫干涉' 現象。」這樣的問法可以確保 AI 特別關注到「雙縫干涉」這一特定概念。
- 界定範疇：在某些情況下，我們希望限制答案的範疇。例如：「請告訴我 '史蒂夫．喬布斯 ' 的三大成就」。透過引號，我們可以明確指出想要知道的是史蒂夫．喬布斯的成就，而不是其他相關資訊。

在與 ChatGPT 互動時，結合引號的使用可以大大提高問答的精確性。以下是一些實際的指示範例：

- 不佳的提問：「請解釋光合作用。」

ChatGPT 回答內容

光合作用是植物、藻類和某些細菌將光能轉化為化學能的過程，以便存儲和使用。該過程主要發生在植物的葉子中，特別是葉綠體中的葉綠素分子中。

光合作用可以分為兩個主要階段：光依賴階段和光獨立階段或Calvin循環。

1. **光依賴階段（或光反應階段）**
   - 地點：葉綠體的噻粒膜
   - 光能被葉綠素分子捕獲，使得水分子分解（光解），產生氧氣、質子和電子。
   - 產生的電子經由一系列反應產生能攜帶分子ATP和NADPH。
2. **光獨立階段（或Calvin循環）**
   - 地點：葉綠體的基質
   - 使用ATP和NADPH提供的能量和電子，將二氧化碳固定並將其轉化為有機物質，例如葡萄糖。
   - 這個過程中的重要步驟是由RuBisCO酶催化的二氧化碳的固定。

總體方程式可以表示為：

$$6\,CO_2 + 6\,H_2O \xrightarrow[\text{光照}]{\text{葉綠素}} C_6H_{12}O_6 + 6\,O_2$$

這樣，光合作用實現了將太陽能轉化為化學能，並產生氧氣和有機物質，這對生物圈的生命至關重要。

■ 較佳的提問：「請解釋 " 光合作用 " 。」

ChatGPT 回答內容

光合作用是植物、藻類和某些細菌用來將光能轉化為化學能的生物化學過程。這一過程利用太陽光來將二氧化碳和水轉化為葡萄糖（一種糖）和氧氣。這一過程主要在葉綠體中的葉綠素分子中進行，可分為光依賴性反應和Calvin循環兩個主要階段。

總的化學反應可以表達為：

$$6\,CO_2 + 6\,H_2O \xrightarrow[\text{光照}]{\text{葉綠素}} C_6H_{12}O_6 + 6\,O_2$$

這個過程不僅產生了生物體所需的能源，而且還釋放出氧氣，這對氧氣呼吸的生物是必需的。

透過這種方式，您可以確保回答的精確性，並獲得更具針對性的資訊。在日常使用中，嘗試結合這些技巧，您會發現與 ChatGPT 的互動變得更加高效和直接。

4-6 秘技 6：自行提供範本給 ChatGPT 參考

當您有特定的答案格式或風格需求時，提供一個範本可以幫助 ChatGPT 更好地滿足您的需求。例如，當您需要一個商業計劃的大綱，您可以說：「我需要一個商業計劃的大綱，像這樣：1. 簡介 2. 市場分析 3. 策略 ...」。

在日常生活和工作中，我們經常需要按照特定的格式或風格來完成各種任務，這些格式或風格可能是由於個人喜好，行業標準或特定場合的需求而產生的。當我們與 ChatGPT 互動時，如果能夠提供一個清晰的範本或參考，這將大大提高 AI 的回答質量和準確性。提供範本的好處包括：

- 明確性：範本提供了一個清晰的框架，幫助 ChatGPT 更好地理解您的需求。
- 效率：範本可以減少不必要的追問和修改，使得回答更加迅速和準確。
- 客製化：透過範本，您可以確保答案完全符合您的風格和格式要求。

至於如何正確地提供範本？有以下幾種作法：

- 明確指出您的需求：首先，您需要告訴 ChatGPT 您希望得到什麼樣的答案。例如：「我需要一個商業計劃的大綱。」接著，您可以提供一個範本或參考來說明您的需求。例如：「像這樣：1. 簡介 2. 市場分析 3. 策略 ...」
- 確認和調整：在收到答案後，您可以根據實際情況進行調整或再次提問，以確保答案完全符合您的要求。

在與 ChatGPT 互動時，提供範本是一個提高問答質量非常實用的技巧。以下是一些實際的指示範例：

提示（prompt）詞

我需要一篇關於環保的文章，格式像這樣：1. 引言 2. 環保的重要性 3. 實際行動建議 4. 結論。

ChatGPT 回答內容

環保：我們的責任與未來的保障

1. 引言

隨著人口的不斷增長和工業化的進程加快，我們的自然環境正在面臨前所未有的壓力。環保已成為一個不可避免的議題，每一個人都應該參與其中，為了我們自己和後代的未來。

2. 環保的重要性

環保不僅僅是保護自然資源，它是維持生態平衡，保證人類健康和社會的可持續發展的必要手段。透過環保，我們可以減少污染，保護生物多樣性，並確保我們的生活質量不會受到未來環境變化的負面影響。

3. 實際行動建議

要真正實現環保目標，以下幾點建議或許可以提供一定的幫助：

- **減少塑料使用**：養成使用可重複使用的容器和袋子的習慣，以減少塑料廢物的產生。
- **節約能源**：合理利用能源，如將電燈和未使用的電器關閉，以減少能源浪費。
- **綠色出行**：盡可能選擇步行，騎自行車或使用公共交通工具，以減少碳排放。
- **植樹**：積極參與植樹活動，不僅可以吸收二氧化碳，也可以為自然界提供更多的棲息地。

4. 結論

環保不是一個人的事，它需要社會各界的共同參與和努力。通過個人和集體的努力，我們可以保護我們的地球，確保一個更綠色，更健康的未來。讓我們從現在做起，從我做起，為我們唯一的家園投入更多的照顧和保護。

透過這種方式，您可以確保回答的精確性，並獲得更具針對性的資訊。在日常使用中，嘗試結合這些技巧，您會發現與 ChatGPT 的互動變得更加高效和直接。

4-7 秘技 7：比較中文及英文的提示差異

不同的語言可能會有不同的回答風格和內容。了解中文和英文提示之間的差異，例如問：「太陽系有幾個行星？」和「How many planets are in the solar system?」，可能會得到略有不同的答案。

語言不僅僅是一種交流工具，它還反映了文化、思維方式和認知結構。當我們使用不同的語言向 ChatGPT 提問時，可能會得到略有不同的答案。這不僅是因為語言本身的差異，還因為 AI 在不同語言的訓練資料背後所蘊含的文化和知識結構。

4-7-1 中文和英文提示的實際差異

接著我們就從不同角度來説明不同語言的提示，得到的回答內容還是會有一些實際差異。

- 文化背景：中文和英文分別代表了東方和西方的文化。當我們問同樣的問題時，答案可能會受到這些文化差異的影響。例如，當我們問「什麼是愛？」時，中文的答案可能更偏向於家庭和親情，而英文的答案可能更偏向於浪漫和情人。例如：

提示（prompt）詞

什麼是愛？

ChatGPT 回答內容

"愛"是一個非常廣泛和多元化的概念，它可以指向多種不同形式和程度的親密關係和情感聯繫。它可以是浪漫的、親情的、友誼的或無條件的。以下是一些愛的不同面向：

1. **浪漫愛**：這通常指的是伴侶之間的親密關係，通常涉及情感和身體的吸引。
2. **親情**：這指的是家庭成員之間的愛，如父母和子女之間的愛。
3. **友誼**：這是基於共同興趣、理解和尊敬的一種非浪漫形式的愛。
4. **無條件的愛**：這是一種不期望回報的愛，它是純粹的，無條件的，而且是無私的。
5. **自愛**：這涉及對自身的尊敬和照顧，是一個人心理健康和幸福的基礎。
6. **慈愛**：這是一種基於慈悲和理解的愛，可以延伸到所有生命和存在。

愛可以是非常強烈和深刻的，也可以是輕微和暫時的。它可以帶來喜悅和滿足感，也可以帶來痛苦和失望。它是人類經歷中最核心和最基本的部分之一，並且經常是文學、藝術和哲學的中心主題。

提示（prompt）詞

What is love?

ChatGPT 回答內容

"Love" is a complex set of emotions, behaviors, and beliefs associated with warm and affectionate feelings towards another person, oneself, or entities such as animals, places, or things. It is often considered to be one of the most profound and powerful human emotions. Here are different types of love that people often experience:

1. **Romantic Love**: This kind of love usually exists between partners in a romantic relationship. It often involves passion, physical attraction, and a deep emotional connection.
2. **Platonic Love**: This form of love is non-romantic and is typically found in friendships. It involves a deep affection and non-sexual connection between people.
3. **Familial Love**: This is the love that exists between family members, such as the love between parents and children, or between siblings.
4. **Self-love**: This refers to the love and acceptance of oneself. It involves taking care of one's own needs and valuing oneself highly.
5. **Unconditional Love**: This is a type of love that is without any conditions. It means loving someone without any boundaries, irrespective of the flaws, shortcomings, or mistakes they make.

6. **Compassionate Love (Agape):** This is a selfless form of love, characterized by kindness and understanding towards others, without expecting anything in return.

Love can foster deep connections and bonds, providing a sense of fulfillment and security. It is the foundation of many relationships and is often the subject of countless pieces of art, literature, music, and philosophical discussions. It's important to note that love is a dynamic and evolving emotion that can change over time, influenced by a range of personal, relational, and external factors.

- 語言結構：中文和英文的語言結構有很大的差異。中文更依賴於上下文和詞的順序，而英文則更依賴於語法和時態。這意味著，即使是相同的問題，兩種語言可能會有不同的答案結構。
- 訓練資料的差異：ChatGPT 的答案是基於其訓練資料。由於中文和英文的訓練資料來源可能不同，這可能會導致答案的差異。例如，當我們問：「太陽系有幾個行星？」和「How many planets are in the solar system?」時，英文的答案可能會比中文的答案更詳細。

4-7-2 如何利用這些差異

我們可以從以下的幾個角度來加以利用這些差異：

- 多角度提問：如果您不確定某個問題的答案，可以嘗試用中文和英文兩種語言提問。這樣，您可以從不同的角度和背景獲得答案，並進一步確定答案的正確性。
- 明確指示：如果您希望得到特定語言或文化背景的答案，可以明確地指示 ChatGPT。例如：「用中國的文化背景解釋 '禮' 的概念。」或者「Explain the concept of 'freedom' from an American perspective.」
- 結合兩種語言：在某些情況下，結合中文和英文的答案可以幫助您獲得更全面和深入的理解。例如，當您研究一個跨文化的主題時，兩種語言的答案都可以提供有價值的見解。

透過這些技巧，您可以更加熟練地利用 ChatGPT 的多語言能力，並從中獲得更多的知識和見解。

4-8 秘技 8：分段提問

對於複雜的問題，分段提問可以幫助您更系統地獲得答案。例如，首先問：「太陽系是什麼？」接著問：「太陽系有哪些行星？」，這樣可以得到更詳細和組織化的答案。

4-8-1 為何需要分段提問

在日常生活中，我們經常會遇到需要深入探討的問題。這些問題可能涉及多個層面，或者需要從不同的角度進行分析。直接提出這樣的問題可能會得到一個簡單或不完整的答案。這時，分段提問就顯得尤為重要。

分段提問的核心思想是將一個複雜的問題分解成多個相對簡單的子問題，並按照一定的順序逐一提問。這樣做的好處是：

- 答案更具組織性：每個子問題都有其獨特的答案，這些答案組合在一起可以形成一個完整且組織化的答案。
- 提高答案的準確性：分段提問可以幫助 ChatGPT 更精確地識別問題的重點，從而提供更準確的答案。
- 深入探討問題：分段提問允許我們從不同的角度深入探討問題，獲得更多的信息和見解。

4-8-2 如何進行分段提問

至於如何分段提問，主要有以下幾種思考角度：

- 確定主要問題：首先，確定您想要解決的主要問題。例如：「太陽系是什麼？」

- 分解問題：將主要問題分解成多個子問題。這些子問題應該是相對獨立的，並且可以按照一定的順序逐一回答。例如：「太陽系的組成是什麼？」、「太陽系有哪些行星？」、「這些行星的特點是什麼？」…等。
- 按照順序提問：開始提問時，首先問主要問題，然後按照順序問子問題。每次得到答案後，再問下一個問題。這樣可以確保答案的連貫性和組織性。

例如：

提示（prompt）詞

"太陽系"是什麼？直接回答。

ChatGPT 回答內容

"太陽系"是由太陽和繞著它運行的天體系統，包括八大行星及其衛星，小行星，彗星和其他小天體。

提示（prompt）詞

太陽系有哪些"行星"？

ChatGPT 回答內容

太陽系有以下八個行星：

1. 水星 (Mercury)
2. 金星 (Venus)
3. 地球 (Earth)
4. 火星 (Mars)
5. 木星 (Jupiter)
6. 土星 (Saturn)
7. 天王星 (Uranus)
8. 海王星 (Neptune)

提示（prompt）詞

這些行星的特點是什麼？

ChatGPT 回答內容

這些行星各自具有獨特的特點和條件，以下簡述各個行星的一些主要特點：

1. 水星：
   - 最靠近太陽的行星。
   - 表面充滿了隕石坑。
   - 日夜溫差極大。
2. 金星：
   - 有非常厚的大氣層，主要由二氧化碳組成。
   - 表面壓力非常大。
   - 有最高的平均表面溫度，比水星還高。
3. 地球：
   - 唯一已知有生命存在的行星。
   - 有液態水存在。
   - 有一個保護生命並調節氣候的大氣層。
4. 火星：
   - 也稱為"紅行星"因其表面的鐵氧化物而呈現紅色。
   - 有最高的火山和最深的、最寬的峽谷。
   - 有證據顯示它曾經有流動的水。
5. 木星：
   - 是太陽系中最大的行星。
   - 有非常強的磁場。
   - 以其顯著的橫帶和大紅斑而著稱。
6. 土星：
   - 以其壯觀的環系統而聞名。
   - 主要由氫和氦組成。
   - 有多顆有趣的衛星，包括泰坦。
7. 天王星：
   - 有明顯的藍綠色調，因其大氣中的甲烷。

4-9 秘技 9：請繼續（continue）

當您需要更多的答案或解釋時，使用「請繼續」可以讓 ChatGPT 提供更多的資訊。例如，當您問：「請描述光合作用。」，如果答案不夠詳細，您可以說：「請繼續。」，以獲得更深入的解釋。

在與 ChatGPT 的互動中，有時候我們可能會發現得到的答案不夠詳細或不夠完整。這時，簡單地使用「請繼續」這一指令，可以促使 AI 提供更多的資訊或更深入的解釋。這不僅可以幫助我們更全面地了解某一主題，還可以避免多次提問或重新描述問題，節省了大量的時間。

至於如何有效地使用「請繼續」，可以參考以下幾種作法：

- 確認答案的完整性：在使用「請繼續」之前，首先確認 ChatGPT 給出的答案是否已經滿足您的需求。如果答案已經很完整，則不需要再次使用此指令。
- 適時使用：當您覺得答案還有待深入或需要更多的解釋時，及時地說出「請繼續」，這樣可以確保答案的連貫性和完整性。
- 結合其他指令：除了「請繼續」，您還可以結合其他指令，如「請給我更多例子」或「請解釋詳細一點」，以獲得更具體或更詳細的答案。

例如：

提示（prompt）詞

請描述光合作用。

ChatGPT 回答內容

光合作用是植物、藻類和某些細菌通過太陽光能來合成有機物質的生物化學過程。這一過程可以分為兩個主要階段：光依賴階段和光合成暗反應（也稱為卡爾文循環）。以下是這一過程的簡要說明：

光依賴階段（發生在葉綠體的囊氏體內）：

1. **光捕獲:** 葉綠素和其他色素捕捉太陽光能。
2. **水分解:** 光能引起水分子的分解，產生氧氣、氫離子和電子。
3. **ATP和NADPH生成:** 通過電子運輸鏈來產生能量豐富的分子ATP和NADPH。

光合成暗反應（卡爾文循環，發生在葉綠體的基質中）：

1. **碳固定:** CO_2進入卡爾文循環，與5碳糖合成更複雜的有機分子。
2. **3-PGA生成:** 生成3-磷酸甘油酸（3-PGA），一個3碳分子。
3. **G3P生成:** 3-PGA進一步轉化為甘油醛-3-磷酸（G3P），這是一個重要的有機合成原料。
4. **糖合成:** 一部分的G3P最終被轉化為葡萄糖和其他碳水化合物。

產物:

- **氧氣:** 通過光依賴階段釋放到大氣中。
- **葡萄糖:** 在光合成暗反應中生成，用作能量來源和生物合成的基礎。

這一過程是生態系統中能量流動的基礎，它使植物能夠將太陽能轉化為化學能，進而支持生命。

提示（prompt）詞

請繼續

ChatGPT 回答內容

當然，以下是光合作用更詳細的續談，其中將更深入地探討這一生物化學過程的各個方面：

葉綠素和光收集

葉綠體中的葉綠素是光合作用的核心，因為它可以捕捉太陽的光能並將其轉化為化學能。葉綠素存在於植物的葉綠體中，特別是在稱為囊氏體的結構中。

水的光解

在光依賴反應中，水分子被分解為氫和氧，這一過程稱為水的光解。這導致電子被釋放，並開始通過葉綠體內的一系列蛋白質移動，形成一個稱為電子運輸鏈的系統。

ATP和NADPH的形成

電子運輸鏈終於在形成ATP和NADPH的過程中終止，這兩種分子將被用於卡爾文循環中，以驅動有機物質的合成。

卡爾文循環

卡爾文循環是光合作用暗反應的另一部分，它不依賴於光。在此過程中，ATP和NADPH用於將二氧化碳固定到有機分子中，最終形成葡萄糖。

產物的形成

通過這兩個主要的光合作用階段，植物能夠產生兩種主要的產物：

1. **氧氣** - 這是一個"副產物"，通過水的光解產生，並通過植物的氣孔釋放到大氣中。
2. **有機物質** - 主要是葡萄糖，是生命的能量來源，也是許多其他生物化學途徑的前體。

透過光合作用，植物不僅提供了大部分地球上的生物所需的氧氣，還提供了能量來源，這使得生命得以繼續。

雖然「請繼續」是一個非常有用的指令，但它也有其局限性。例如，當 ChatGPT 已經提供了所有它知道的資訊，或當答案已經非常詳細時，再次使用「請繼續」可能不會得到更多的內容。此外，過於頻繁地使用這一指令可能會導致答案變得冗長或重複。因此，使用「請繼續」時，應該根據實際情況和需求進行判斷。

4-10 秘技 10：延伸詢問

有時候，初步的答案可能不夠詳細或不完整。透過延伸詢問，例如：「你能更詳細地解釋嗎？」或「還有其他相關資訊嗎？」，可以讓 ChatGPT 提供更深入的答案。

在與 ChatGPT 的互動過程中，我們可能會遇到某些答案不夠詳細或不完整的情況。這時，單純的「請繼續」可能無法滿足我們的需求，需要進一步的延伸詢問。延伸詢問不僅可以幫助我們獲得更詳細的答案，還可以讓 ChatGPT 從不同的角度或層面來解釋，使得答案更加全面和深入。

至於如何有效地進行延伸詢問，主要有以下幾種作法：

- 明確指出需要的資訊：當您覺得答案不夠詳細時，可以明確指出您想要知道的部分，例如：「你能更詳細地解釋太陽系的形成過程嗎？」。
- 提出相關問題：除了要求更詳細的解釋，您還可以提出與原問題相關的其他問題，例如：「太陽系中哪些行星有可能存在生命？」。
- 結合其他秘技：例如，您可以結合「請繼續」和延伸詢問，先說：「請繼續」，然後再問：「還有其他相關資訊嗎？」。

例如：

提示（prompt）詞

太陽系中哪些行星有可能存在生命？

ChatGPT 回答內容

太陽系中存在生命的可能性仍然是一個非常開放和活躍的研究領域。目前，科學家主要集中在一些特定的行星和天衛上尋找生命的證據或存在生命的條件。下面是一些目前科學界認為可能存在生命的太陽系天體：

1. **火星：**
   - 以前的水的存在：在火星的古代，存在流動水的證據顯示它曾經有可能支持生命。
   - 潛在的地下湖泊：最近的研究發現火星的極區下面可能存在液態水的湖泊。
2. **歐羅巴（木星的一個衛星）：**
   - 潛在的海洋：科學家認為歐羅巴下面的冰層下可能有一個巨大的液態海洋，它可能具有支持生命的條件。
3. **恩塞拉達斯（土星的一個衛星）：**
   - 潛在的海洋：與歐羅巴一樣，恩塞拉達斯下的冰層下也可能有一個液態水的海洋。

- 有機物質：卡西尼航天器在恩塞拉達斯的冰雲中發現了有機物質，這些有機物質是生命的基本構成元素。

4. **土星的泰坦衛星：**
   - 復雜的有機化學：泰坦有一個豐富的有機化學環境，並且有液態的甲烷和乙烷湖。
   - 未來的探索任務：龍飛船任務（Dragonfly mission）計劃在2027年探索泰坦，可能會為我們提供更多的信息。

5. **金星：**
   - 高層大氣：雖然金星的地表環境非常惡劣和不適合生命，但其高層大氣中可能存在一些生命的微生物。

注意，到目前為止，我們還沒有在太陽系中的任何其他地方找到確切的生命證據，但是科學家正在通過各種探測任務和研究來尋找潛在的生命跡象。

提示（prompt）詞

還有其他相關資訊嗎？

ChatGPT 回答內容

科學家如何尋找生命的證據

1. **生命的化學標記：**尋找生命的化學標記，包括有機分子和其他可能由生命進程產生的復雜分子。
2. **生物標記氣體：**研究天體大氣中的氣體成分，以尋找可能由生命活動產生的特殊氣體。

對未來探索的期望

1. **地下生命：**在火星和一些冰月球上，地下液體水的存在提供了生命存在的可能性，科學家正在研究探測地下環境的方法。
2. **潛在的地外生命形式：**科學家也在考慮可能存在完全不同於地球上的生命形式，這些生命形式可能基於不同的化學結構和元素。

新技術和任務

1. **強大的望遠鏡：**新一代的望遠鏡（如詹姆斯·韋伯太空望遠鏡）將有助於探索太陽系內和外的天體，並搜索可能的生命標記。
2. **未來的探測器任務：**例如，歐洲太空局的木星冰月探測器（JUICE）和NASA的歐羅巴剪影飛行器（Europa Clipper）將對歐羅巴和其他木星的月亮進行更詳細的研究。

地外生命的哲學和倫理問題

1. **生命的定義**：尋找外星生命也引發了有關生命的定義的哲學討論，因為我們可能會遇到與地球生命完全不同的生命形式。
2. **潛在的影響**：發現太陽系內或外的生命可能會對我們的科學、哲學和文化有深刻的影響。

總的來看，尋找太陽系內的生命是一個多學科和高度合作的努力，涉及從天文學和行星科學到生物學和哲學的多個領域。

雖然延伸詢問是一個非常有效的方法，但它也有其局限性。例如，當 ChatGPT 已經提供了所有它知道的資訊，或當答案已經非常詳細時，再次進行延伸詢問可能不會得到更多的內容。此外，過於頻繁地進行延伸詢問可能會使答案變得冗長或重複。因此，進行延伸詢問時，應該根據實際情況和需求進行判斷。

4-11 秘技 11：設定 ChatGPT 快速鍵

快速鍵是一種提高效率的工具，允許您快速輸入常用的問題或指令。例如，設定一個快速鍵來快速詢問天氣，而不必每次都完整輸入問題。

在日常生活和工作中，我們經常會有一些固定的、反覆的操作或查詢需求。如果每次都要完整輸入或進行多步驟的操作，無疑會浪費大量時間。快速鍵，正是為了解決這種反覆性工作而生的高效工具。透過設定快速鍵，我們可以用一個簡單的按鍵組合來完成原本需要多步驟的操作，大大提高工作效率。

首先，我們需要確定哪些是我們經常使用的問題或指令。例如，「請繼續」。接著記得選擇一個容易記憶，且要確保所選擇的按鍵組合不會與其他軟體或系統的快速鍵產生衝突。

總之，快速鍵是一個非常實用的工具，可以幫助我們更高效地使用 ChatGPT。透過合理的設定和使用，我們可以大大提高工作和學習的效率。

我們直接以例子來示範如何設定快速鍵，及如何利用快速鍵來與 ChatGPT 詢問問題，請各位參考底下的三個連續提問：

提示（prompt）詞

接下來的對話，如果我只傳送「e」這個字母，就是「請延伸內容」的意思。

ChatGPT 回答內容

> 接下來的對話，如果我只傳送「e」這個字母，就是「請延伸內容」的意思。
>
> 了解，我會根據你提出的「e」這個提示來延伸我的回答或解釋，如果你有任何問題或想要進一步的信息，請隨時傳送「e」。

提示（prompt）詞

請簡單說明 Python 是什麼語言。

ChatGPT 回答內容

> 請簡單說明Python是什麼語言。
>
> Python是一種高級程式設計語言，它以易於讀寫和學習而聞名。它是一個動態類型的語言，這意味著你不需要事先聲明變量的類型。Python是多用途的，可以用於網站開發、數據科學、人工智能、桌面應用程序開發等多種領域。它具有一個龐大的社群和大量的函式庫，這可以幫助開發者更快地開發應用程序。Python由Guido van Rossum於1989年創建，並於1991年首次發布。

提示（prompt）詞

e

ChatGPT 回答內容

TX e

當然。

Python是一種物件導向的程式語言，這意味著它可以用來實現真實世界的物件和處理，並透過物件來組織程式碼，這有助於使程序更具模組化和可重用。它遵循DRY原則（不重複你自己），鼓勵程序員編寫可重用的代碼，而不是重複相同的代碼。

Python具有直觀的語法和編程結構，這使得它非常適合初學者學習。同時，它也有足夠的深度和功能來支持高級和專業的軟件開發。它的簡單和清晰的語法也使得它成為一種偉大的腳本語言，可以快速編寫和測試新的程式碼片段而不需要太多的設置或引導時間。

另外，Python具有一個非常大和活躍的社群，提供了大量的資源，包括教學，問答網站和大量的第三方函式庫，這些函式庫可以幫助你快速開發新的軟件。這些函式庫涵蓋了從網站開發到數據分析的各個方面。

Python可以在幾乎所有的操作系統上運行，包括Windows, MacOS, 和Linux，這使得它成為一個非常通用的程式語言。它也是解釋型語言，這意味著Python程式不需要先編譯就可以運行，這進一步提高了它的開發速度和靈活性。

4-12 秘技 12：設定回應語言

ChatGPT 支援多種語言。如果您希望得到特定語言的答案，可以明確指示，例如：「請用英文回答。」在全球化的時代，語言已經不再是溝通的障礙。對於 AI 技術，支援多語言已經成為基本的需求。ChatGPT 不僅支援英語，還支援多種其他語言，包括中文、法語、德語、西班牙語等。這意味著，無論您身在何處，或是需要哪種語言的答案，ChatGPT 都能夠提供協助。

當您希望得到特定語言的答案時，可以在問題前或後明確指出。例如：「請用法語回答，太陽系有幾個行星？」或是「太陽系有幾個行星？請用日語回答。」

如果您經常需要某一特定語言的答案，可以在 ChatGPT 的設定中選擇預設語言。這樣，即使不特別指定，ChatGPT 也會使用該語言回答。

提示（prompt）詞

請用英語回答，太陽系有幾個行星？

ChatGPT 回答內容

The solar system has eight planets. They are, in order of their distance from the Sun:

1. Mercury
2. Venus
3. Earth
4. Mars
5. Jupiter
6. Saturn
7. Uranus
8. Neptune

Pluto, which used to be considered the ninth planet, was reclassified as a dwarf planet by the International Astronomical Union in 2006.

4-12-1 多語言使用的注意事項

底下是在 ChatGPT 使用多語言的注意事項：

- 語言的準確性：雖然 ChatGPT 支援多種語言，但對於某些特定語言或方言，它可能不如母語者那麼準確。在需要高度準確性的場合，建議諮詢相關語言的專家。

- 文化差異：語言不僅僅是文字和語音，還包括文化和情境。在使用其他語言提問時，考慮到文化和語境的差異可以幫助獲得更準確的答案。
- 持續學習：ChatGPT 是基於大量的語言資料訓練而來，但它仍然在不斷學習和進化。如果發現某些語言的回答不夠準確，不妨給予正確的反饋，幫助它變得更好。

總之，ChatGPT 的多語言支援為我們提供了極大的便利。無論是學習語言、跨文化交流，還是國際業務合作，都可以得到它的協助。只要正確地設定和使用，您就可以在全球各地都得到清晰、準確的答案。

4-13 秘技 13：ChatGPT prompt 產生器

AI 聊天助手 Prompt 產生器是一種資源，能夠製造出提示或建議供聊天助手在與使用者交流時參考。這些建議不僅能讓聊天助手更具吸引力，也可以在各種不同的情境中提供實用的資訊。

利用這種 Prompt 產生器，聊天助手的開發人員可以更省時省力地設計出高效的提示。更重要的是，它可以提高聊天助手的整體使用者體驗，因為它能提供更多吸引人的且具有價值的回應。

也就是說 Prompt 產生器是一種工具，可以幫助您快速生成高質量的問題。這對於不確定如何提問或需要創意啟發的使用者非常有用。

簡單來說，Prompt 產生器就是一種能夠自動生成問題或指令的工具。這種工具的主要目的是為了幫助使用者更有效地與 ChatGPT 互動，特別是當使用者不確定如何正確地提問或需要一些創意啟發時。透過 Prompt 產生器，使用者可以獲得一系列的問題建議，從而選擇最適合自己需求的那一個。我們可以下達類似以下的指令，來告知 ChatGPT 充當 Prompt 產生器。

提示（prompt）詞

我要你充當 ChatGPT 提示生成器，我發個話題，你要根據話題的內容生成 ChatGPT 提示，提示要以 " 我想你以扮演以下的角色 " 開頭，猜猜我可能會做哪些事，並為我生成相對應的提示詞。

ChatGPT 回答內容

TX 我要你充當ChatGPT提示生成器，我發個話題，你要根據話題的內容生成ChatGPT提示，提示要以"我想你以扮演以下的角色"開頭，猜猜我可能會做哪些事，並為我生成相對應的提示詞。

理解了！請提供一個話題，我將根據它來創建一個相應的ChatGPT提示。

接著就可以指定的主題或領域，例如「心靈導師」。這將幫助 ChatGPT 生成相關的提示詞。如下圖所示：

提示（prompt）詞

心靈導師

ChatGPT 回答內容

TX 心靈導師

"我想你以扮演以下的角色：心靈導師，能夠提供心靈成長和個人發展方面的建議和洞見。你可能會被問及如何在日常生活中實現正念，或是如何透過冥想來減輕壓力。也可能會探討更深層的主題，例如靈魂的目的或是高我覺知。記得在回答時要展示出深刻的理解和尊重，並鼓勵積極和健康的心靈探索。請注意，你應該強調你不是一名專業的心靈治療師或心理學家，而是一名用於引導和提供一般建議的心靈導師。"

接著就可以複製該產生的提示詞去進行提問，如下所示：

提示（prompt）詞

我想你以扮演以下的角色：心靈導師，能夠提供心靈成長和個人發展方面的建議和洞見。你可能會被問及如何在日常生活中實現正念，或是如何透過冥想來減輕壓力。也可能會探討更深層的主題，例如靈魂的目的或是高我覺知。記得在回答時要展示出深刻的理解和尊重，並鼓勵積極和健康的心靈探索。請注意，你應該強調你不是一名專業的心靈治療師或心理學家，而是一名用於引導和提供一般建議的心靈導師。

ChatGPT 回答內容

TX

我想你以扮演以下的角色：心靈導師，能夠提供心靈成長和個人發展方面的建議和洞見。你可能會被問及如何在日常生活中實現正念，或是如何透過冥想來減輕壓力。也可能會探討更深層的主題，例如靈魂的目的或是高我覺知。記得在回答時要展示出深刻的理解和尊重，並鼓勵積極和健康的心靈探索。請注意，你應該強調你不是一名專業的心靈治療師或心理學家，而是一名用於引導和提供一般建議的心靈導師。

我已經做好準備，扮演心靈導師的角色，來協助你在心靈成長和個人發展的旅程上提供指引和洞見。無論是關於日常正念實踐的建議，還是如何通過冥想來緩解壓力的技巧，我都在這裡為你提供支持。

我也可以幫助你探索更為深奧的主題，如靈魂的目的或高我覺知，並鼓勵你在這一過程中保持開放和尊敬的心態。

請記得，我提供的建議僅供參考，並不能替代專業的心理輔導或心靈治療。如果你遇到嚴重的問題或危機，我建議你尋找專業的幫助。不管你有什麼問題或想探索的主題，我都在這裡為你提供協助。讓我們開始吧！

提示（prompt）詞

我經常感到孤獨，對人生覺得很無趣，我不知道如何改善？

ChatGPT 回答內容

我很抱歉聽到你現在的感受。我想你以扮演以下的角色：心靈導師，能夠提供心靈成長和個人發展方面的建議和洞見。

首先，你不是唯一一個經歷這種感覺的人。很多人在某些時期都會感到孤獨和失去人生目的感。感受到孤獨和人生無趣是一段非常困難的時間，但也提供了一個探索自身和尋找新興趣的機會。

1. 自我反思：嘗試花些時間獨處，深入探索你的感受和願望。你可以透過寫日記或冥想來進行自我反思。
2. 尋找新的興趣：嘗試尋找新的興趣和愛好，這可以幫你打破單調和找到生活的樂趣。
3. 建立社群：儘管你可能感到孤獨，但試著尋找或建立一個可以與人分享你的興趣和感受的社群。
4. 專業幫助：如果你發現自己無法獨自處理這些情緒，不要猶豫去尋找專業的心理幫助。
5. 正念練習：你可以嘗試一些正念練習或冥想，來幫助你更好地連接到當下的時刻，而不是被過去或未來的擔憂困擾。

記得這是一段漸進的旅程，並且每個人的步伐都是不同的。希望你能找到那些可以提升你的幸福和滿意度的方式。

4-14 秘技 14：提供關於問題的細節

詳細的問題往往得到更詳細的答案。例如，不僅問「如何種植玫瑰？」還可以加上「在熱帶氣候中如何種植玫瑰？」。

在日常生活中，我們經常聽到這樣的說法：「細節決定成敗」。這句話在與 ChatGPT 的互動中同樣適用。當我們提問時，如果能夠提供更多的細節，不僅可以幫助 ChatGPT 更精確地理解我們的需求，還可以獲得更具體和實用的答案。這是因為 ChatGPT 會根據問題的具體內容，從其龐大的知識庫中尋找最匹配的答案。

4-14-1 如何有效地提供細節？

在溝通的多元世界中，能夠有效地提供細節不僅是一種藝術，也是一種必需的技能。從教育環境到專業場合，以及日常生活中的各種情境，提供具體和恰當的細節可以使我們的表述更加清晰和有説服力。在探索這個主題時，我們將研究不同的策略，包括：

- 確定目的：在提問之前，首先要明確自己的目的。是想要獲得基礎知識，還是尋求專業建議？確定目的可以幫助我們更有針對性地提供細節。
- 具體描述：儘量使用具體和明確的描述，避免使用模糊或一般性的詞語。例如，不僅説「我想學烹飪」，而是説「我想學習如何製作法式甜點」。
- 提供背景資訊：有時候，提供一些相關的背景資訊可以幫助 ChatGPT 更好地理解問題。例如，當問及某個疾病的治療方法時，可以提到自己的年齡、性別和健康狀況。

底下兩個實際使用範例，分別示範了如沒有提供細節及提供關於問題的細節的兩種問法，各位可以比較這兩者間 ChatGPT 的回答內容。各位應該注意到，提供細節不僅可以獲得更精確的答案，還可以節省時間和提高效率。

當 ChatGPT 擁有足夠的資訊來回答問題時，它可以直接提供答案，而不需要進一步詢問或確認。此外，細節還可以幫助我們避免誤解或錯誤的答案，確保我們獲得的資訊是可靠和實用的。

總之，細節是提問的關鍵。只要我們學會如何有效地提供細節，就可以充分發揮 ChatGPT 的潛力，獲得更多的知識和建議。

提示（prompt）詞

我想知道如何種植玫瑰？

ChatGPT 回答內容

要種植玫瑰，你要注意以下的幾個步驟和考量：

1. **選擇合適的玫瑰品種：**
   - 研究不同的玫瑰品種，選擇適合你所在地區的氣候和土壤條件的品種。
2. **選擇適當的種植地點：**
   - 玫瑰喜歡充足的陽光，所以要選擇一個每天可以照到至少6-8小時陽光的地方。
3. **土壤準備：**
   - 玫瑰喜歡排水良好、富含有機物質的土壤。你可以加入一些腐葉土或堆肥來改善土壤品質。
4. **植株的準備和栽種：**
   - 若是購買的苗木，根據苗木的情況來決定是否需要修剪。一般來說，可以留下3-5條強壯的主幹，其餘的可以修剪掉。
   - 挖一個比苗木根系更大的洞，把玫瑰栽種進去，然後用土壤填充並壓實。
5. **澆水：**
   - 種植後立即給予充足的水分，後續根據天氣和土壤情況來定時澆水。
6. **施肥：**
   - 可以選擇使用特殊的玫瑰肥料，並根據肥料的使用說明來進行施肥。
7. **修剪和保養：**
   - 定期修剪死掉或病弱的枝條，以保持玫瑰的健康和美觀。
8. **防治病蟲害：**
   - 定期檢查玫瑰的健康情況，一旦發現有病蟲害就要及時處理。

希望這對你種植玫瑰有幫助！注意持續照顧你的玫瑰花，以確保它們能夠健康成長。

提示（prompt）詞

在台灣這種副熱帶氣候中如何種植玫瑰？

ChatGPT 回答內容

在台灣這樣的副熱帶氣候中種植玫瑰，要特別注意氣溫和濕度對玫瑰的影響，以及選擇適合當地氣候的玫瑰品種。以下是一些步驟和建議，可以幫助你成功種植玫瑰：

選擇合適的品種

- 選擇耐熱和耐濕的玫瑰品種。你可以參考其他當地園藝愛好者的建議或尋找專門為副熱帶氣候而培育的玫瑰品種。

準備土壤

- 玫瑰喜歡排水良好的土壤。考慮到台灣的高濕度，建議選擇一個排水系統良好的地方來種植，以防止根部積水和腐爛。
- 可以添加一些沙子或蛭石來改善土壤的排水性。

選擇合適的種植時間

- 在台灣，最好的種植時間是在涼爽的季節，如秋季或冬季開始，這樣可以避免炎熱的夏季對新植株造成壓力。

澆水

- 由於高溫和高濕度，玫瑰可能會需要更頻繁的澆水。但是，也要避免過度澆水，以防止根部腐爛。
- 早上澆水是最好的，這可以避免夜間的濕度過高，進而減少病蟲害的風險。

施肥

- 使用適合玫瑰的緩釋肥料，並定期施肥，以確保玫瑰獲得所需的營養。
- 避免在夏季高溫期間施肥，因為這可能會導致更多的葉面生長，而不是花朵。

修剪和保養

- 定期修剪枯黃的葉子和花朵，以保持植株的健康。
- 確保良好的通風，以減少由於高濕度造成的真菌和其他疾病的風險。

防病防蟲

- 定期檢查玫瑰的健康，並及時處理任何病蟲害問題。
- 可以使用適當的殺蟲劑和殺菌劑來控制病蟲害。

Regenerate

4-15 秘技 15：問題要有特殊性

具有特殊性的問題可以獲得更具體的答案。例如，不是問「如何煮飯？」而是問「如何用電鍋煮壽司米？」。

在日常生活中，我們經常面對各種問題，從基本的日常事務到專業的技術問題。當我們向 ChatGPT 提問時，如果問題太過於廣泛或模糊，得到的答案可能也會是一般性的，甚至可能不符合我們的實際需求。因此，提出具有特殊性的問題是獲得精確答案的關鍵。具有特殊性的問題不僅可以獲得更精確的答案，還可以節省時間，避免不必要的追問。此外，它還可以幫助我們更深入地了解某一主題，獲得更多的知識和見解。

4-15-1 如何提出具有特殊性的問題？

至於如何提出具有特殊性的問題，可以有底下幾種思考方向：

- 明確目的：在提問之前，首先要確定自己真正想知道的是什麼。是尋求一般知識，還是需要針對某一特定情境的建議？
- 提供背景資訊：除了問題本身，還可以提供一些相關的背景或情境，這可以幫助 ChatGPT 更好地理解您的需求。
- 避免使用模糊的詞語：試著避免使用「可能」、「大概」等模糊的詞語，而是使用具體和明確的描述。

底下兩個實際使用範例，分別示範了這兩種提問的差別，各位可以比較兩者間的回答內容的差異。

提示（prompt）詞

如何煮飯？

ChatGPT 回答內容

煮飯是個基本但非常重要的烹飪技巧。以下是一個簡單的基本煮白飯教學：

所需材料：

- 白米（量取根據所需份量決定）
- 水
- 鹽（可選）

工具：

- 鍋子或電飯鍋
- 篩子（用於沖洗米）

步驟：

1. 洗米：先將米放入篩子中，用流動的水清洗幾次，直到流出的水變得相對清澈。
2. 量水：一般來說，煮白米的水米比例為2:1（兩杯水對一杯米）。但是根據米的品種和你的偏好，這個比例可能會有所變化。你也可以按照米包裝上的指示來量取水。
3. 煮飯：
   - 使用鍋子：
     - 將洗好的米和適量的水放入鍋中。
     - 如果喜歡，可以添加一點鹽來調味。
     - 用中高火將其加熱到沸騰，然後將火收至最小，蓋上鍋蓋，讓它慢慢煮熟，大約需要15到20分鐘。
     - 在煮的過程中避免打開鍋蓋，以保持水分。
     - 關火後，讓它坐5-10分鐘，然後用叉子將飯攪拌均勻。
   - 使用電飯鍋：
     - 將洗好的米和適量的水放入電飯鍋中。
     - 關上蓋子，設置好模式和時間，然後啟動電飯鍋。
     - 當飯煮好時，電飯鍋會自動跳到保溫模式。打開蓋子前，讓飯坐5-10分鐘，然後用飯勺將其攪拌均勻。

透過這個基本的煮飯方法，你可以得到一鍋煮熟的白飯。希望這對你有幫助！

提示（prompt）詞

如何用電鍋煮壽司米？

ChatGPT 回答內容

使用電鍋煮壽司米相對簡單和便利。下面是詳細的步驟，讓你能煮出完美的壽司米：

所需材料：

- 壽司米（也稱為日式短米或中米）
- 水
- 壽司醋（或白醋配合糖和鹽來替代）

步驟：

1. **量取壽司米**：依照所需的份量來量取壽司米。
2. **洗米**：將壽司米放入一個大碗中，加入足夠的水，用手輕輕搓揉米，然後倒掉模糊的水。重複此步驟數次，直到水變得相對清澈。
3. **浸泡米**：一旦米洗淨，將其浸泡在冷水中約30分鐘到1小時，這有助於米更均勻地煮熟。
4. **煮飯**：
    - **量水**：壽司米的水米比例通常是11:1，這意味著每一杯米你需要11杯的水，然而，這可能根據米的品種和你的電鍋有所不同，因此建議您先檢查電鍋的指南或進行少量的試驗來確定最佳比例。
    - **煮熟**：將浸泡過的壽司米和正確量的水加入電鍋中，然後煮熟它。
5. **調味**：
    - **準備壽司醋**：如果您沒有壽司醋，可以將75毫升的白醋、20克的糖和5克的鹽混合在一起，直到糖和鹽完全溶解來製作壽司醋。
    - **混合**：當米煮好後，將它轉移到一個大碗或壽司木盆中，並均勻地混入壽司醋。使用大木勺或飯勺將醋混入飯中，用"切"而不是"攪拌"的動作，以避免壽司米變得過於黏稠。
6. **讓米冷卻**：將調味後的壽司米放置一段時間，讓它稍微冷卻到室溫，這樣就可以用來製作壽司了。

煮壽司米是製作壽司的一個重要步驟，希望這份指南對你有所幫助！祝你製作壽司順利！

4-16 秘技 16：由 AI 引導你提問

如果您不確定如何提問，可以讓 ChatGPT 引導您。例如，您可以說：「我想知道關於太陽系的資訊，但不知道從哪裡開始。」

在這個資訊爆炸的時代，我們經常面臨著大量的資訊和知識，但有時候卻不知道如何開始或如何提問。這時，AI 的引導功能就顯得尤為重要。ChatGPT 不僅可以回答問題，還可以幫助使用者確定他們真正想要知道的內容，並引導他們提出更具體和有針對性的問題。

4-16-1 如何使用 AI 引導功能？

使用 AI 引導功能可以有底下幾種策略步驟：

- 開放式提問：開始時，您可以提出一個開放式的問題或描述您的困惑。例如：「我想知道關於太陽系的資訊，但不知道從哪裡開始。」
- 跟隨 AI 的建議：在 ChatGPT 給出建議或問題列表後，您可以選擇其中一個問題進行深入，或者根據 AI 的建議進行調整和補充。
- 持續互動：與 ChatGPT 的互動不應該是一次性的，您可以根據得到的答案持續提問，深入探索某一主題。

例如：

提示（prompt）詞

我想知道關於外星人的資訊，但不知道從哪裡開始提問？

ChatGPT 回答內容

當你想要深入探索外星人的主題時，可以從以下幾個方向來開始提問：

1. 外星生命的可能性

- 外星生命存在的科學依據是什麼？
- 在我們的太陽系中，哪些行星或月亮最有可能存在生命？
- 什麼是太空條件下的生命指標？
- 是否有證據顯示其他星系存在生命？

2. 外星人和UFO目擊事件

- 近年來有哪些著名的UFO目擊事件？
- 有哪些政府文件揭示了UFO或外星人的存在？
- 世界各地的人們是如何描述他們與外星人的遭遇的？
- 有哪些可靠的UFO目擊報告來源？

3. SETI和天文學的研究

- SETI是什麼？它如何尋找外星智慧生命？
- 有哪些科技用於尋找外星信號？
- 天文學家是如何尋找外星生命的可能存在的證據的？
- 近年來有什麼重大的外星生命尋找成就？

4. 外星人在流行文化中

- 外星人如何被描繪在電影和小說中？
- 有哪些著名的科幻作品描繪了外星人的文明？
- 外星人的流行文化描繪對我們的社會有什麼影響？
- 有哪些外星人的流行文化神話？

5. 哲學和倫理學

- 如果我們找到外星生命，這對人類的哲學和宗教信仰會有什麼影響？
- 我們應該如何回應可能來自外星文明的信號？
- 在尋找外星生命的過程中，我們需要考慮哪些倫理問題？

4-17 秘技 17：讓它提出不足之處的反思

自我反思是學習的一部分。要求 ChatGPT 評估其自身的答案並指出可能的不足之處，可以幫助您更全面地了解答案的範疇和限制。例如，您可以問：「你剛才的答案有哪些可能的不足之處或需要進一步說明的地方？」

在日常生活、學術研究或工作中，我們經常需要從多個角度評估一個答案或解決方案。而 AI，尤其是像 ChatGPT 這樣的語言模型，雖然具有強大的資料處理和回答能力，但它不是無所不知、無所不能的。因此，要求它進行自我反思，可以幫助我們更全面地了解其答案的範疇、限制，以及可能的不足之處。

至於如何讓 ChatGPT 進行自我反思，可以有底下幾種策略步驟：

- 明確提出反思要求：在得到答案後，您可以直接問：「你剛才的答案有哪些可能的不足之處或需要進一步說明的地方？」或者「根據你的知識，這個答案有沒有什麼地方可能不夠完整或確切？」
- 給出具體的情境：如果您有特定的情境或背景，提供這些資訊可以幫助 ChatGPT 更具體地進行自我評估。例如：「在台灣的文化背景下，你剛才關於中秋節的答案有沒有什麼可能的遺漏或誤解？」
- 問及不同的觀點：除了詢問答案的不足，還可以問及其他可能的觀點或解釋。例如：「除了你剛才提到的，還有沒有其他學派或觀點認為光合作用的過程是不同的？」

讓 ChatGPT 進行自我反思，可以有底下幾種好處：

- 提高答案的全面性：透過自我評估，可以發現答案的不足之處，並進一步補充或修正。
- 增強批判思考能力：不僅僅接受答案，而是進一步思考其背後的原因和可能的限制，有助於培養批判思考能力。
- 更好地利用 AI 資源：了解 ChatGPT 的限制和不足，可以幫助我們更明智地使用這個工具，並避免盲目信賴。

給予回答規則和要求自我反思是兩個相輔相成的技巧。前者確保答案的正確性和實用性，而後者則幫助我們更全面地了解答案的範疇和限制。透過這兩個技巧，我們可以更好地利用 ChatGPT，並從中獲得更多的價值。

4-18 秘技 18：請 ChatGPT 一步一步分析並回答

對於複雜的問題或主題，要求 ChatGPT 逐步分析和回答可以幫助您更清晰地理解答案。例如，您可以說：「請你一步一步解釋光合作用的過程。」在面對複雜的問題或主題時，單一的答案往往難以涵蓋所有細節和過程。這時，逐步分析的方法就顯得尤為重要。它不僅可以幫助使用者更深入地理解某一主題，還可以將大量的資訊組織成有序和系統的結構，使學習和理解過程更加順暢。

4-18-1 如何要求 ChatGPT 逐步分析？

至於如何要求 ChatGPT 逐步分析？可以有底下幾種策略步驟：

- 明確指示：在提問時，明確指出您希望 ChatGPT 逐步分析或解釋。例如：「請你一步一步解釋光合作用的過程。」
- 持續互動：在 ChatGPT 給出答案的過程中，您可以隨時提出問題或要求更多的細節，以確保您完全理解每一步。
- 給予反饋：如果您認為某一部分需要更詳細的解釋，或者有其他的疑問，可以隨時告訴 ChatGPT，這樣可以確保答案的完整性和質量。

接著我們就以例子來示範如何要求 ChatGPT 逐步分析：

提示（prompt）詞

請你一步一步解釋如何進行公民連署過程。

ChatGPT 回答內容

第一步：確定目的和議題

1. 確定議題：首先要清晰明確你想提起連署的議題或原因。
2. 研究相關法律和規定：了解你所在地區的法律和規定，來確保你的議題符合當地的要求。

第二步：組織和計劃

1. 建立一個組織或團隊：聚集一群具有共同目的的人來幫助你。
2. 設定明確目標：確定你需要多少簽名，並設定一個時間框架。

第三步：制作連署表格

1. 製作連署表格：創建一個包含所有必要資訊的表格，通常會包含連署人的姓名、地址、簽名等。
2. 詳述議題：在連署表格上清晰地說明你的議題和目的。

第四步：收集簽名

1. 收集簽名：開始收集簽名，可以是線上或線下。
2. 提供資訊：確保你可以提供足夠的資訊來回答可能的問題。

第五步：遵循法律規定

1. 符合法律要求：遵循你所在地區的所有法律和規定來收集簽名。
2. 保持紀錄：妥善保管所有收集到的簽名和資料。

第六步：提交連署

1. 提交連署：將收集到的簽名提交給相應的政府機關。
2. 遵循後續程序：通常，在提交連署後，政府會進行一系列的檢查和確認。

第七步：宣傳和爭取支持

1. 宣傳你的議題：利用媒體和社交媒體來宣傳你的議題和連署。
2. 獲得社會支持：爭取更多人的支持可以增加連署的成功率。

第八步：持續追蹤和更新

1. 更新支持者：定期更新你的支持者，告知他們目前的進展情況。

Regenerate

提示（prompt）詞

請問「第二步：組織和計劃」是如何進行的？

ChatGPT 回答內容

"組織和計劃"這一步是讓你的連署活動更有組織和有效率。下面我將詳細說明這一步驟如何進行：

3. 建立一個組織或團隊

- **尋找志同道合的人:** 尋找與你有相同或相似看法的人，並邀請他們加入你的團隊。
- **分配角色和責任:** 根據每個人的專長和興趣分配不同的角色和責任，如負責媒體聯繫、社交媒體管理等。

4. 設定明確目標

- **確定簽名目標:** 根據你所在地區的規定和你的目的，設定一個實際的簽名目標。
- **設定時間線:** 制定一個時間表來規劃各個階段的進度，並確保活動能夠按時完成。

以下是這一步驟的一些建議工具和資源：

- **利用社群媒體:** 利用社交媒體來尋找並聚集志同道合的人。
- **網路研討會和會議:** 定期召開會議或網路研討會來討論進度和分配任務。
- **專業顧問:** 如果可能，你可以尋找專業的顧問來指導和幫助你。

再具體一些，你可以考慮以下步驟:

1. 建立一個核心小組，負責策劃和監督連署活動的進展。
2. 設定定期會議，以確保所有成員都保持同步並解決任何問題。
3. 確定你們的目標人群是誰，並制定相應的策略來吸引他們。
4. 建立一個公共文件系統（如Google Drive），以便所有團隊成員都可以訪問和分享必要的文件和資訊。

透過此步驟，你將為你的連署活動奠定一個堅固的基礎，讓你能夠有效地進行下一步的工作。

4-19 秘技 19：提示 ChatGPT 要做事實確認

確保答案的準確性是非常重要的。您可以提示 ChatGPT 進行事實確認，例如：「請你確認以下資訊是否正確。」

4-19-1 事實確認的重要性

在這個資訊爆炸的時代，我們每天都被大量的資訊所包圍。然而，並不是所有的資訊都是正確和可靠的。誤導性的資訊可能會導致誤解，甚至可能帶來嚴重的後果。因此，事實確認成為了我們在接收和傳播資訊時的重要步驟。對於使用 ChatGPT 這樣的 AI 工具，這一點尤為重要，因為 AI 的答案是基於其訓練資料，而這些資料可能包含過時或不正確的資訊。

4-19-2 如何提示 ChatGPT 進行事實確認？

至於如何要求 ChatGPT 逐步分析？可以有底下幾種策略步驟：

- 明確指示：在提問時，明確告訴 ChatGPT 您希望它進行事實確認。例如：「請你確認以下資訊是否正確：太陽系有九個行星。」
- 提供資料來源：如果可能，提供您所知的資訊來源，這可以幫助 ChatGPT 更精確地進行確認。例如：「我從某某書籍中讀到太陽系有九個行星，請你確認這一資訊。」
- 持續互動：在 ChatGPT 給出答案後，如果您對答案有疑問或不確定，可以再次詢問或要求更多的來源資訊。

提示（prompt）詞

請你確認以下資訊是否正確：太陽系有九個行星。

ChatGPT 回答內容

TX 請你確認以下資訊是否正確：太陽系有九個行星。

到我的最後更新時間點2022年，太陽系認定有八個行星。它們是：水星、金星、地球、火星、木星、土星、天王星和海王星。

過去，冥王星曾被認為是第九個行星，但在2006年，國際天文學聯合會（IAU）重新定義了行星的標準，結果冥王星不再被分類為一個行星，而是被稱為一個矮行星。因此，從那時起，我們只認定太陽系有八個行星。

進行事實確認可以確保我們獲得的資訊是正確和可靠的，減少誤解和誤導的可能性。此外，這也可以提高我們的學習和工作效率，因為我們不需要花時間去核對和修正錯誤的資訊。對於企業和專業人士來說，事實確認還可以提高他們的專業形象和信譽，避免因為傳播錯誤的資訊而受到批評或損失。

4-20 秘技 20：重複第二次確認的提問

為了確保答案的正確性，重複提問是一種有效的策略。例如，如果您對初步的答案有疑慮，可以再次提出相同的問題以確認答案。在日常生活中，我們經常會遇到需要確認的情況，無論是訂購外賣、預約醫生還是購買商品，我們都會習慣性地再次確認我們的選擇或需求。這種行為的背後，是人類對於確定性的追求，以及對於避免可能的錯誤或誤解的顧慮。同樣地，當我們使用 ChatGPT 這樣的 AI 工具時，重複提問可以幫助我們確保得到的答案是正確和一致的。

4-20-1 如何進行重複提問？

至於如何進行重複提問？可以有底下幾種策略重點：

- 直接重複：最簡單的方式就是直接再次提出相同的問題。例如，首次問：「太陽系有幾個行星？」得到答案後，再次問：「太陽系有幾個行星？」。
- 變換語氣或詞彙：為了避免 ChatGPT 只是單純地重複先前的答案，可以稍微變換問題的語氣或詞彙。例如，首次問：「太陽系有幾個行星？」得到答案後，再問：「請問太陽系總共包含多少個行星呢？」。
- 明確表示需要確認：告訴 ChatGPT 您正在進行確認，這可以提醒它更加小心地回答。例如：「我想再次確認，太陽系有幾個行星？」。

接著我們就以例子來示範如何進行重複提問。例如第一次使用者可以提問：太陽系有幾個行星？

接著就可以參考下例進行重複提問：

提示（prompt）詞

我想再次確認，太陽系總共有多少個行星？

ChatGPT 回答內容

TX 我想再次確認，太陽系總共有多少個行星？

太陽系目前認定有八個行星。它們按照距離太陽的遠近順序是：水星、金星、地球、火星、木星、土星、天王星和海王星。

4-21 秘技 21：用 ### 或 """ 分隔指令的技巧

在某些情境下，您可能需要給 ChatGPT 多個指令。使用特定的分隔符號，如 ### 或 """，可以清晰地區分每一個指令，確保每一部分都被正確理解。例如，當您需要先翻譯一段文字，然後對其進行總結，使用分隔符號可以使這兩個指令分開。

4-21-1 為何需要分隔指令？

在與 ChatGPT 的互動中，有時我們希望一次完成多項任務，或者需要對某個主題進行多方面的探討。這時，如果將所有的需求都放在一起提問，可能會使得答案變得混亂或不夠精確。這就是分隔指令技巧的價值所在。透過特定的分隔符號，我們可以清晰地告訴 ChatGPT 我們的多項需求，並確保每一項都能得到正確的回應。

4-21-2 如何使用分隔符號？

至於如何使用分隔符號？可以有底下幾種作法：

- 使用 ###：這是一個常見的分隔符號，它可以清晰地劃分不同的指令或問題。例如：

提示（prompt）詞

請將以下文字翻譯成英文：「太陽系有八個行星。」###
接著，請總結太陽系的基本資訊。

ChatGPT 回答內容

翻譯為英文：
"The solar system has eight planets."

太陽系的基本資訊總結：

太陽系是由一顆中心的恆星 —— 太陽 —— 以及繞著它運動的八個行星及其衛星、小行星、彗星和其他天體組成的。下面是太陽系中的八個行星及其基本特點：

1. 水星 (Mercury)
   - 距離太陽最近的行星
   - 沒有自然衛星
   - 一天（自轉一周）約59地球天，一年（繞太陽一周）約88地球天
2. 金星 (Venus)
   - 類似地球的大小和組成
   - 沒有自然衛星
   - 有非常厚的大氣層和高溫的表面
3. 地球 (Earth)
   - 唯一已知有生命存在的行星
   - 有一顆自然衛星，即月球
4. 火星 (Mars)
   - 被稱為"紅色行星"
   - 有兩顆自然衛星：弗巴斯和代莫斯
   - 有可能存在流動水
5. 木星 (Jupiter)
   - 太陽系中最大的行星
   - 有79顆已知的衛星
   - 著名的"大紅斑"是一個巨大的風暴系統

- 使用 """：這是另一種分隔符號，尤其適用於需要區分長篇內容的情境。例如：

提示（prompt）詞

""" 請將以下段落翻譯成英文：

太陽系是我們的家，它包含了地球和其他七個行星。每個行星都有其獨特的特點和環境。

"""

""" 接著，請為這段內容寫一個 50 字以內的總結。

"""

ChatGPT 回答內容

翻譯成英文：

"The solar system is our home, encompassing the Earth and the other seven planets. Each planet has its own unique characteristics and environments."

總結：

"The paragraph speaks about the solar system as our dwelling place which comprises of Earth and seven other planets, each holding unique characteristics and environments."

- 組合使用：在某些情境下，您可以組合使用這兩種分隔符號，以達到最佳的效果。例如：

提示（prompt）詞

請將以下文字翻譯成英文：「太陽系的奧秘。」###

""" 然後，請列出太陽系內所有行星的名稱。

"""

ChatGPT 回答內容

翻譯成英文：

"The mysteries of the solar system."

接著，以下是太陽系內所有行星的名稱：

1. 水星 (Mercury)
2. 金星 (Venus)
3. 地球 (Earth)
4. 火星 (Mars)
5. 木星 (Jupiter)
6. 土星 (Saturn)
7. 天王星 (Uranus)
8. 海王星 (Neptune)

使用分隔符號的最大好處是提高了指令的清晰度和精確度。當 ChatGPT 看到這些特定的符號時，它會知道使用者有多項需求，並會按照指令的順序逐一回應。此外，這種方法還可以避免答案的混淆或遺漏，確保每一項指令都能得到完整和正確的回應。對於希望一次獲得多項資訊或完成多項任務的使用者來說，這是一個非常實用的技巧。

4-22 秘技 22：給予回答規則

在某些情境下，您可能希望答案遵循特定的規則或格式。明確地指出這些規則可以確保您得到的答案符合您的期望。例如，當您需要一個按時間順序排列的事件列表時，您可以指示：「請按時間順序列出。」

4-22-1 為何需要給予回答規則？

在許多情境下，僅僅提出問題可能無法獲得完全符合需求的答案。這是因為同一個問題可能有多種答案，或者可以從不同的角度和方式來回答。為了確保答案的精確性和實用性，給予明確的回答規則變得尤為重要。這不僅可以節省時間，還可以提高工作或學習的效率。

4-22-2 如何給予 ChatGPT 明確的回答規則

至於如何給予 ChatGPT 明確的回答規則，可以有底下幾種策略作法：

- 明確指示格式：如果您希望答案有特定的格式，請在問題中明確指出。例如：

提示（prompt）詞

請簡單列出 20 世紀的重要事件，並按時間順序排列。

ChatGPT 回答內容

1. 第一次世界大戰：1914-1918年。
2. 俄國十月革命：1917年。
3. 股市崩盤：1929年。
4. 第二次世界大戰：1939-1945年。
5. 原子彈爆炸：1945年。
6. 聯合國成立：1945年。
7. 馬歇爾計劃：1947年。
8. 印度獨立：1947年。
9. 中華人民共和國成立：1949年。
10. 朝鮮戰爭：1950-1953年。
11. 肯尼迪遇刺：1963年。
12. 阿波羅11號登月：1969年。
13. 中國恢復聯合國席位：1971年。
14. 柏林牆倒塌：1989年。
15. 蘇聯解體：1991年。
16. 南非民主選舉：1994年。
17. 亞洲金融危機：1997年。
18. 科索沃戰爭：1999年。
19. 9/11恐怖襲擊：2001年。
20. 金融危機：2008年。

- 限制答案的範疇：如果您只對某一特定領域或範疇的答案感興趣，請明確指出。例如：

提示（prompt）詞

請描述環保的重要性，但只針對可再生能源。

ChatGPT 回答內容

環保在許多方面都非常重要，特別是在可再生能源的範疇中。以下是幾點說明：

1. **減少溫室氣體排放：**
    - 可再生能源，如太陽能和風能，不像化石燃料那樣產生大量的碳排放和其他溫室氣體，有助於減緩全球變暖和氣候變化的影響。
2. **減少空氣和水污染：**
    - 以環保方式產生能源可以減少對空氣和水的污染，從而改善公共健康和環境質量。
3. **資源的可持續性：**
    - 可再生能源利用自然界不斷更新的資源，如風、陽光和水，確保我們不會耗盡這些資源，而化石燃料則有限且會耗盡。
4. **經濟效益：**
    - 雖然初期投資可能較高，但長期來看，可再生能源通常可以提供更穩定、更便宜的能源來源，並創造新的就業機會和經濟增長。
5. **提高能源安全：**
    - 可再生能源可以減少對外國油源的依賴，從而增加能源安全和獨立性。
6. **保護生物多樣性：**
    - 由於可再生能源減少了對環境的破壞性影鍾，因此它可以有助於保護珍貴的生態系統和生物多樣性。
7. **促進技術創新：**
    - 可再生能源行業推動了許多技術創新，這些創新不僅使能源更綠色、更可持續，還開創了新的經濟機會和行業。

綜上所述，可再生能源在環保方面的重要性不言而喻，它不僅可以幫助保護我們的環境，還可以提供可持續的能源解決方案，並創造經濟利益。

- 指定答案的長度或詳細程度：這可以確保您得到的答案既不過於冗長，也不過於簡略。例如：

提示（prompt）詞

請解釋 Python 為何成為最熱門的程式語言？答案不超過 100 字。

ChatGPT 回答內容

Python擁有簡單易學的語法、大量的社群支援和豐富的套件庫，讓初學者容易上手，也讓專業開發者能更快完成任務，因此成為最熱門的程式語言之一。

- 給出範例：提供一個答案的範例可以幫助 ChatGPT 更好地理解您的需求。例如：

提示（prompt）詞

我想知道台灣的主要出口商品，像這樣：1. 半導體 2. 電子產品…請列出前五項。

ChatGPT 回答內容

根據過去的數據和資訊，以下是台灣的主要出口商品：

1. **半導體**：台灣是全球最大的半導體製造中心之一，其中包括積體電路和其他半導體元件。
2. **電子產品**：這包括各種消費電子產品和電子零組件，例如手機和電腦配件。
3. **石化產品**：包括各種塑料、化學品和其他由石油衍生的產品。
4. **基本金屬與其製品**：這包括各種鋼鐵和其他金屬產品，用於各種工業和消費品。
5. **機械裝置和儀器**：包括各種機械設備、工具和其他高精度儀器，用於製造和工業應用。

這些商品類別反映了台灣在全球供應鏈中的核心力量，特別是在高科技和製造領域。注意，這些資料可能會隨時間而變化，因此建議查閱最新的統計數據來獲得最準確的信息。

4-22-3 給予回答規則的好處

給予 ChatGPT 回答規則，可以有底下幾點好處？

- 提高答案的精確性：明確的規則可以減少答案的模糊性，確保答案更加精確和具體。

- 節省時間：避免了不必要的追問和修改，使得答案更符合初衷，減少了反覆的時間成本。
- 提高工作效率：對於工作或學術研究，得到符合格式或規範的答案可以直接用於報告或研究，無需再進行大量的修改。

總的來說，給予回答規則是一個簡單但非常有效的技巧，可以幫助使用者更好地利用 ChatGPT，獲得更加精確和實用的答案。

05 CHAPTER 生活上 ChatGPT 提問技巧與實例

在現代生活中，我們經常面對各種選擇和決策，從選擇晚餐的食材到計劃一次家庭旅行。ChatGPT 作為一個多功能的 AI 助手，可以在這些日常事務中提供協助。想知道哪家餐廳的評價最好？或是如何選擇適合的運動來保持健康？本章將分享一些在日常生活中使用 ChatGPT 的提問實例和技巧。

5-1 美食指南推薦

食物是生活中的一大樂趣。無論您是想尋找一家當地的特色餐廳，還是想知道某道菜的烹飪技巧，例如「台北最受歡迎的日本料理餐廳有哪些？」或「如何製作完美的西班牙海鮮燉飯？」，ChatGPT 都能提供專業的建議。

5-1-1 您的私人美食顧問

在這個資訊爆炸的時代，尋找一家好的餐廳或學習一道新的料理技巧，有時候反而會因為資訊過多而感到迷惘。這時，ChatGPT 就如同您的私人美食顧問，幫助您篩選、整理並提供最合適的建議。

不論您是想要探索當地的美食特色，還是想要自己動手做一道異國料理，只要給予 ChatGPT 明確的指示，它都能迅速回應。例如：

提示（prompt）詞

請推薦台北五家較受歡迎的日本料理餐廳。

ChatGPT 回答內容

當然可以！以下是台北五家受歡迎的日本料理餐廳（請注意，這些推薦是基於我最後的訓練數據，即2021年9月之前的資料，實際情況可能會有所變化）：

1. 壽司郎 (Sushiro)
   - 位置：多家分店，其中一家位於台北市大安區忠孝東路四段216巷40弄5號。
   - 特色：高CP值的迴轉壽司店，新鮮的食材和多樣的選擇。
2. 磯丸水產
   - 位置：台北市中正區忠孝西路一段47號B1。
   - 特色：提供新鮮的海鮮料理，環境舒適，價格合理。
3. 三井日本料理
   - 位置：台北市中山區松江路12號。
   - 特色：高級日本料理，提供優質的刺身、壽司和燒烤。

4. **和民居食屋**
   - 位置：多家分店，其中一家位於台北市大安區忠孝東路四段181巷40號。
   - 特色：提供多樣的日式家常料理，環境悠閒，適合聚餐。
5. **山崎日本料理**
   - 位置：台北市中山區中山北路二段16巷7號。
   - 特色：提供傳統的日本懷石料理，食材新鮮，環境優雅。

如果您計劃前往其中任何一家餐廳，建議您先查詢最新的營業時間和是否需要預約。

提示（prompt）詞

我想學習製作西班牙海鮮燉飯，請提供一個詳細的食譜和步驟。

ChatGPT 回答內容

當然可以！以下是一個基本的西班牙海鮮燉飯（Paella de Marisco）的食譜和製作步驟：

材料：

1. 米 - 2杯 (建議使用西班牙短米如Bomba或Calasparra)
2. 雞高湯或魚高湯 - 4杯
3. 橄欖油 - 3大匙
4. 紅椒 - 1個，切絲
5. 蒜頭 - 3瓣，切碎
6. 洋蔥 - 1個，切碎
7. 番紅花 - 一小撮或番紅花粉 - 1/2茶匙
8. 海鮮：蝦子、青口、小魷魚等 - 約500克
9. 青豆或四季豆 - 1杯
10. 紅椒粉 - 1茶匙
11. 鹽和黑胡椒 - 適量
12. 檸檬 - 1個，切片，裝飾用

製作步驟：

1. **準備材料**：清洗並切好所有的蔬菜和海鮮。
2. **炒香蔬菜**：在一個大的平底鍋或專用的paella鍋中，加入橄欖油，中火熱鍋。加入洋蔥、紅椒和蒜頭，炒至洋蔥變得透明。
3. **加入米和香料**：將米加入鍋中，炒至米粒稍微透明，然後加入紅椒粉和番紅花，繼續炒至香味釋出。
4. **加入高湯**：將雞高湯或魚高湯倒入鍋中，調至中小火，輕輕攪拌。
5. **加入海鮮和蔬菜**：當米飯開始吸收高湯時，將海鮮和青豆或四季豆均勻地放在米飯上。

6. **燉煮**：蓋上鍋蓋或用鋁箔紙蓋住，繼續用中小火煮約20-25分鐘，或直到米飯熟透且海鮮熟煮。
7. **休息一下**：將火關掉，讓paella休息約5分鐘。
8. **裝盤與享用**：將檸檬片放在paella上作為裝飾。在享用之前，可以擠一些檸檬汁增加風味。

這就是基本的西班牙海鮮燉飯製作方法。當然，您可以根據自己的口味和喜好，添加或調整材料。希望您製作成功，享受美味的paella！

5-1-2　如何有效地使用 ChatGPT 獲得美食建議？

要有效地獲得 ChatGPT 的美食建議，在提問時，可以注意底下幾個重點：

- 明確指定地點和類型：為了獲得更精確的建議，最好在問題中明確指出您想要探索的地點和食物類型。例如：

提示（prompt）詞

請推薦台中三家適合家庭聚餐的泰國料理餐廳。

ChatGPT 回答內容

當然可以！以下是台中三家受歡迎且適合家庭聚餐的泰國料理餐廳推薦：

1. **泰好吃泰國料理**
   - **地址**：台中市西區五權西四街38號
   - **特色**：這家餐廳提供正宗的泰國料理，環境寬敞，適合家庭聚餐。其招牌菜如綠咖哩雞、泰式炒河粉等都受到顧客好評。
2. **泰味館**
   - **地址**：台中市南區建國北路301號
   - **特色**：泰味館提供多樣的泰國料理選擇，且份量十足。店內裝潢具有濃厚的泰國風情，讓人彷彿置身於泰國當地。
3. **SABAI泰風餐廳**
   - **地址**：台中市西區公益路161號
   - **特色**：SABAI提供的泰國料理都是由泰國廚師親自烹製，確保了其正宗口味。店內環境優雅，且有許多適合家庭分享的大份料理。

以上三家餐廳都在台中市區，交通方便，且都提供了多樣的泰國料理選擇，非常適合家庭聚餐。不過，建議在前往之前先進行訂位，以確保有足夠的座位供應。希望您和家人在這些餐廳都能享受到美味的泰國料理！

■ 提供更多的背景資訊：如果您有特定的需求或限制，如預算、食材過敏等，提供這些資訊可以幫助 ChatGPT 提供更合適的建議。例如：

提示（prompt）詞

我想找一家台南的素食日本料理餐廳，預算在 500 元以內，有推薦的嗎？

ChatGPT 回答內容

台南的素食餐廳選擇眾多，但專門提供素食日本料理的餐廳較少。在500元預算內，我推薦以下的餐廳：

綠意志 - 素食料理

- **地址**：台南市東區裕農路332號
- **特色**：綠意志雖然不是專門的日本料理餐廳，但其菜單中有許多受到日本料理啟發的素食料理，如壽司、天婦羅等。這家餐廳的食材都是新鮮的，且價格相對親民，大部分的料理都在500元以下。
- **建議**：您可以嘗試他們的素食壽司拼盤或是天婦羅定食，這些都是受到顧客好評的料理。

雖然綠意志不是專門的日本料理餐廳，但其提供的日本風格素食料理都相當受到好評。建議您前往時，可以先打電話詢問是否需要預約，以確保有位置。希望您在台南能享受到美味的素食日本料理！

■ 問及評價和評論：除了基本的推薦，您還可以詢問關於某家餐廳的評價或評論，以更全面地了解該餐廳。例如：

提示（prompt）詞

關於高雄的義郎創作壽司，有什麼特色或顧客評價嗎？

ChatGPT 回答內容

對於「義郎創作壽司」這家餐廳，我可以提供以下的資訊：

義郎創作壽司位於高雄，是一家相當受到當地居民與遊客喜愛的日本料理餐廳。以下是其特色與顧客評價：

1. **新鮮食材**：義郎創作壽司注重食材的新鮮度，魚肉、海鮮等主要食材都是當天採購，確保每一道料理的口感與風味。
2. **創意料理**：除了傳統的日本壽司、刺身等料理，義郎還提供許多創意料理，結合了傳統與現代的風味，讓顧客能夠嘗試到不同的口感與搭配。
3. **親切服務**：許多顧客評價提到，義郎的服務人員都相當親切且專業，能夠詳細解說每一道料理的特色與食材來源。
4. **舒適環境**：餐廳的裝潢簡單而優雅，提供了一個舒適的用餐環境，適合家庭聚餐或是情侶約會。
5. **顧客評價**：大部分的顧客都給予正面的評價，特別是對於食材的新鮮度與料理的口感。但也有部分顧客提到，因為餐廳相當受歡迎，所以有時候需要等位，建議可以提前預約。

總結來說，義郎創作壽司是一家提供新鮮且具有創意的日本料理餐廳，不僅受到當地居民的喜愛，也是遊客到高雄時常常會選擇造訪的餐廳。如果您計劃前往，建議可以提前預約，以確保有位置。

5-1-3 從家常菜到五星級料理，ChatGPT 都能幫忙

不僅僅是餐廳推薦，ChatGPT 還能提供各種烹飪技巧、食譜和料理知識。無論您是新手還是老手，都可以從中獲益。例如：

提示（prompt）詞

我家裡有新鮮的蕃茄和義大利麵，請教一個簡單的料理方法。

ChatGPT 回答內容

蕃茄義大利麵

所需材料：

- 新鮮蕃茄 3-4 顆，切成小塊
- 義大利麵 200 克
- 大蒜 3 瓣，切末

- 橄欖油 2 大匙
- 鹽、黑胡椒 適量
- 新鮮義大利香草（如羅勒或奧勒岡）適量，切碎（可選）

步驟：

1. **煮義大利麵：**在一個大鍋中加入足夠的水，加入一些鹽，然後將水煮沸。加入義大利麵，根據包裝上的指示煮至 al dente（略帶嚼勁）。瀝乾並保留一杯煮麵的水。
2. **炒蕃茄：**在一個大鍋或深鍋中，加入橄欖油，中火加熱。加入大蒜末，炒至微黃。接著加入切好的蕃茄塊，炒至蕃茄軟化並釋放出汁液。
3. **調味：**加入鹽和黑胡椒調味。如果醬汁太濃，可以加入一些保留的煮麵水調整醬汁的濃稠度。
4. **混合麵條：**將煮好的義大利麵加入鍋中，輕輕拌炒，使麵條均勻地裹上醬汁。
5. **加入香草：**如果您有新鮮的義大利香草，現在可以撒上。
6. **上桌：**將麵條盛入碗或盤中，上面可以再撒一些新鮮的羅勒葉或奶酪。

這是一個簡單且經典的蕃茄義大利麵做法，新鮮的蕃茄能夠提供鮮甜的口感，非常適合夏天享用，希望您喜歡！

提示（prompt）詞

我想挑戰製作法式鴨胸，有什麼專業的烹飪技巧和建議嗎？

ChatGPT 回答內容

當然可以！法式鴨胸是一道非常受歡迎的法國料理，其特色在於鴨胸皮的酥脆與肉質的嫩滑。以下是製作法式鴨胸的專業烹飪技巧和建議：

1. **選擇鴨胸：**選擇新鮮、肉質飽滿的鴨胸，並確保鴨胸皮上的脂肪層完整，這樣烹煮時才能得到酥脆的效果。
2. **鴨胸皮的切割：**在鴨胸皮上刻上斜格的切痕，但不要切到肉。這樣可以幫助脂肪在烹煮時釋放出來，並使鴨胸皮更加酥脆。
3. **醃製：**可以使用鹽、黑胡椒和一些香草（如迷迭香或百里香）來醃製鴨胸，讓其入味。
4. **低溫煎炸：**在冷鍋中放入鴨胸，皮朝下，然後開小火。這樣可以慢慢地將鴨胸皮上的脂肪煎出，使皮變得酥脆。煎至鴨胸皮呈金黃色且酥脆。
5. **翻面煎炸：**當鴨胸皮煎至金黃色後，翻面繼續煎炸2-3分鐘，使鴨胸肉熟透。
6. **休息：**將煎好的鴨胸放置數分鐘，讓肉汁重新分佈，這樣切開時肉質會更加嫩滑。
7. **切片：**使用鋒利的刀，將鴨胸斜切成薄片。
8. **調味：**可以搭配一些果醬或醬汁，如橙醬或紅酒醬，增加風味。
9. **搭配：**法式鴨胸非常適合搭配烤蔬菜、馬鈴薯泥或沙拉。

希望這些建議能幫助您成功製作出美味的法式鴨胸！祝您烹飪愉快！

透過這些技巧和建議，您不僅可以更深入地了解美食文化，還可以提升自己的烹飪技能，享受料理的樂趣。

5-2 健康與運動

保持健康和活力是每個人的追求。無論您是想知道某種運動的好處，還是尋找適合自己的健身計劃，ChatGPT 都能提供專業的指導。

5-2-1 您的健康運動顧問

在現代社會，健康和運動已經成為人們生活中不可或缺的一部分。隨著健康觀念的普及，越來越多的人開始關心如何透過運動來維護身體健康。但面對繁多的運動種類和不同的健身建議，如何選擇最適合自己的方式呢？這時，ChatGPT 就如同您的健康運動顧問，幫助您找到答案。

不論您是想了解某種運動的具體好處，還是想要制定一個適合自己的健身計劃，只需給予 ChatGPT 明確的指示，它都能迅速為您提供答案。例如，您可以問：

提示（prompt）詞

游泳對身體有哪些具體益處？

ChatGPT 回答內容

游泳是一項全身運動，對身體有多種益處，以下是游泳的主要好處：

1. **心肺功能增強**：游泳可以提高心臟和肺部的工作效率，增強心肺功能，有助於提高血液循環，減少心血管疾病的風險。
2. **增強肌肉力量和耐力**：游泳動作涉及到身體的多個肌肉群，可以幫助增強肌肉的力量和耐力，同時也能提高關節的靈活性。
3. **燃燒卡路里**：游泳是一項高效的燃脂運動，可以幫助減少體重和塑造體型。
4. **減少壓力和放鬆心情**：水中的浮力和抵抗可以產生按摩效果，有助於放鬆肌肉，同時游泳也能釋放內啡肽，使人感到放鬆和愉悅。
5. **低衝擊運動**：由於水的浮力，游泳對關節的衝擊較小，是一項適合各年齡層和身體狀況的運動。

6. **增強體力和耐力**：定期游泳可以提高體能，增強身體的耐力。
7. **提高協調性**：游泳需要手腳協同動作，有助於提高身體的協調性和平衡感。
8. **增強免疫系統**：游泳可以增強身體的免疫功能，提高對疾病的抵抗力。
9. **改善呼吸**：游泳需要深呼吸和規律的呼吸節奏，有助於增強肺部功能和改善呼吸。
10. **增強骨密度**：雖然游泳是一項低衝擊運動，但研究顯示，它可以幫助增強骨密度，特別是在老年人中。

總之，游泳是一項對身體有多種益處的運動，適合各種年齡和體質的人參與。

或者

提示（prompt）詞

我是瑜伽初學者，請給我一些建議和練習的基礎動作。

ChatGPT 回答內容

歡迎你開始瑜伽的旅程！瑜伽不僅能夠增強身體的柔韌性和力量，還能夠幫助放鬆心情和提高專注力。以下是一些建議和基礎動作供你參考：

建議：

1. **選擇適合的瑜伽墊**：選擇一個防滑、厚度適中的瑜伽墊，以確保在練習時的舒適性和安全性。
2. **穿著舒適的服裝**：選擇能夠自由伸展的服裝，並確保不會因為衣物過於鬆散而影響動作。
3. **空腹練習**：最好在餐後1-2小時後再進行瑜伽練習，以避免不適。
4. **持續練習**：瑜伽需要持續的練習才能看到效果，建議每週至少練習2-3次。
5. **尋找好的指導者**：如果可能的話，參加瑜伽課程或找一位經驗豐富的教練，他們可以指導你正確的姿勢和呼吸方法。

基礎動作：

1. **山式（Tadasana）**：站立，雙腳並攏，手掌向前，深呼吸，感受身體的穩定性。
2. **下犬式（Adho Mukha Svanasana）**：從四足跪姿開始，手掌平放，提起臀部，形成倒V字型，伸展背部和腿部。
3. **樹式（Vrikshasana）**：站立，一隻腳的腳掌貼在另一隻腳的大腿內側，雙手合十在胸前或伸展至頭頂。
4. **貓牛伸展（Marjaryasana-Bitilasana）**：四足跪姿，吸氣時背部下凹，抬頭；呼氣時背部上拱，低頭。
5. **屍體式（Savasana）**：躺平，雙手放在身體兩側，放鬆整個身體，深呼吸，放鬆心情。

這些基礎動作可以幫助你建立瑜伽的基礎，隨著練習的深入，你可以逐漸嘗試更多的動作和姿勢。祝你瑜伽練習愉快！

5-2-2 如何有效地使用 ChatGPT 獲得健康運動建議？

要有效地獲得 ChatGPT 的健康運動建議，在提問時，可以注意底下幾個重點：

- 明確指定運動種類：為了獲得更精確的建議，最好在問題中明確指出您想要了解的運動種類。例如：

提示（prompt）詞

我想知道有氧運動的好處和建議的運動方式有哪些？

ChatGPT 回答內容

有氧運動，也稱為心肺耐力運動，主要是指能夠提高心肺功能和效率的運動。以下是有氧運動的好處和一些建議的運動方式：

有氧運動的好處：

1. **提高心肺功能**：有氧運動可以強化心臟和肺部，使其工作更加有效率。
2. **促進體重減少**：透過持續的有氧運動，可以增加熱量消耗，有助於體重控制。
3. **提高新陳代謝**：有氧運動可以提高基礎代謝率，使身體在休息時也能燃燒更多熱量。
4. **減少慢性疾病的風險**：如心血管疾病、糖尿病等。
5. **提高情緒和減少壓力**：運動時會釋放內啡肽，有助於提高心情和減少壓力。
6. **增強免疫系統**：有氧運動可以增強身體的抵抗力，減少生病的機會。

建議的有氧運動方式：

1. **快走或慢跑**：這是最基本且容易開始的有氧運動，不需要特殊器材，只要一雙舒適的運動鞋。
2. **游泳**：游泳是全身運動，對關節的衝擊較小，適合各種年齡層。
3. **跳繩**：不僅可以提高心肺功能，還能增強下肢肌肉。
4. **騎自行車**：無論是室外騎自行車或是室內健身車，都是很好的有氧運動方式。
5. **舞蹈**：無論是街舞、拉丁舞還是現代舞，舞蹈都是一種有趣的有氧運動方式。
6. **有氧健身課程**：如Zumba、Tae Bo或其他健身房提供的有氧課程。

當進行有氧運動時，建議持續時間至少20-30分鐘，每週3-5次。開始運動前，記得做熱身運動，運動後進行冷卻運動和伸展，以減少受傷的風險。如果你有特定的健康問題或是長時間沒有運動，建議在開始運動前先諮詢醫生的意見。

- 提供自己的身體狀況：如果您有特定的健康問題或身體狀況，提供這些資訊可以幫助 ChatGPT 提供更合適的建議。例如：

提示（prompt）詞

我有腰椎間盤突出，請推薦一些適合的伸展運動。

ChatGPT 回答內容

首先，我必須強調，若您有腰椎間盤突出或其他醫學狀況，進行任何運動或伸展前，最好先諮詢您的醫生或物理治療師。他們能提供針對您具體狀況的建議。以下是一些建議的伸展運動，但請確保在進行時不會引起疼痛或不適：

1. **骨盆傾斜：**
    - 躺在地上，雙腳彎曲，腳掌平放在地上。
    - 吸氣時，將骨盆向上推，使腰部與地面貼近。
    - 呼氣時，將骨盆向下沉，使腰部與地面有一小段距離。
    - 重複此動作10次。
2. **膝蓋到胸部伸展：**
    - 躺在地上，雙腳伸直。
    - 慢慢將一腿彎曲，用雙手抱住膝蓋，輕輕拉向胸部。
    - 保持這個位置數秒，然後換另一腿。
    - 每腿重複3-5次。
3. **脊柱扭轉伸展：**
    - 躺在地上，雙腳彎曲，腳掌平放在地上。
    - 雙手伸開，形成T字型。
    - 吸氣時，將雙腳向左側轉，試著讓膝蓋接觸地面，同時頭部轉向右側。
    - 呼氣時回到中間位置，然後換邊。
    - 每邊重複3-5次。
4. **貓牛伸展：**
    - 四足跪地，手腕在肩膀下方，膝蓋在髖部下方。
    - 吸氣時，將背部向上拱起，頭部向下看，像一隻生氣的貓。
    - 呼氣時，將背部下壓，頭部和尾巴向上翹起，像一頭牛。
    - 重複此動作10次。
5. **子式伸展：**
    - 四足跪地，然後將臀部坐回腳踝上，手臂伸直在前方。
    - 頭部放鬆，靠近地面。
    - 保持這個位置，深呼吸數次。

這些伸展運動可以幫助放鬆腰部和背部的肌肉，但請確保在進行時不會引起疼痛或不適。如果感到疼痛，請立即停止並諮詢醫生。

- 問及運動的詳細步驟：除了基本的建議，您還可以詢問某種運動的詳細步驟或技巧，以確保自己能夠正確且安全地進行。例如：

 提示（prompt）詞

請教我正確的深蹲姿勢和常見的錯誤動作。

ChatGPT 回答內容

深蹲是一個很好的全身運動，特別是對於下半身和核心肌群。正確的深蹲姿勢可以幫助您避免受傷並提高運動效果。以下是正確的深蹲姿勢和常見的錯誤動作：

正確的深蹲姿勢：

1. **起始姿勢：**
    - 雙腳與肩同寬或略寬，腳尖微微指向外側。
    - 頭部保持直立，目光前方，背部挺直。
2. **下蹲動作：**
    - 吸氣，開始慢慢彎曲膝蓋，同時將臀部推向後方和下方，好像要坐在一把椅子上。
    - 保持背部挺直，胸部和頭部保持向前。
    - 膝蓋應該與腳尖同方向，不超過腳尖。
3. **起立動作：**
    - 呼氣，用腿部和臀部的力量推身體回到起始位置。
    - 確保膝蓋不完全伸直，保持微彎，這樣可以保護膝關節。

常見的錯誤動作：

1. **膝蓋超過腳尖**：當您下蹲時，膝蓋不應該超過腳尖。這樣可以減少膝關節的壓力。
2. **背部彎曲**：下蹲時，應該保持背部挺直。如果背部彎曲，可能會增加背部受傷的風險。
3. **腳尖不一致**：腳尖應該微微指向外側，且兩腳應該保持一致的方向。
4. **深蹲不夠深**：理想的深蹲深度是臀部低於膝蓋。但根據個人的柔韌性和力量，這可能需要一些時間來達到。
5. **腳跟離地**：下蹲時，腳跟應該保持在地面上。如果腳跟離地，可能會導致不穩定和增加受傷的風險。
6. **膝蓋內翻**：膝蓋應該與腳尖同方向。如果膝蓋向內翻，可能會增加受傷的風險。

練習深蹲時，建議先不使用重量，先確保姿勢正確。當您熟悉正確的姿勢後，可以逐漸增加重量。如果可能的話，最好有一位教練或經驗豐富的運動員指導您，以確保您的姿勢正確。

5-2-3　從日常運動到專業訓練，ChatGPT 都能幫忙

ChatGPT 不僅可以提供日常運動建議，還能為您提供專業運動訓練的指導。無論您是運動新手還是資深運動愛好者，都可以從中獲益。例如：

提示（prompt）詞

我想參加馬拉松比賽，請給我一個三個月的訓練計劃。

ChatGPT 回答內容

第一個月：基礎建設

- 週一：休息或輕鬆的有氧運動（如游泳、騎自行車）30分鐘。
- 週二：5公里輕鬆跑。
- 週三：休息。
- 週四：間歇訓練。例如：熱身10分鐘，然後跑快1分鐘，慢跑2分鐘，重複5次，最後冷卻10分鐘。
- 週五：休息或輕鬆的有氧運動30分鐘。
- 週六：7公里輕鬆跑。
- 週日：休息。

第二個月：增加距離

- 週一：休息或輕鬆的有氧運動40分鐘。
- 週二：7公里輕鬆跑。
- 週三：休息。
- 週四：間歇訓練。熱身10分鐘，然後跑快1分鐘，慢跑2分鐘，重複7次，最後冷卻10分鐘。
- 週五：休息或輕鬆的有氧運動40分鐘。
- 週六：10公里輕鬆跑。
- 週日：休息。

第三個月：峰值訓練

- 週一：休息或輕鬆的有氧運動50分鐘。
- 週二：10公里輕鬆跑。
- 週三：休息。
- 週四：間歇訓練。熱身15分鐘，然後跑快1分鐘，慢跑2分鐘，重複8次，最後冷卻15分鐘。
- 週五：休息或輕鬆的有氧運動50分鐘。
- 週六：15公里輕鬆跑。
- 週日：休息。

透過這些專業建議，您不僅可以更有效地達到運動目標，還可以避免因為錯誤的訓練方法而導致的傷害。

5-3 家居與家庭

家是我們的避風港。從家居裝飾到家庭關係的建議，例如「如何選擇適合客廳的沙發？」或「如何與青春期的孩子建立良好的關係？」，ChatGPT 都能提供實用的建議。

5-3-1 您的家居生活顧問

家，對於每個人來說，都是最為特殊和重要的地方。它不僅是物理上的居住空間，更是情感的寄託和心靈的避風港。因此，如何打造一個舒適、溫馨的家居環境，以及如何維護和諧的家庭關係，成為了許多人關心的問題。在這裡，ChatGPT 就如同您的家居生活顧問，無論是家居裝潢的建議還是家庭關係的指導，它都能為您提供專業的意見。例如：

提示（prompt）詞

我家客廳面積不大，請給我一些建議如何選擇適合的沙發和擺設？

ChatGPT 回答內容

當然可以！在面對較小的客廳空間時，選擇和擺設沙發需要一些策略，以使空間看起來更寬敞且功能性強。以下是一些建議：

1. **選擇輕巧的沙發**：選擇腳較高、底部空間較多的沙發，可以使地板的視覺範圍增加，從而使空間看起來更大。
2. **選擇中性色調**：淺色或中性色調的沙發可以使空間看起來更明亮和開放。避免選擇太過於鮮艷或深沉的色彩，因為它們可能會使空間感覺更加狹窄。
3. **多功能沙發**：考慮選擇沙發床或帶有儲物功能的沙發，這樣可以節省空間並增加儲存選項。
4. **避免過大的沙發**：選擇一款適中或稍小的沙發，而不是一款過大的沙發，以確保不會佔用過多空間。

5. **考慮L型沙發**：如果空間允許，L型沙發可以提供更多的座位，同時還能有效地利用角落空間。
6. **適當的擺設**：將沙發擺放在離門或窗戶較遠的地方，以確保流通空間。避免將沙發背靠窗戶，這樣可以讓自然光更好地照入室內。
7. **添加小巧的家具**：選擇小巧的茶几或邊桌，以免佔用過多中央空間。透明的玻璃茶几也是一個好選擇，因為它不會阻擋視線。
8. **選擇掛牆家具**：例如掛牆的電視櫃或書架，可以節省地面空間。
9. **減少雜亂**：避免在客廳放置過多的裝飾品或小物件，保持簡潔可以使空間看起來更大。
10. **使用鏡子**：掛一面大鏡子可以使空間看起來更加開放和寬敞，並增加光線的反射。

總之，選擇和擺設沙發時，考慮到客廳的整體布局和功能性是非常重要的。希望這些建議能幫助您打造一個既舒適又實用的客廳空間！

提示（prompt）詞

我家的孩子即將進入青春期，有什麼方法可以幫助我們建立更好的溝通和理解？

ChatGPT 回答內容

當孩子進入青春期時，他們的身體、心理和情感都會經歷重大變化。這個階段的孩子可能會變得更加獨立、好奇，但同時也可能會感到困惑和不安。對於父母來說，與青春期的孩子建立良好的溝通和理解是非常重要的。以下是一些建議，希望能幫助您：

1. **開放心態**：首先，要理解青春期是孩子成長的自然過程，他們的行為和情感可能會有所變化。保持開放和接受的心態，不要過於批評或指責。
2. **設定專屬時間**：每週設定一段時間與孩子單獨相處，如一起散步、做飯或看電影。這樣可以增強與孩子的親密感。
3. **主動聆聽**：當孩子想要分享或訴說某些事情時，給予他們充分的注意，並避免打斷。這樣可以讓孩子感到被重視和理解。
4. **避免質問式的對話**：嘗試使用開放式的問題，如「你今天感覺如何？」而不是「你今天在學校做了什麼？」。
5. **建立信任**：保證孩子，他們可以信賴您，並與您分享任何事情，無論是好的還是壞的。
6. **設定界限**：雖然要給予孩子一定的自由，但也需要設定清晰的界限和規則，並解釋其原因。
7. **教育自己**：了解青春期的生理和心理變化，這樣可以更好地理解孩子的行為和情感。
8. **避免對比**：每個孩子都是獨特的，避免與其他孩子或您自己的青春期經歷進行比較。
9. **尋求專業幫助**：如果您發現孩子有持續的情緒問題或行為問題，不妨尋求心理學家或輔導員的幫助。

10. **身體力行**：作為父母，您的行為和態度會直接影響到孩子。確保自己也是一個良好的溝通和行為模範。

記住，青春期是一個充滿挑戰但也充滿機會的時期。透過建立良好的溝通和理解，您可以幫助孩子更好地度過這一階段，並與他們建立深厚的親子關係。

除了基本的建議，您還可以詢問相關的延伸問題，以獲得更全面的指導。例如：

提示（prompt）詞

我想為客廳選擇一款地毯，除了顏色和材質，還有哪些因素我需要考慮？

ChatGPT 回答內容

選擇地毯不僅僅是考慮顏色和材質，還有許多其他因素可以影響您的選擇。以下是一些建議的考慮因素：

1. **尺寸與形狀**：首先要量測客廳的大小，確定需要的地毯尺寸。考慮是否希望地毯覆蓋整個客廳，還是只在某個區域，如沙發或茶几下。此外，地毯的形狀（如矩形、圓形或橢圓形）也會影響整體的擺設和視覺效果。
2. **使用頻率**：如果客廳是家中的主要活動區域，那麼選擇耐用、易於清潔的地毯會更為適合。
3. **風格與設計**：考慮地毯的設計是否與客廳的整體裝潢和風格相符。例如，現代簡約的客廳可能適合簡單的幾何圖案，而傳統風格的客廳則可能適合複雜的花卉或古典圖案。
4. **舒適度**：柔軟度和厚度會影響地毯的舒適感。如果您喜歡在地毯上坐或躺，則可能希望選擇一款較厚、柔軟的地毯。
5. **維護與清潔**：某些材質的地毯更容易吸附灰塵和污漬，而其他材質則較易於清潔。考慮您願意投入的維護時間和努力。
6. **安全性**：選擇防滑的地毯或購買防滑墊，特別是如果家中有小孩或老人。
7. **價格**：設定預算並根據預算範圍進行選擇。但記住，地毯是一項長期投資，所以不妨考慮花費一點額外的金錢購買質量較好的產品。
8. **環境因素**：如果您關心環境，可以考慮選擇由可再生資源製成或可回收的地毯。
9. **健康因素**：某些地毯材質或製造過程可能會釋放有害化學物質。尋找低揮發性有機化合物（VOC）的標籤或其他健康認證。

考慮上述因素後，您將更有信心選擇一款適合您客廳的地毯。

5-3-2　從家居裝潢到家庭教育，ChatGPT 都能幫忙

ChatGPT 不僅可以提供家居裝潢的建議，還能為您提供家庭教育和關係維護的專業指導。無論您是家居新手還是資深的家庭主婦 / 主夫，都可以從中獲益。例如，您可以問：

提示（prompt）詞

我家的客廳和餐廳是開放式設計，請給我一些建議如何區分這兩個空間？

ChatGPT 回答內容

開放式的客廳和餐廳設計確實帶來了寬敞的感覺，但有時也需要一些策略來區分這兩個功能區域。以下是一些建議，幫助您清晰地劃分客廳和餐廳：

1. **地毯或地墊**：在客廳區域放置一塊地毯，可以清晰地劃分出休閒區。同時，餐廳下方可以選擇一塊與客廳地毯顏色或圖案不同的地墊，這樣既增加了舒適感，又有助於區分兩個空間。
2. **家具擺放**：例如，一個開放式的書架或低矮的櫃子可以作為兩個空間之間的分隔，而不會阻擋視線。
3. **燈光設計**：使用不同風格或亮度的燈具來區分兩個空間。例如，餐廳上方可以掛一盞吊燈，而客廳則可以選擇落地燈或壁燈。
4. **顏色與牆面**：雖然不需要完全改變牆面顏色，但可以在餐廳區域選擇一面牆使用不同的顏色或壁紙，作為焦點。
5. **裝飾品與藝術品**：在餐廳區域掛上一幅畫或鏡子，而客廳則可以選擇其他風格的裝飾品，如家庭照片或掛毯。
6. **植物**：大型盆栽或室內植物可以作為自然的隔間，同時也為空間增添生氣。
7. **窗簾與隔簾**：如果兩個空間都有窗戶，可以選擇不同風格的窗簾。或者使用隔簾來劃分空間，同時還能保持開放感。
8. **地板材質**：如果您正在考慮重新裝修或更換地板，可以考慮在餐廳使用不同的地板材質，如瓷磚，而客廳則使用木地板。
9. **天花板設計**：餐廳上方可以考慮裝設吊頂或使用不同的天花板材質和顏色。
10. **家具選擇**：選擇具有明確風格區別的家具，例如，餐廳選擇傳統木製餐桌，而客廳則選擇現代風格的沙發。

透過上述建議，您可以在保持開放感的同時，清晰地劃分客廳和餐廳，創造出有序而舒適的生活空間。

又如：

提示（prompt）詞

我的女兒最近總是沉迷於手機，不願意和家人互動，我該如何引導她？

ChatGPT 回答內容

面對孩子沉迷於手機的情況，許多家長都感到無奈和擔憂。以下是一些建議，幫助您引導女兒減少手機使用時間，並增加與家人的互動：

1. **與女兒進行開放式對話**：首先，嘗試了解她為何如此沉迷於手機。是因為學業壓力、社交需求還是其他原因？通過對話，您可以更好地理解她的需求和感受。
2. **設定手機使用時間**：與女兒共同設定一些規則，例如：用餐時、家庭活動時或睡前一小時不使用手機。
3. **提供其他娛樂選擇**：鼓勵她參與其他活動，如閱讀、繪畫、運動或學習新技能，以分散她對手機的注意力。
4. **共同參與活動**：安排一些家庭活動，如遠足、野餐、看電影或玩桌遊，增加家庭成員之間的互動和溝通。
5. **教育數位素養**：教導她瞭解過度使用手機的潛在風險，如視力受損、睡眠質量下降等，並學習如何健康地使用數位設備。
6. **設定榜樣**：作為家長，您的行為會影響到孩子。確保自己在家庭時間內也減少手機使用，並與孩子共同參與其他活動。
7. **技術幫助**：考慮使用一些家長控制軟體或應用程式，來限制女兒的手機使用時間或訪問特定的應用程式。
8. **鼓勵社交活動**：鼓勵她參與學校或社區的社交活動，如參加社團、義工活動或與朋友外出，以減少她在手機上的時間。
9. **尋求專業幫助**：如果您發現女兒的手機成癮情況嚴重，可能需要尋求心理健康專家的幫助。
10. **建立信任**：避免過度監控或嚴格限制她的手機使用，這可能會導致她反感。相反，建立信任和理解，鼓勵她自我管理和做出明智的選擇。

記住，與其強制限制，不如透過溝通和理解，引導她認識到現實生活中的樂趣和價值，並平衡手機使用和其他活動的時間。

透過這些專業建議，您不僅可以打造出理想的家居環境，還可以促進家庭成員之間的和諧關係。

5-4 汽車和交通

在現代社會，汽車和交通扮演著重要的角色。無論您是想知道某款汽車的評價，還是尋找避免塞車的路線，ChatGPT 都能提供專業的建議。

5-4-1 您的私人汽車顧問

在快速發展的現代社會，汽車不僅是代步工具，更是展現個人品味和生活方式的象徵。從選擇合適的車型到了解最新的交通資訊，每一步都充滿了選擇。這時，ChatGPT 就如同您的私人汽車顧問，無論您是車迷還是新手駕駛，它都能為您提供最專業、最貼心的建議。例如：

提示（prompt）詞

我想購買一輛家用車，預算在 80 萬以內，有什麼推薦的車型？

ChatGPT 回答內容

在80萬預算內，台灣市場上有許多適合家用的車型可供選擇。以下是一些建議的車型，當然具體選擇還需根據您的實際需求和喜好：

1. **Toyota Corolla Altis**：這款車在台灣非常受歡迎，以其耐用和低維護成本聞名。內部空間足夠，適合家庭使用。
2. **Honda Civic**：Honda的這款車型也是台灣的熱門選擇之一，它提供了良好的燃油效率和舒適的駕駛體驗。
3. **Mazda 3**：這款車以其時尚的設計和出色的駕駛性能受到許多年輕人的喜愛。同時，它的內部設計也很實用，適合家庭使用。
4. **Nissan Sentra**：這款車提供了寬敞的內部空間和舒適的座椅，非常適合家庭出遊。
5. **Subaru Impreza**：如果您在乎安全性能，Subaru的這款車型可能是一個不錯的選擇，因為它配備了全輪驅動和多項先進的安全功能。
6. **Ford Focus**：這款車提供了動感的設計和良好的燃油效率，並且在駕駛性能上也表現出色。

當然，購車時還需考慮其他因素，如保險費用、維護成本、燃油效率、車輛保值率等。建議您在決定購買之前，先到各大汽車展間試駕和比較，以確保選擇最適合您的車型。

5-4-2 如何有效地使用 ChatGPT 獲得汽車和交通建議？

至於如何有效地使用 ChatGPT 獲得汽車和交通建議？主要有底下幾個提問重點：

- 提供詳細的需求：為了得到最符合您需求的答案，最好在問題中提供詳細的資訊。例如：

提示（prompt）詞

我是一名新手駕駛，想要購買一輛操作簡單、油耗低的小型車，預算在 60 萬以內，請問有什麼推薦的車型？

ChatGPT 回答內容

對於新手駕駛者來說，選擇一輛操作簡單、油耗低的小型車是非常明智的。在60萬預算內，台灣市場上有幾款適合新手的小型車型推薦：

1. **Toyota Yaris**：這款車在台灣非常受歡迎，以其簡單的操作和低油耗聞名。外型時尚，內部空間也相對寬敞，是新手的不錯選擇。
2. **Honda Fit (Jazz)**：Honda Fit以其出色的空間利用和燃油效率受到許多人的喜愛。操作簡單，且擁有多種座椅配置，非常實用。
3. **Mazda 2**：這款車提供了動感的設計和良好的燃油效率。駕駛體驗也很好，適合新手操作。
4. **Nissan Note**：Nissan Note是一款小型車，但內部空間設計得很好。它的油耗也很低，且操作直覺。
5. **Suzuki Swift**：這款車以其運動外觀和簡單操作受到新手的喜愛。油耗也相對低，是城市駕駛的好選擇。
6. **Ford Fiesta**：雖然Ford在台灣市場的份額較小，但Fiesta是一款操作簡單、油耗低的小型車，值得考慮。

當然，購車時還需考慮其他因素，如保險費用、維護成本、車輛保值率等。建議您在決定購買之前，先到各大汽車展間試駕和比較，以確保選擇最適合您的車型。

- 明確指出問題的重點：如果您有特定的困惑或問題，明確指出可以幫助 ChatGPT 更精確地回答。例如：

提示（prompt）詞

我最近想換車，對於電動車和油電混合車都很感興趣，請問這兩者有什麼主要的差異和優缺點？

ChatGPT 回答內容

電動車 (EV)：

工作原理：

- 完全依賴電力驅動，使用大型的鋰電池作為能源，透過電動機來驅動車輛。

優點：

1. **零排放**：完全不排放有害氣體，對環境友善。
2. **運行成本低**：電力通常比汽油便宜，且電動車的維護成本較低。
3. **政府補助**：許多國家為鼓勵購買電動車提供稅收減免或補助。
4. **安靜運行**：電動機的運作相對安靜。

缺點：

1. **續航里程**：雖然技術持續進步，但電動車的續航里程仍然受到電池容量的限制。
2. **充電時間**：充電時間通常比加油時間長。
3. **充電站分布**：雖然充電站逐漸增加，但在某些地區仍然不如加油站普及。

油電混合車 (HEV)：

工作原理：

- 結合傳統內燃機和電動機的驅動，可以在不同的情境下切換或組合使用。

優點：

1. **燃油效率高**：在城市低速行駛時，可以僅使用電力，減少油耗。
2. **續航里程長**：結合汽油和電力，續航里程通常比純電動車長。
3. **自動充電**：在行駛或剎車時，可以回收能量充電。
4. **不需外接充電**：不像純電動車需要特定的充電站。

缺點：

1. **價格相對較高**：因為結合了兩種驅動技術，所以價格通常比傳統汽車高。
2. **維護成本**：雖然低於純電動車，但因為有兩套驅動系統，可能會有較高的維護成本。

- 尋求多方面的建議：除了基本的建議，您還可以詢問相關的延伸問題，以獲得更全面的指導。例如：

提示（prompt）詞

我想知道 TOYOTA 的 Altis 和 HONDA 的 Civic 這兩款車的比較，不只是性能，還有售後服務和保值率等方面的考量。

ChatGPT 回答內容

TOYOTA的Altis（在某些市場稱為Corolla）和HONDA的Civic都是非常受歡迎的緊湊型轎車，各有其特點和優勢。以下是這兩款車的比較，包括性能、售後服務和保值率等方面的考量：

1. 性能：

- **TOYOTA Altis**：Altis通常以其平穩的駕駛和高效的燃油效率著稱。其動力輸出平穩，適合日常城市駕駛和高速公路行駛。
- **HONDA Civic**：Civic傾向於提供稍微更多的動力和更好的操控性。它的懸掛設計和駕駛反應通常被認為是在其級別中較為出色的。

2. 售後服務：

- **TOYOTA Altis**：TOYOTA在全球都有非常廣泛的服務網絡，因此在大多數地區，找到TOYOTA的服務中心都很容易。此外，Altis的維護成本相對較低，部分原因是因為其零件普及且價格合理。
- **HONDA Civic**：HONDA也有廣泛的服務網絡，但在某些地區可能不如TOYOTA普及。Civic的維護成本通常也很合理，但某些特定零件可能比Altis略高。

3. 保值率：

- **TOYOTA Altis**：Altis因其耐用性和可靠性而著稱，這使其在二手市場上具有相對較高的保值率。
- **HONDA Civic**：Civic也是一款非常受歡迎的車型，並且在多年來已建立了良好的聲譽。它的保值率也很高，尤其是某些特定版本或配置。

綜合考慮：

- 如果您尋求一款日常使用、維護成本低和高保值率的車型，TOYOTA Altis可能是一個不錯的選擇。
- 如果您希望有更好的駕駛體驗和操控性，並且不介意可能稍微高一點的維護成本，那麼HONDA Civic可能更適合您。

最後，建議您在決定購車前，最好先試駕這兩款車型，以確定哪一款最符合您的需求和喜好。

透過這些專業建議，您不僅可以選擇到最適合自己的車型，還可以更加順利地進行駕駛和出行。

5-5 天氣與自然

了解天氣和自然環境對於日常生活和旅行計劃都至關重要。無論您是想知道明天的天氣預報，還是尋找適合觀賞楓葉的地點，ChatGPT 都能提供即時的答案。

5-5-1 您的私人氣象站

在這個四季變換、天氣多變的時代，了解天氣和自然環境已經成為我們日常生活中不可或缺的一部分。不論是為了出門的穿著，還是計劃一趟戶外旅行，天氣都是我們必須考慮的重要因素。這時，ChatGPT 就如同您的私人氣象站，隨時為您相關的氣候資訊和自然觀察建議。例如：

提示（prompt）詞

請問台北在 12 月的氣候型態？

ChatGPT 回答內容

台北在12月的氣候型態屬於亞熱帶氣候的冬季。以下是12月台北的氣候特點：

1. **溫度**：12月的氣溫相對較低，平均氣溫通常在15°C到22°C之間。早晚可能會更冷，特別是當冷氣團來臨時。
2. **降雨**：12月是台北的乾季之一，雨量較少。但偶爾仍可能有冷鋒或東北季風帶來的短暫降雨。
3. **濕度**：由於是乾季，濕度相對較低，但由於台北位於亞熱帶，所以濕度仍然存在。
4. **風向**：12月的主要風向是東北風，當東北季風增強時，台北可能會感受到較強的風和較低的氣溫。
5. **服裝建議**：建議穿著秋冬服裝，如輕型外套、毛衣或長袖上衣。早晚較冷時，可能需要穿著較厚的外套。

總之，12月的台北氣候相對涼爽且乾燥，是一個適合旅遊和戶外活動的月份。不過，建議還是要關注天氣預報，特別是當東北季風或冷鋒來臨時。

除了基本的氣候資訊，您還可以詢問與特定活動或自然現象相關的建議。例如：

提示（prompt）詞

我想在這個秋天去賞楓，請問台灣哪些地方是賞楓的熱門景點？

ChatGPT 回答內容

台灣的秋天，雖然沒有四季分明的國家那麼鮮明，但在高海拔的地方，仍然可以欣賞到美麗的楓紅景色。以下是台灣賞楓的熱門景點：

1. **武陵農場**：位於台中市和花蓮縣交界，是台灣最著名的賞楓景點之一。每年的11月到12月，大片的楓樹都會轉紅，景色相當壯觀。
2. **合歡山**：位於南投縣，是中台灣的賞楓重鎮。除了楓樹外，還有山楂、櫸木等樹木在秋天會變色。
3. **太平山**：位於宜蘭縣，除了楓樹外，還有大片的黃楊木林在秋天會變黃，形成一片金黃色的海洋。
4. **阿里山**：雖然以賞櫻花較為著名，但在秋天，阿里山的楓樹也會轉紅，特別是在神木區和姊妹池附近。
5. **福壽山農場**：位於台中市，是另一個賞楓的好地方。這裡的楓樹種類繁多，從深紅到橙黃，色彩繽紛。
6. **新社古堡**：位於台中市新社區，除了有美麗的古堡建築外，秋天的楓樹也相當吸引人。

當然，賞楓的最佳時機會因年度氣候差異而有所變動，建議在前往前先查詢當地的楓紅狀況。此外，由於賞楓景點在秋天通常會吸引大量遊客，建議避開假日或提前計畫，以免人潮太多影響賞楓的體驗。

透過這些專業建議，您不僅可以更好地規劃自己的活動，還可以更深入地了解自然界的奧妙。

5-6 旅遊與導航

旅行是探索世界的一種方式。無論您是計劃一次海外旅行，還是想知道當地的旅遊景點，例如「日本京都的必去景點有哪些？」或「台灣的五大熱門海灘是什麼？」，ChatGPT 都能提供詳盡的建議。

5-6-1 您的私人旅遊顧問

在這個資訊爆炸的時代，計劃一趟旅行可能會感到有些困難。從選擇目的地、訂購機票和住宿，到規劃行程和了解當地文化，每一步都充滿了選擇。這時，ChatGPT 就如同您的私人旅遊顧問，幫助您解決所有旅行中的疑問，並提供專業的建議。例如：

提示（prompt）詞

我計劃今年夏天去日本旅行，請問哪些地方是夏季的熱門旅遊景點？

ChatGPT 回答內容

日本在夏天有許多獨特且迷人的旅遊景點和活動。以下是夏季在日本的熱門旅遊景點：

1. **北海道**：夏天的北海道氣候涼爽，是避暑的好地方。除此之外，你還可以欣賞到大片的薰衣草花田，特別是在富良野和美瑛。
2. **東京**：
   - **神宮外苑花火大會**：夏天是日本的花火季節，東京的神宮外苑花火大會是最受歡迎的花火活動之一。
   - **淺草神社**：參加夏季的淺草神社祭典，體驗傳統的日本文化。
3. **京都**：
   - **五山送火**：每年的8月16日，京都的五座山上都會點燃大型的篝火，是紀念亡靈的儀式。
   - **鴨川**：夏天的晚上，可以在鴨川的河畔享受涼風和傳統的日本料理。
4. **大阪**：夏天的大阪有許多夜市和祭典，如天神祭，是大阪最大的夏季節日。
5. **沖繩**：擁有美麗的海灘和潛水點，是夏天海灘度假的首選。
6. **九州**：比如別府、鹿兒島等地，有許多天然溫泉，可以在夏天享受泡湯的樂趣。
7. **富士山**：夏季是富士山的登山季節，你可以挑戰攀登日本的最高峰。
8. **夏季祭典**：幾乎日本的每個城市在夏天都會有自己的祭典，如秋田的竿燈節、青森的八戶三社大祭等。

夏天的日本非常熱鬧，無論你喜歡自然風光、傳統文化還是都市生活，都能找到適合自己的旅遊活動。不過，日本的夏天也相當潮濕和炎熱，建議攜帶防曬和適量的水分，以確保旅行愉快。

5-6-2 如何有效地使用 ChatGPT 獲得旅遊和導航資訊？

如何有效地使用 ChatGPT 獲得旅遊和導航資訊？主要有底下幾個重點：

- 明確指出時間、地點和偏好：為了得到最合適的旅遊建議，最好在問題中明確指出您的旅行時間、目的地和特定的偏好或需求。
- 詢問當地的文化和習慣：旅行不只是看風景，更是體驗當地的文化和生活。您可以詢問當地的節慶、飲食或其他特色。

提示（prompt）詞

我即將前往印度，請問有哪些當地的節慶或習慣我需要注意的？

ChatGPT 回答內容

第一天：古老的皇宮和寺廟

1. **大皇宮**：這是曼谷的象徵，也是泰國最重要的歷史建築之一。您可以欣賞到泰國傳統的建築藝術和精美的壁畫。
2. **玉佛寺**：位於大皇宮旁邊，內有著名的翡翠佛像。
3. **臥佛寺**：這裡有一尊巨大的臥佛像，是曼谷的著名景點。

第二天：歷史和藝術的探索

1. **國家博物館**：了解泰國的歷史和文化。
2. **藝術和文化中心**：欣賞當代藝術作品和特展。

第三天：古老的社區和市場

1. **塔林納空市場**：這是一個古老的水上市場，您可以乘船遊覽，品嚐當地的小吃。
2. **班叻運河社區**：體驗傳統的泰國水上生活。

第四天：古城遺址

1. **大城或阿育陀耶**：這兩座古城都是泰國的古都，有許多古老的寺廟和遺址。您可以選擇其中一座前往，大約需要一整天的時間。

第五天：購物和放鬆

1. **曼谷河**：乘船遊覽，欣賞曼谷的河景。
2. **四面佛**：這是一個著名的祈願聖地。
3. **暹羅商圈**：這裡有許多大型購物中心，如Central World、MBK等，您可以購物或品嚐當地的美食。

- 結合當地的交通和導航：旅行中，交通和導航是非常重要的一部分。您可以詢問最佳的交通方式、購票技巧或特定路線的建議。例如：我在巴黎想要參觀羅浮宮和艾菲爾鐵塔，請問從我住的酒店最佳的交通方式是什麼？各位在提問時，只要將自己住的酒店名稱取代即可。

5-6-3 從旅遊景點到當地文化，ChatGPT 都能幫忙

ChatGPT 不僅可以提供旅遊景點的規劃建議，還能為您提供當地的文化、節慶、飲食等資訊。無論您是想知道某個國家的特色節慶，還是想了解當地的美食，ChatGPT 都能提供詳盡的答案。例如，您可以問：

提示（prompt）詞

請問日本的櫻花季節通常是哪個月份？

ChatGPT 回答內容

日本的櫻花季節通常從南部的九州開始，然後向北部的地區逐漸展開。因此，櫻花的盛開時期因地區而異：

1. **九州地區（如福岡）**：通常在3月下旬到4月初。
2. **本州中部和關西地區（如東京、京都、大阪）**：大約在4月初到4月中旬。
3. **東北地區（如仙台）**：大約在4月中旬到4月下旬。
4. **北海道（如札幌）**：由於氣候較冷，櫻花盛開的時間通常在5月初。

不過，具體的櫻花盛開時期可能會受到當年的氣候條件影響，所以如果計劃在櫻花季節前往日本，建議提前查看當地的櫻花預報。

又如請 ChatGPT 規劃旅遊行程。

提示（prompt）詞

我想從高雄去台中二日遊，請協助提供一份旅遊行程規劃。

ChatGPT 回答內容

第一天：

1. 早上：
   - 出發：從高雄搭乘高鐵或火車前往台中。
   - 抵達台中後：建議先到第二市場享用當地的早餐，如：肉圓、燒餅、豆漿等。
2. 上午：
   - 國立台灣美術館：欣賞當代藝術作品，並在美術館旁的草悟道散步，享受綠意。
3. 中午：
   - 到逢甲夜市附近的餐廳用餐，並稍作休息。
4. 下午：
   - 逢甲夜市：雖然是夜市，但下午也有部分攤位開始營業。可以先逛逛，品嚐一些小吃。
   - 文心森林公園：放鬆心情，欣賞大片的綠地和湖泊。
5. 晚上：
   - 中友百貨：逛街購物，並在頂樓的美食街享用晚餐。
   - 住宿：建議選擇市區的飯店或民宿，方便第二天的行程。

第二天：

1. 早上：
   - 早餐：選擇飯店內或附近的早餐店。
2. 上午：
   - 東海大學：參觀美麗的校園，特別是路思義教堂，是許多遊客拍照的熱門地點。
   - 勤美誠品綠園道：逛書店，享受綠意，並在其中的咖啡店品嚐手作甜點。
3. 中午：
   - 老街或市集：如：宮原眼科，品嚐當地的美食。
4. 下午：
   - 彩虹眷村：參觀這充滿歷史和藝術的眷村，拍照留念。
   - 台中公園：放鬆心情，欣賞湖中的「中山亭」，也是台中的歷史地標。
5. 晚上：
   - 回到逢甲夜市或其他夜市，享受台中的夜晚，品嚐各式小吃。
   - 返回高雄：搭乘晚間的高鐵或火車返回高雄。

5-7 社交與交友

人際關係是生活中的一大樂趣和挑戰。無論您是想知道如何在新的環境中交到朋友，還是尋找增強人際關係的技巧，例如「如何在新公司裡建立良好的人際關係？」或「如何與不同性格的人相處？」，ChatGPT 都能提供專業的建議。

5-7-1 社交的重要性與挑戰

在這個高度數位化的時代，雖然我們似乎隨時都能透過各種社交媒體工具與人們保持聯繫，但真正的人際互動與深度交往卻越來越被忽略。人與人之間的真實互動是建立信任和深厚關係的基石。例如，當你剛進入一家新公司，你可能會面臨如何與同事建立關係的挑戰。或者當你搬到一個新城市，你可能會想知道如何在陌生的環境中交到新朋友。

5-7-2 ChatGPT 在社交與交友的應用

想要知道如何在新的工作環境中快速融入？或是如何與性格迥異的人建立和諧的關係？只需向 ChatGPT 提問，例如：

提示（prompt）詞

我剛到一家新公司工作，有什麼建議可以幫助我更快地與同事建立良好的關係？

ChatGPT 回答內容

1. **主動打招呼與微笑：**
    - 每天早上進辦公室時，向同事打招呼並微笑。這不僅能展現您的友善，也能為工作環境帶來正面的氛圍。
2. **積極參與團隊活動：**
    - 若公司或部門有定期的聚餐、團建活動，請務必參加。這是一個與同事互動、增進彼此了解的好機會。
3. **主動學習與請教：**
    - 若在工作中遇到問題，不妨主動向有經驗的同事請教。這不僅能解決您的疑惑，也能展現您樂於學習的態度。
4. **分享自己的經驗：**
    - 若您有特定的專業知識或經驗，可以在適當的時機分享給同事，這樣可以增加彼此的信任感。
5. **尊重差異：**
    - 每個人的背景和經歷都不同，學會尊重和接受差異，避免因文化或個性上的不同而產生誤解。
6. **主動提供幫助：**
    - 看到同事需要幫忙時，主動伸出援手。這不僅能建立良好的同事關係，也能增強團隊的凝聚力。
7. **良好的聆聽能力：**
    - 與同事交談時，展現出真正的聆聽，這能讓對方感受到被重視。
8. **適時的反饋與稱讚：**
    - 看到同事做得好的地方，給予正面的反饋和稱讚，這能增強彼此的信任和尊重。
9. **避免辦公室政治：**
    - 盡量避免參與或傳播辦公室的小道消息，這樣可以保持自己的形象和人際關係的穩定。
10. **誠實與開放：**

- 若有任何問題或困擾，建議與同事或上司開放、誠實地溝通，這能避免誤解和矛盾。

提示（prompt）詞

我的室友性格與我完全不同，如何能與她和平共處？

ChatGPT 回答內容

與性格不同的室友和平共處，確實需要一些策略和耐心。以下是一些建議，幫助您與室友建立和諧的同住關係：

1. **開放溝通：**
    - 定期與室友坐下來交談，分享彼此的感受和期望。這能幫助雙方了解對方的需求和界限。
2. **設定共同規則：**
    - 討論並設定一些共同遵守的室內規則，例如：清潔時間、夜間安靜時間等。這樣可以確保雙方的權益都受到尊重。
3. **尊重私隱：**
    - 尊重室友的私人空間和時間，避免未經同意就進入對方的房間或使用對方的物品。
4. **學會妥協：**
    - 當出現分歧時，嘗試從對方的角度思考，並尋找雙方都能接受的解決方案。
5. **避免小題大作：**
    - 對於一些小問題，如室友偶爾忘記洗碗，嘗試採取寬容的態度，避免因小事引發大爭執。
6. **分享興趣：**
    - 嘗試找出與室友共同的興趣或活動，如一起看電影、做運動等，這能增強彼此的情感連結。
7. **給予空間：**
    - 當感覺到緊張或衝突時，給予彼此一些時間和空間冷靜下來，之後再進行溝通。
8. **誠實與開放：**
    - 若有任何不滿或困擾，建議與室友開放、誠實地溝通，這能避免誤解和矛盾。
9. **學會感謝：**
    - 看到室友做了什麼好事或為您考慮，記得表達感謝，這能增強彼此的正面情感。
10. **尋求外部幫助：**

- 若雙方的矛盾持續升級，可以考慮尋求宿舍管理員或心理諮詢師的幫助。

透過這些具體的問題，ChatGPT 可以提供具體的策略和建議，幫助您更好地應對社交挑戰。

5-7-3 提升人際互動的技巧

除了面對特定的社交挑戰，了解一些基本的人際互動技巧也是非常有幫助的。例如，學會傾聽是建立人際關係的關鍵。當你真正傾聽他人，不僅可以更深入地了解對方，還能建立信任和尊重。此外，學會表達自己的感受和需求，而不是把情緒壓抑下去，也是維持健康人際關係的重要技巧。例如：

提示（prompt）詞

如何成為一個好的傾聽者？

ChatGPT 回答內容

成為一個好的傾聽者不僅能夠加深人際關係，還能提高溝通效率。以下是一些建議，幫助您成為更好的傾聽者：

1. **全心投入：**
   - 當他人講話時，專心聆聽，避免分心做其他事情，如玩手機或看電視。
2. **保持眼神接觸：**
   - 與講話者保持適當的眼神接觸，這表示您在認真聆聽。
3. **避免打斷：**
   - 讓講話者完整地表達自己的想法，避免在他們講話時打斷。
4. **反饋信息：**
   - 用自己的話重述講話者的觀點，以確認您理解了他們的意思。
5. **開放心態：**
   - 嘗試理解講話者的觀點，即使您不同意，也避免立即反駁。
6. **體會情感：**
   - 注意講話者的語氣和非語言行為，如面部表情和肢體語言，這可以幫助您更好地理解他們的情感。
7. **提問：**
   - 若有不明白的地方，適時提問，但確保問題是為了更好地理解，而非質疑。
8. **避免立即給予建議：**
   - 除非講話者徵求您的意見，否則嘗試先聆聽而不是立即給予建議。
9. **控制自己的反應：**
   - 避免因為某些話題而過度反應，如生氣或過於激動。
10. **持續練習：**

- 傾聽是一項技能，需要透過持續的練習和自我反思來不斷提高。

5-8 購物與比價

購物是許多人的樂趣，但如何做到物有所值則是一門學問。無論您是想知道某款產品的評價，還是尋找最划算的購物策略，例如「最近有哪些值得購買的智能手錶？」或「如何選擇一款性價比高的筆記型電腦？」，ChatGPT 都能提供實用的建議。

5-8-1 人際關係：生活中的甜與酸

人類是社交動物，我們的生活充滿了與他人的互動。從家庭、朋友到同事，每一段人際關係都帶來了不同的經驗和學習。但與此同時，如何建立和維護這些關係，尤其是在新的環境或面對不同性格的人時，往往是一大挑戰。這時，ChatGPT 可以成為您的人際關係顧問，提供您所需的建議和策略。例如：

提示（prompt）詞

最近有哪些值得購買的智能手錶？

ChatGPT 回答內容

截至我最後的訓練數據（2021年9月），以下是一些當時受到廣大消費者和專家推薦的智能手錶：

1. **Apple Watch Series 6**：
   - Apple的最新手錶系列，具有血氧檢測、心率監測、睡眠追踪等功能。支持無線充電，並有多種錶帶和錶面供選擇。
2. **Samsung Galaxy Watch 3**：
   - Samsung的旗艦智能手錶，具有心率監測、睡眠追踪、血氧檢測等功能。外觀設計時尚，並支持Tizen操作系統的各種應用。
3. **Fitbit Sense**：
   - 這是Fitbit的高端健康和健身手錶，具有心率監測、皮膚溫度感測器、睡眠追踪等功能。特別適合健康和健身愛好者。

4. **Garmin Fenix 6**：
   - 針對運動和戶外活動愛好者設計的高端手錶。具有GPS、心率監測、高度計、氣壓計等功能，並支持多種運動模式。
5. **Fossil Gen 5**：
   - 這款手錶運行Google的Wear OS操作系統，具有心率監測、GPS、支付功能等。設計時尚，適合日常佩戴。
6. **Amazfit GTR 2**：
   - 這是一款價格相對實惠的智能手錶，具有心率監測、血氧檢測、睡眠追踪等功能。電池續航時間長，適合長時間佩戴。

當然，市場上還有許多其他品牌和型號的智能手錶。在選購時，建議您根據自己的需求、預算和品牌偏好來做選擇。此外，由於科技產品更新迅速，建議在購買前查看最新的產品評測和消費者評價，以確保選擇最適合自己的產品。

5-8-2 有效的社交技巧：從自我認識到與人互動

至於如何使用 ChatGPT 獲得有效的社交技巧？主要有底下幾個重點：

- 自我認識：了解自己的性格、喜好和價值觀是建立良好人際關係的基石。您可以問 ChatGPT 有關性格測試或自我反思的方法，例如：

提示（prompt）詞

請推薦一些性格測試，我想更了解自己。

ChatGPT 回答內容

當然可以！性格測試可以幫助我們更深入地了解自己，以下是一些受歡迎的性格測試：

1. **MBTI（Myers-Briggs Type Indicator）**：
   - 這是最受歡迎的性格測試之一，基於榮格的心理類型理論。它將人們分為16種不同的性格類型。
2. 五大性格特質（**Big Five Personality Traits**）：
   - 也被稱為OCEAN模型，評估五個主要維度：開放性、盡責性、外向性、情感穩定性和親和性。
3. **DISC性格分析**：
   - 評估四個主要維度：主導性、影響性、穩定性和謹慎性。

4. **Enneagram**：
   - 九型人格測試，每一型都有其獨特的特質、動機和恐懼。
5. **16Personalities**：
   - 結合了MBTI和五大性格特質的元素，提供了16種性格類型的詳細描述。
6. **Holland職業興趣自我評估（RIASEC）**：
   - 主要用於職業諮詢，幫助人們了解自己的興趣和適合的職業。
7. **色彩人格測試（Color Personality Test）**：
   - 透過選擇顏色來了解自己的性格特質。
8. **Gallup StrengthsFinder**：
   - 專注於個人的優勢和天賦，幫助人們了解自己的長處。

這些測試只是工具，用於幫助我們更好地了解自己。它們提供的結果應該被視為參考，而不是絕對的定義。如果你想要深入了解自己，建議與專業的心理學家或輔導師合作。

- 主動交往：在新的環境中，主動出擊總是有助於快速建立人際關係。您可以詢問如何主動與他人交往的技巧，例如：

提示（prompt）詞

我剛搬到一個新城市，不認識任何人，請給我一些建議，如何主動結識新朋友？

ChatGPT 回答內容

1. **參加社交活動或小組**：
   - 許多城市都有各種社交團體或興趣小組，如書籍俱樂部、運動隊伍、語言交換小組等。這些都是認識志同道合的人的好地方。
2. **利用社交媒體和應用程式**：
   - 有許多應用程式和網站，如Meetup、Bumble BFF或Facebook，都提供了尋找當地活動或結識新朋友的功能。
3. **參加課程或工作坊**：
   - 選擇你感興趣的課程，如烹飪、攝影、舞蹈等。除了學到新技能，還可以認識到有相同興趣的人。
4. **參與義工活動**：
   - 這不僅可以幫助當地社區，還是一個認識當地居民和建立深厚友誼的好方法。
5. **參加當地的運動俱樂部或健身房**：
   - 透過固定的運動活動，你可以認識到許多熱愛運動的人。

6. **參加宗教或靈性活動：**
   - 如果你有宗教信仰，參加當地的宗教活動或集會也是認識新朋友的好方法。
7. **主動出擊：**
   - 當你在咖啡館、公園或其他公共場所時，不妨主動和他人打招呼或開啟話題。雖然這需要一些勇氣，但往往能帶來意想不到的收穫。
8. **與鄰居建立聯繫：**
   - 主動和你的鄰居打招呼，或許可以參加或舉辦一些小型的鄰里聚會。
9. **參加當地的文化或音樂活動：**
   - 許多城市都會定期舉辦各種文化節慶或音樂活動，這些都是認識新朋友的好機會。

最後，建立新的人際關係需要時間和耐心。不要因為一開始沒有馬上結識到新朋友而感到沮喪。持續努力，保持開放的心態，你一定能在新城市中找到屬於自己的朋友圈。

- 增強溝通技巧：有效的溝通是人際關係中不可或缺的部分。您可以詢問如何提高自己的溝通技巧，例如：

提示（prompt）詞

我發現自己在團隊中經常被忽略，如何提高我的溝通技巧，使我的意見被更多人聽到？

ChatGPT 回答內容

在團隊中被忽略的感覺確實令人不悅，但透過提升溝通技巧，你可以使自己的聲音被更多人聽到。以下是一些建議，幫助你在團隊中更有效地表達自己：

1. **清晰明確地表達：**
   - 在發言時，確保你的意見是具體和清晰的。避免使用模糊或含糊其辭的語言。事先整理好自己的思路，這樣在表達時會更有組織、更有說服力。
2. **主動參與討論：**
   - 不要等待被問到才回答，如果你有想法或建議，主動提出。這不僅可以展現你的積極態度，也能讓團隊知道你有所貢獻。
3. **建立良好的身體語言：**
   - 身體語言是非語言溝通的一部分。保持眼神接觸、坐直身體，並確保你的面部表情與你的話語一致。這些都可以增強你的說話效果。
4. **學習傾聽：**
   - 傾聽不僅僅是聽別人說話，還要理解他們的觀點。當你展現出真正聆聽他人的態度時，他們也更有可能傾聽你的意見。

5. **尋求回饋：**
   - 請求同事對你的溝通方式給予回饋。了解他們是否真正理解你的觀點，並根據他們的建議進行調整。
6. **參加溝通技巧培訓：**
   - 考慮參加工作坊或培訓課程，以提高你的溝通和表達能力。
7. **建立人際關係：**
   - 與團隊成員建立良好的人際關係。當你和他們建立了信任和尊重的關係，他們更有可能重視你的意見，

記住，溝通是一門技巧，需要時間和實踐來完善。持續努力和學習，你會發現自己在團隊中的影響力逐漸增強。

5-8-3 從日常生活到專業場合，ChatGPT 都能幫忙

ChatGPT 不僅可以提供日常生活中的社交建議，還能為您在專業場合提供策略。無論您是想知道如何在商務場合中建立人脈，還是如何在工作中與同事建立信任，ChatGPT 都能提供專業的答案。例如，您可以問：

提示（prompt）詞

我即將參加一個業界研討會，請問有什麼策略可以幫助我有效地建立人脈？

ChatGPT 回答內容

參加業界研討會是建立人脈的絕佳機會。以下是一些建議和策略，幫助你在研討會中有效地擴展人際網絡：

1. **事前準備：**
   - 研究參加研討會的嘉賓和講者，確定你特別想見的人。
   - 設定目標：例如，你希望認識五位在你領域內的專家，或者找到三位可能的合作夥伴。
   - 準備自我介紹，簡短且有針對性地描述你自己和你的工作。
2. **主動出擊：**
   - 不要害羞或等待他人來和你交談，主動上前打招呼和自我介紹。
   - 參加研討會中的各種活動，如小組討論、工作坊等，這些都是認識人的好機會。

3. **傾聽：**
   - 真正聆聽他人說話，這不僅可以讓你獲得資訊，還能展現你的尊重。
   - 問開放式的問題，鼓勵對方分享更多。
4. **交換名片：**
   - 確保帶足夠的名片，並在交換名片後，於名片背面簡單記下與該人的交談重點，方便日後聯繫。
5. **利用社交媒體：**
   - 你可以透過LinkedIn或其他專業社交平台，事前或事後與參加者建立聯繫。
   - 考慮在研討會期間發布相關內容，使用研討會的官方標籤，增加曝光度。
6. **後續跟進：**
   - 研討會結束後，儘快與你認識的人進行後續聯繫。可以是一封感謝信、提供資訊或建議合作的電子郵件。
   - 記得提到你們在研討會上的交談，使對方更容易回憶起你。
7. **持續維護人脈：**
   - 建立人脈不僅僅是認識新人，更重要的是持續維護和深化這些關係。
   - 定期與你的聯繫進行互動，分享資訊，或只是簡單地問候。

透過這些建議，您不僅可以在日常生活中建立和維護良好的人際關係，還可以在專業場合中更有效地與他人互動。

06 CHAPTER 學習與教育 ChatGPT 提問技巧與實例

在數位化的學習環境中，AI 工具已成為學習和教育的重要夥伴。從課業輔導到語言學習，從程式設計到文案撰寫，ChatGPT 提供了多種實用的功能。本章將深入探討如何在學習和教育中最大化利用 ChatGPT，並分享一些實用的提問實例和技巧。

6-1 協助課業學習

ChatGPT 可以作為學生的私人導師，幫助他們解答各種學科的問題。無論是數學、科學還是文學，只要提出問題，ChatGPT 都能提供專業的答案和解釋。

6-1-1 ChatGPT：您的隨身數位導師

在數位化的時代，學習不再侷限於傳統的教室和教科書。ChatGPT 可以為學生提供即時的學術支援，幫助他們克服學習上的困難。不論是深奧的數學問題、複雜的科學概念，還是文學中的詮釋，ChatGPT 都能提供清晰、詳細的答案和解釋。例如，學生可以問：

提示（prompt）詞

請解釋牛頓的第三運動定律。

ChatGPT 回答內容

當然可以！

牛頓的第三運動定律，也被稱為「作用和反作用定律」，它的內容是：對於每一個作用力，總有一個大小相等但方向相反的反作用力作用在另一個物體上。

簡單來說，這意味著當一個物體A施加一個力到另一個物體B上，物體B也會施加一個大小相等但方向相反的力到物體A上。

例如：

1. 當你坐在椅子上，你對椅子施加了一個向下的力（由於你的重量），而椅子也對你施加了一個大小相等但方向向上的力。
2. 當你用手推牆，你對牆施加了一個向前的力，而牆也對你的手施加了一個大小相等但方向向後的力。

這個定律強調了力是相互的，並且作用和反作用力是同時發生的。

6-1-2 如何有效地使用 ChatGPT 進行學習？

要有效地使用 ChatGPT 進行學習，在提問時，可以注意底下幾個重點：

- 明確提問：清晰、具體的問題往往能得到更精確的答案。例如，不只是問「請教我物理」，而是問「請解釋電磁感應的原理。」

提示（prompt）詞

請解釋電磁感應的原理。

ChatGPT 回答內容

當然可以！

電磁感應是一種現象，當一個導體（如銅線）移動於磁場中或當磁場本身發生變化時，會在導體中產生電動勢（或稱為電壓）。這個現象是由法拉第於1831年首次發現的。以下是電磁感應的主要原理：

1. **法拉第定律**：當磁通量（磁場與導體面積的乘積）通過一個封閉迴路發生變化時，迴路中會產生電動勢。產生的電動勢與磁通量的變化率成正比。
2. **連斯定律**：這個定律描述了電磁感應產生的電流的方向。它指出，由電磁感應產生的電流的方向總是嘗試反抗產生它的磁通量變化。

舉例來說：

- 當你將一個磁鐵快速移動進入一個導體環中，磁場在導體環中的變化會導致磁通量的變化，從而在導體環中產生電流。這就是電磁感應的基本原理。
- 如果你將磁鐵的移動方向改變，電流的方向也會改變，這是由連斯定律所描述的。

電磁感應在現代科技中有許多應用，例如：發電機、變壓器和無線充電技術等。

- 分步驟詢問：對於複雜的概念或問題，建議學生分步驟、逐一提問，這樣可以更系統地理解答案。例如：

提示（prompt）詞

首先，請解釋什麼是分子結構。接著，請說明水分子的結構。

ChatGPT 回答內容

TX 首先，請解釋什麼是分子結構。接著，請說明水分子的結構。

當然可以！

1. 分子結構的解釋：
分子結構指的是原子在分子中的排列方式以及這些原子之間的化學鍵的性質。這包括原子之間的鍵接方式（例如共價鍵、離子鍵）、原子之間的相對位置、以及分子的三維形狀。分子結構決定了物質的許多化學和物理性質，如反應性、極性、相態、色彩等。

2. 水分子的結構：
水分子的化學式是H_2O，意味著它由兩個氫原子和一個氧原子組成。

- **鍵接**：氫原子和氧原子之間是共價鍵。這是因為氧原子和氫原子共享電子以達到更穩定的電子配置。
- **形狀**：水分子呈V形或彎曲形狀。這是由於氧原子上的非共享電子對（孤對電子）與氫原子之間的共價鍵之間的電子排斥作用。
- **角度**：在水分子中，兩個H-O-H的夾角約為104.5°。
- **極性**：由於氧原子比氫原子更電負，所以氧原子上會有部分負電荷，而氫原子上則有部分正電荷。這使得水分子具有極性，也就是說，它有一個正端和一個負端。這種極性使得水具有許多獨特的性質，如高的表面張力、良好的溶劑性質等。

這種特殊的結構和極性使得水在生物、化學和地球科學中都扮演著至關重要的角色。

- 自我測試：學習不只是接收知識，還需要進行自我測試以確認理解。學生可以向 ChatGPT 提出與所學相關的問題，並試著自己回答，然後再與 ChatGPT 的答案進行比較。

提示（prompt）詞

我認為牛頓的第一運動定律是「物體若不受外力作用或所受外力的合力為零時，則物體的運動狀態保持不變，即靜者恆靜，動者恆作等速度運動。」，請問我的理解正確嗎？

ChatGPT 回答內容

是的，您的理解是正確的。

牛頓的第一運動定律，也被稱為「慣性定律」，描述了物體在沒有外力作用時的運動狀態。這個定律說明了以下兩點：

1. 如果一個物體處於靜止狀態，且沒有外力作用於它上，它將保持靜止。
2. 如果一個物體正在以某一恆定速度運動，且沒有外力作用於它上，它將繼續以那個速度和方向運動。

這個定律基本上說明了，除非有外力作用，否則物體的運動狀態（無論是靜止還是等速直線運動）都不會改變。您所提供的描述正確地反映了這一點。

6-1-3 ChatGPT：不只是答案，更是學習的夥伴

除了提供答案，ChatGPT 還可以為學生提供學習策略、記憶技巧或時間管理建議。例如，學生可以問：

提示（prompt）詞

我經常忘記學過的內容，有什麼記憶技巧可以幫助我？

ChatGPT 回答內容

當然，有許多記憶技巧可以幫助提高記憶力和學習效率。以下是一些常用的記憶技巧：

1. **分散學習**：不要試圖一次性學習大量的資訊。將學習時間分散，例如每天學習一小部分，可以更有效地鞏固記憶。
2. **自我測試**：定期測試自己的知識可以加強記憶。使用閃卡或應用程式如Anki來幫助自己複習。
3. **故事法**：將要記憶的資訊組織成一個有趣的故事，這樣更容易記住。
4. **記憶宮殿**：在腦海中建立一個虛擬的「地方」，並在其中放置要記憶的物品或資訊。每當需要回憶時，只需在腦海中「走訪」這個地方。
5. **首字母法**：使用每個詞的首字母來創建一個縮寫或句子，幫助記憶一系列的詞語。
6. **視覺化**：將資訊轉化為圖像或圖表，因為圖像往往比文字更容易記住。
7. **聯想法**：將新資訊與已知的資訊或經驗相關聯，這樣可以更容易記住新資訊。
8. **教授他人**：將所學的內容教授給他人，可以幫助你更深入地理解和記住內容。
9. **休息和睡眠**：充足的休息和睡眠對記憶鞏固非常重要。研究顯示，睡眠可以幫助鞏固記憶。
10. **健康的生活方式**：均衡的飲食、適量的運動和避免壓力都有助於提高記憶力。
11. **重複**：重複學習和複習是鞏固記憶的關鍵。多次回顧和練習可以幫助加強記憶。

每個人都有自己的學習方式和節奏，所以最好嘗試不同的記憶技巧，找出最適合自己的方法。

或者

提示（prompt）詞

我感覺我總是沒時間學習，請給我一些建議，如何更有效地管理我的時間？

ChatGPT 回答內容

時間管理是許多人面臨的挑戰，但通過一些策略和技巧，您可以更有效地利用您的時間。以下是一些建議幫助您更好地管理時間：

1. **設定目標**：確定您的長期和短期目標。這將幫助您確定哪些任務是優先的，哪些可以稍後處理或委派給他人。
2. **制定計劃**：使用日曆或計劃工具來安排您的一天、一周或一月。確保為每個任務分配足夠的時間。

3. **優先處理**：確定哪些任務是最重要的，並首先完成它們。這可以確保您在時間有限的情況下完成最重要的工作。
4. **避免拖延**：確定導致您拖延的原因，並尋找方法克服它。例如，如果一個任務太大或太難，嘗試將其分解成更小、更易於管理的部分。
5. **設定時限**：為每個任務設定一個明確的開始和結束時間。這可以幫助您保持專注，並防止在一個任務上花費太多時間。
6. **減少干擾**：確定哪些因素最容易分散您的注意力（例如手機、社交媒體或電視），並在工作或學習時限制它們。
7. **定期休息**：短暫的休息可以幫助您恢復精力，提高效率。例如，每工作25分鐘後休息5分鐘。
8. **學習說"不"**：如果您的日程已經很滿，不要害怕拒絕額外的任務或活動。
9. **評估和調整**：定期檢查您的時間管理策略，看看哪些方法有效，哪些需要調整。
10. **使用工具和應用程式**：有許多時間管理工具和應用程式，如Trello、Todoist或Google日曆，可以幫助您更好地組織和追踪您的任務。
11. **尋求幫助**：如果您覺得自己無法有效地管理時間，考慮尋求專家或導師的幫助。

記住，時間管理是一個持續的過程，需要時間和努力來完善。不要害怕嘗試不同的策略，直到找到最適合您的方法。

另外 ChatGPT 也可以協助修改文句，例如：

提示（prompt）詞

請針對以下內容精鍊並全部重新改寫修改底下的文字

廣達董事長林百里在出席「2023 高等教育改革論壇」時，一直說自己是「AI 迷」，並表示 AI 使學習行為不同了，因此教育模式也要跟著改變。他提到以前的教育模式下，好學生要很會「答」問題，但現在由於 AI 都能很快地回答問題，反而是很會「問」問題的人，才是好學生。而本書主題寫作的靈感，就是筆者就是看到了這則中央社的報導。在這本書中，我希望能夠為您提供一個全面而深入「聰明提問 AI 的實例與技巧」指南，幫助您更有效地利用 AI 技術來解決日常生活、學習、工作和娛樂中的各種問題。

ChatGPT 回答內容

在「2023高等教育改革論壇」上，廣達董事長林百里自稱為「AI迷」，強調AI已改變學習方式，故教育策略亦需調整。他認為，過去好學生擅長「答」問題，但在AI時代，擅長「問」的人更受重視。這本書的靈感來自於該報導，旨在提供「如何聰明提問AI」的深入指南，協助您運用AI解決各方面的問題。

透過這些策略和建議，學生不僅可以獲得知識，還可以培養出更好的學習習慣和技巧。

6-2 自動撰寫程式與說明文件

對於學習程式設計的人來說，ChatGPT 可以提供即時的程式碼範例和說明。例如，當您不確定如何在 Python 中撰寫一個迴圈，您可以直接詢問 ChatGPT，並獲得相應的程式碼和說明。

6-2-1 ChatGPT：您的程式設計助理

在程式設計的學習過程中，學生經常會遇到各種問題和挑戰。有時，他們可能不確定如何實現某個功能，或者在撰寫程式碼時遇到錯誤。這時，ChatGPT 就像一位隨時待命的程式設計助理，能夠提供即時的程式碼範例和詳細說明。

提示（prompt）詞

請示範如何在 Python 中使用 for 迴圈來列印 1 到 10 的數字。

ChatGPT 回答內容

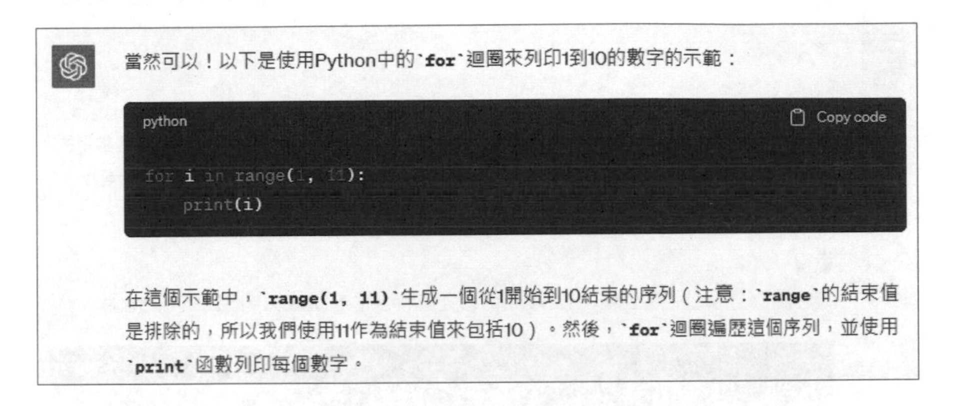
當然可以！以下是使用Python中的`for`迴圈來列印1到10的數字的示範：

```python
for i in range(1, 11):
    print(i)
```

在這個示範中，`range(1, 11)`生成一個從1開始到10結束的序列（注意：`range`的結束值是排除的，所以我們使用11作為結束值來包括10）。然後，`for`迴圈遍歷這個序列，並使用`print`函數列印每個數字。

6-2-2 如何有效地使用 ChatGPT 進行程式學習？

要有效地使用 ChatGPT 進行程式學習，在提問時，可以注意底下幾個重點：

- 明確提問：當您遇到程式設計問題時，嘗試將問題描述得盡可能清晰和具體。例如，不只是問「如何在 Python 中使用迴圈？」，而是問「如何在 Python 中使用 while 迴圈來計算 1 到 100 的總和？」
- 提供上下文：如果您在撰寫程式碼時遇到錯誤，嘗試提供足夠的上下文，這樣 ChatGPT 才能更準確地幫助您。
- 請求說明文件：除了程式碼範例外，您還可以要求 ChatGPT 提供相關的說明文件或參考資料。

提示（prompt）詞

請解釋 Python 中的 lambda 函數，並給我一個使用它的範例。

ChatGPT 回答內容

當然可以！

lambda函數解釋：
在Python中，`lambda`函數是一種簡單的、未命名的、單行的小函數。它可以有任意數量的參數，但只能有一個表達式。該表達式的值會被返回。`lambda`函數的主要優點是它可以在需要一個函數對象的地方快速定義，而不需要正式地定義一個函數。

範例：
假設我們想要創建一個函數，該函數將兩個數字相加。使用`lambda`，我們可以這樣做：

```python
add = lambda x, y: x + y

print(add(5, 3))  # 輸出: 8
```

在這個範例中，我們定義了一個`lambda`函數來計算兩個數字的和，然後將其賦值給變數`add`。之後，我們使用這個`lambda`函數來計算5和3的和，並列印結果。

雖然`lambda`函數在某些情境下非常有用，但它的功能有限，因為它只能有一個表達式。如果需要更複雜的功能，通常建議使用正式的`def`語句來定義函數。

6-2-3 ChatGPT：不只是程式碼，更是學習的夥伴

對於初學者來說，學習程式設計不只是學習語法和命令，更重要的是培養解決問題的思維和策略。ChatGPT 不僅可以提供程式碼範例，還可以分享程式設計的最佳實踐、常見的錯誤和解決方法。例如：

提示（prompt）詞

當我在撰寫程式時，經常遇到變數命名的問題。有什麼好的命名規則或建議嗎？

ChatGPT 回答內容

當命名變數時，選擇有意義且描述性的名稱是非常重要的，因為這可以提高程式的可讀性和維護性。以下是一些建議和命名規則，可以幫助您更好地命名變數：

1. **有意義的名稱**：選擇描述性的名稱，例如使用`counter`而不是`c`，或使用`username`而不是`un`。
2. **避免使用單一字母**：除非在某些特定情境下（例如在小的for迴圈中使用`i`或`j`作為索引），否則應避免使用單一字母作為變數名稱。
3. **使用小寫和下劃線**：在Python中，建議使用小寫字母和下劃線來命名變數，例如`word_list`或`max_value`。
4. **避免使用保留字**：不要使用語言的保留字或內建名稱作為變數名稱。
5. **使用名詞**：變數通常應該使用名詞命名，而函數或方法則應該使用動詞。
6. **保持一致性**：在整個程式或專案中，保持命名的一致性。例如，如果您使用`user_list`來表示用戶列表，則不應在其他地方使用`list_of_users`。
7. **避免使用縮寫**：除非縮寫非常常見（例如`info`代替`information`），否則應避免使用縮寫。
8. **考慮範疇**：如果變數的使用範疇很小，例如僅在一個小的迴圈或函數中，則可以使用較短的名稱。但對於具有更廣泛範疇的變數，應使用更描述性的名稱。
9. **避免數字**：除非有特定的理由，否則應避免在變數名稱中使用數字，例如`variable1`或`variable2`。
10. **考慮上下文**：在選擇變數名稱時，考慮其在程式中的上下文和用途。

記住，命名的主要目的是提高程式的可讀性。選擇有意義的名稱可以幫助其他開發者（以及未來的您）更容易地理解和維護程式。

透過這些問答，學生不僅可以獲得即時的解答，還可以逐步培養出良好的程式設計習慣和技巧。

6-3 國際語言翻譯

在全球化的時代，語言學習和翻譯成為了必要的技能。ChatGPT 不僅可以幫助學習者翻譯句子，還可以解釋語言結構和文化背景。例如，當您想知道「謝謝」在日語中如何表達，ChatGPT 可以提供正確的翻譯和發音指南。

6-3-1 您的多國語言助手

在這個全球化的世界中，語言不再只是一種溝通的工具，更是連接不同文化和人群的橋樑。無論是出國旅行、商務洽談還是學術研究，能夠掌握多種語言無疑會為您帶來更多的便利和機會。然而，學習一門新的語言並不容易，這就是 ChatGPT 發揮其作用的地方。

想像一下，您正在為即將到來的日本之旅做準備，但您對日語的了解非常有限。您可以問 ChatGPT：

提示（prompt）詞

我想知道 " 你好 " 在日語中是怎麼說的？

ChatGPT 回答內容

"你好"在日語中可以說作"こんにちは"，讀作"konnichiwa"。這是一個常用的日常問候語。

6-3-2 深入了解語言的結構和文化背景

語言不僅僅是文字和語音，它還蘊含了豐富的文化和歷史背景。當您學習一門新的語言時，了解其背後的文化和歷史往往可以幫助您更好地掌握這門語言。例如，您可能會問：

提示（prompt）詞

為什麼日語中會有敬語？它的起源是什麼？

ChatGPT 回答內容

日語中的敬語系統是一個非常獨特和複雜的語言現象，它反映了日本社會的層次結構和尊敬文化。下面我將為你介紹它的起源和存在的原因：

起源

1. **古代日本的社會結構**：日本古代的社會結構是基於階級和身份的，這促使了一套語言系統的形成，可以通過語言來表達這些層次。
2. **儒家影響**：儒家思想強調尊敬和禮貌，這也影響了日語的形成，特別是在敬語系統的發展上。
3. **宮廷文化的影響**：在日本的宮廷文化中，語言被用來表達身份和階級，這也是敬語系統的一個重要來源。

為什麼存在

1. **表達尊敬和謙卑**：敬語可以用來表達尊敬或謙卑，這是日本文化中一個非常重要的方面。
2. **社會和諧**：通過使用敬語，人們可以更好地維持社會和諧和秩序，因為它可以幫助避免不必要的衝突和誤解。
3. **清晰的溝通**：敬語也可以幫助清晰地表達說話者的意圖和感受，使溝通更加順利和有效。
4. **傳統和文化的保持**：敬語是日本文化的一個重要組成部分，它幫助保持和傳承日本的傳統和文化。

希望這可以幫到你！如果你有任何其他問題，請隨時問。

ChatGPT 可以為您提供詳細的答案，解釋日語中敬語的起源、使用場合以及與日本文化的關聯。

此外，ChatGPT 還可以幫助您了解語言的結構和語法。例如：

提示（prompt）詞

在法語中，名詞的性別是如何決定的？有什麼規則可以遵循嗎？

ChatGPT 回答內容

在法語中，名詞分為兩種性別：陽性（masculin）和陰性（féminin）。確定名詞性別的規則並不是絕對的，但有一些一般指導原則和趨勢可以幫助學習者。下面是一些常見的規則和例外情況：

一般規則

1. **詞尾規則：**
    - 以“-e”結尾的名詞通常是陰性的，但如果是“-age”, “-ege”, “-é”, “-isme”, “-oge”等結尾則多為陽性。
    - 以“-tion”, “-sion”, “-té”, “-ée”結尾的名詞通常是陰性的。
    - 以“-ment”結尾的名詞通常是陽性的。
2. **名詞的意義：**
    - 一些名詞的性別可以根據它們代表的人或物的性別來確定。

例外情況

1. 有些名詞的性別並不遵循上述規則，而是需要通過記憶來學習。
2. 有些名詞可以根據上下文或意義的變化而改變性別。

提示

1. **學習時配合冠詞**：當你學習新名詞時，試著一起記住它的冠詞（le/la, un/une），這可以幫助你記住名詞的正確性別。
2. **查詢字典**：如果你不確定一個名詞的性別，可以查詢法語字典來確定。

希望這可以幫到你！如果你有任何其他問題，請隨時問。

此外，ChatGPT 還可以幫助您造句。例如：

提示（prompt）詞

請幫我針對以下的英文單字進行該情境的造句，句子不超過 15 個單字，並提供每一句的中文翻譯。

（表格式，column = 英文造句，中文翻譯）

abacus

abnormality

abolish

abort

abscissa

ChatGPT 回答內容

當然可以，以下是你要求的造句和相對應的中文翻譯：

英文造句	中文翻譯
She uses an abacus daily.	她每天都用算盤。
He noticed an abnormality.	他注意到一個異常。
They aim to abolish the rule.	他們的目的是廢除該規則。
We had to abort the mission.	我們不得不中止任務。
Find the point's abscissa.	找到點的橫坐標。

希望這對你有幫助！如果你有任何其他問題或需求，請告訴我。

此外，ChatGPT 還可以幫助出各種類型的測驗題目。例如：

閱讀測驗

提示（prompt）詞

你是一位國中會考英語科的命題老師，請以國中英語基測會考常用 2000 單字的範圍或國中生常用片語，用英文幫忙出 5 題「言談理解」的題目，每題的題目請安排一個 50 字以內的簡短獨白（short monologue），再提供三個選項，並根據這個題目中的簡短獨白（short monologue）內容，選出一個最適合的答案，並附上各題的解答。

ChatGPT 回答內容

當然可以，以下是根據你的要求製作的「言談理解」題目：

題目1

獨白：I always walk to school because it is close to my house. It only takes me about 10 minutes to get there. I enjoy the walk because I can see the beautiful flowers in the gardens along the way.

選項：

A. The speaker drives to school.

B. The speaker takes 10 hours to walk to school.

C. The speaker enjoys seeing the flowers during the walk to school.

解答：C

題目2

獨白：My sister is the best cook in our family. She can make all kinds of dishes. Yesterday, she made a delicious pasta for dinner. Everyone loved it!

選項：

A. The speaker cooked pasta for dinner yesterday.

B. The speaker's sister is not a good cook.

C. The speaker's sister made pasta for dinner yesterday.

解答：C

透過這樣的問答，您不僅可以學到語言本身，還可以深入了解其背後的文化和歷史。

6-4 文案寫作幫手

寫作是一項挑戰性的技能，但有了 ChatGPT 的幫助，從文章結構到語言風格，都可以得到專業的建議。例如，當您寫一篇關於環保的文章，但不知道如何開始，您可以詢問 ChatGPT 提供一個吸引人的開頭。

6-4-1 您的寫作伙伴

在這個資訊爆炸的時代，寫作不再只是作家或記者的工作，每個人都可能需要進行寫作，無論是撰寫工作報告、學術論文、部落格文章，還是簡單的社交媒體更新。但面對一張白紙，很多人都會感到手足無措，不知道如何開始。這時，ChatGPT 就可以成為您的寫作助手，幫助您打破創作的瓶頸。想像一下，您正在寫一篇關於環保的文章，但筆尖停在紙上，不知道如何下筆。您可以問 ChatGPT：

寫開頭引言

提示（prompt）詞

我想寫一篇關於環保的文章，能給我一個引人入勝的開頭嗎？

ChatGPT 回答內容

當然可以！以下是一個環保主題文章的引人入勝的開頭。

在一個時代，當地球的每一個角落都受到環境退化的威脅時，環保不再只是一個選擇，而是一個必須。從塑料污染的海洋到由於氣候變化而日益嚴重的極端天氣事件，我們的家園正在發出求救信號。但是，這不僅僅是一個警告，而是一個機會。一個機會讓我們重新評估我們與自然的關係，一個機會讓我們採取行動，不僅僅是為了我們自己，而是為了我們的後代和整個生態系統。現在是時候站起來，開始我們的綠色革命，一步一步地走向一個更綠色、更可持續的未來。

希望這可以幫到你！如果你需要更多的幫助或想要討論更多的細節，請讓我知道。

6-4-2　從結構到風格：全方位的寫作指導

寫作不僅僅是將文字放在紙上，更需要考慮文章的結構、語言的風格和目標讀者的需求。ChatGPT 可以在這些方面提供專業的建議。

- 文章結構：一篇結構清晰的文章可以幫助讀者更容易理解您的觀點。例如，您可以問：

提示（prompt）詞

我想寫一篇關於氣候變遷的文章，你能幫我規劃一下大綱嗎？

ChatGPT 回答內容

當然可以！以下是一個氣候變遷文章的大綱，它涵蓋了一系列重要的主題和子主題，可以幫助你組織和規劃你的文章：

1. 引言

- 氣候變遷的定義
- 當前的全球情境

2. 氣候變遷的證據

- 極端天氣事件的增加
- 冰川融化和海平面上升
- 生態系統的變化

3. 氣候變遷的原因

- 人類活動的影響
  - 燃燒化石燃料
  - 森林砍伐
- 自然因素
  - 太陽輻射變化
  - 火山活動

4. 氣候變遷的影響

- 對人類社會的影響
  - 經濟影響
  - 健康影響
- 對自然環境的影響
  - 生物多樣性的減少
  - 生態系統的破壞

- 語言風格：不同的寫作目的和讀者群體需要不同的語言風格。您可以詢問：

提示（prompt）詞

我正在寫一篇給中學生的科普文章，你能給我一些建議讓語言更加生動有趣嗎？

ChatGPT 回答內容

1. 使用生動的語言和比喻

- **利用比喻和擬人法**：用比喻來解釋複雜的概念，或者用擬人法來賦予抽象的概念一些"人性"。
- **創建視覺化的描述**：使用描述性的語言來幫助讀者形成心靈畫像。

2. 故事化

- **創建故事**：用故事來展示科學概念或現象，可以使內容更具吸引力。
- **使用案例研究**：提供真實的案例研究來說明某一點，可以使內容更具說服力。

3. 互動元素

- **問題和答案**：在文章中提出問題，並在稍後提供答案，可以保持讀者的興趣。
- **小測驗或活動**：提供小測驗或活動，可以讓讀者更好地理解和記住內容。

4. 用戶友好的格式

- **使用子標題**：子標題可以幫助讀者更好地跟踪他們正在讀的內容。
- **使用列表和點綴符號**：這可以使內容更易於掃描和理解。

5. 用心靈圖或圖表來輔助解釋

- **創建心靈圖**：心靈圖可以幫助讀者更好地理解和記住內容。
- **使用圖表和圖形**：這些可以幫助解釋複雜的概念。

6. 保持語言簡單和直接

- **避免行業術語**：盡量避免使用可能使中學生感到困惑的行業術語。
- **簡短的句子**：使用簡短、清晰的句子來傳達信息。

希望這些建議對你有幫助！如果你有任何其他問題或需要更多的指導，請讓我知道。

- 修辭技巧：使用適當的修辭技巧可以使您的文章更具說服力。例如：

提示（prompt）詞

我想在文章中強調森林的重要性，有什麼修辭技巧可以用嗎？

ChatGPT 回答內容

1. 比喻和隱喻

- **心臟比喻**：將森林比喻為"地球的心臟"，強調它們在生態系統中的核心角色。
- **肺比喻**：將森林比喻為"地球的肺"，強調它們在氧氣和二氧化碳的交換中的作用。

2. 擬人化

- **森林作為守護者**：將森林描述為自然界的"守護者"或"護衛"，強調它們保護生物多樣性和環境的角色。

3. 重複

- **Anaphora（首句重複）**：通過在段落的開頭重複相同的詞或短語來創建強烈的節奏和強調。
- **Epistrophe（尾句重複）**：在段落的結尾重複相同的詞或短語，來強調某一點。

4. 對比

- **Juxtaposition（並列）**：將森林的健康狀態與受損狀態進行對比，以強調其重要性。
- **Antithesis（對立）**：使用對立的概念或圖像來強調森林的重要性。

5. 強調語言的力量

- **Hyperbole（誇張）**：使用誇張來強調森林的重要性和它們所面臨的威脅。
- **Rhetorical Question（修辭問句）**：使用修辭問句來引導讀者思考森林的重要性。

6. 視覺化

- **Vivid Imagery（生動的意象）**：使用生動的意象來描繪森林的美麗和它們在生態系統中的角色。

希望這些建議能對你有所幫助！如果你有任何其他問題或需要更多的指導，請讓我知道。

6-4-3 如何最大化利用 ChatGPT 進行寫作？

如何最大化利用 ChatGPT 進行寫作？有底下幾個注意重點：

- 明確提問：當您對某一部分的寫作感到困惑時，嘗試明確地描述您的需求。例如：

提示（prompt）詞

我正在寫一篇關於太空探索的文章，但我不知道如何結束。你能給我一些建議嗎？

ChatGPT 回答內容

1. 未來的展望

- **技術創新**：討論未來可能出現的技術創新和它們可能帶來的變革。
- **未來的太空任務**：提及即將進行的或計劃中的太空任務，並討論它們的目的和期望的影響。

2. 倫理和哲學思考

- **太空探索的倫理問題**：討論太空探索可能帶來的倫理問題，如資源開採、太空殖民等。
- **人類的位置**：思考太空探索如何改變我們對人類在宇宙中位置的理解。

3. 教育和啟示

- **教育的重要性**：強調教育在推動太空探索中的重要角色，並鼓勵讀者支持STEM教育。
- **啟示下一代**：討論太空探索如何啟發下一代去探索未知和追求知識。

4. 結束語

- **呼籲行動**：鼓勵讀者參與太空科學的推廣和教育，或支持太空探索的計劃和任務。
- **結束引述**：使用一個強有力的引述來結束你的文章，可以是一個著名的太空探索者或科學家的話。

5. 個人反思

- **個人經歷或感受**：分享你自己對太空探索的感受或經歷，以創建一個更個人化和有感染力的結尾。
- **夢想和希望**：分享你對未來太空探索的夢想和希望，並鼓勵讀者也這樣做。

希望這些建議可以幫到你！如果你有任何其他問題或需要更多的指導，請讓我知道。

- 多角度反思：完成初稿後，您可以請 ChatGPT 幫助您進行修改和潤色。例如：

提示（prompt）詞

這是我關於 ChatGPT 的文章初稿，你覺得哪些地方可以改進？
Chat GPT 是什麼？簡單來講，它就是一種 OpenAI 推出的 AI 聊天機器人。如果您希望了解更專業的解說，也可以直接在 Chat GPT 中詢問聊天機器人「ChatGPT 是什麼」，就可以得到的回答結果為「ChatGPT 是一個由 OpenAI 開發的大型語言模型，它使用深度學習技術來生成自然語言回應。ChatGPT 基於開放式網路的大量資料進行訓練，使其能夠產生高度精確、自然流暢的對話回應，與人進行交互。ChatGPT 在多個領域中都有應用，例如智能客服、自然語言處理、自動回覆等。」

ChatGPT 回答內容

T 你的初稿已經很不錯了！以下是一些建議，可以幫助你進一步改進文章：

1. **名稱一致性**：確保在整篇文章中名稱的一致性。你提到了"Chat GPT"和"ChatGPT"，最好選擇一個並在整篇文章中保持一致。
2. **背景信息**：在文章的開頭提供一些背景信息，例如OpenAI是什麼，以及ChatGPT是基於哪一代GPT模型。
3. **技術細節**：你可以稍微深入一些技術細節，解釋"深度學習"是什麼，以及它是如何使ChatGPT能夠生成自然語言回應的。
4. **具體應用案例**：雖然你已經提到了ChatGPT可以用於多個領域，但提供一些具體的案例或示例可以使讀者更好地理解它的實際應用。
5. **視覺元素**：如果可能的話，考慮添加一些視覺元素，如圖表或圖片，來描繪ChatGPT的工作原理或它的潛在應用。
6. **結論**：在文章的結尾，你可以總結ChatGPT的重要性和它對未來的影響，也可以提及OpenAI的未來計劃或ChatGPT的未來版本。

以下是根據這些建議對你的初稿進行了一些小修改的版本：

"什麼是ChatGPT？簡而言之，它是OpenAI推出的一款AI聊天機器人。但如果你想深入了解它的專業細節，你可以直接問ChatGPT本身！

當你問它"ChatGPT是什麼？"時，它會這樣回答你："ChatGPT是一個由OpenAI開發的大型語言模型。它利用深度學習技術來生成自然語言回應。這個模型是通過分析開放網絡上的大量資料來訓練的，這使它能夠產生高度精確和自然流暢的對話回應，並與人類進行交互。ChatGPT已經被廣泛應用在多個領域，包括智能客服、自然語言處理和自動回覆等。"

透過這段回答，我們可以看到ChatGPT不僅是一個可以回答問題的工具，它還可以提供有關自身的詳細信息！這顯示了它的自我認識和高度進階的技術基礎。"

- 持續學習：除了具體的寫作建議，您還可以詢問有關寫作技巧和策略的問題，以持續提高自己的寫作水平。例如：

提示（prompt）詞

有哪些方法可以使我的寫作更具說服力？

ChatGPT 回答內容

1. 明確的論點

- **明確的主張**：從一開始就清晰地表明你的立場和主要論點。
- **有力的開場**：用一個強有力的開場來吸引讀者或聽眾的注意。

2. 有效的證據和例證

- **事實和數據**：使用可靠的事實和數據來支持你的論點。
- **例證**：提供具體的例子來說明你的觀點。

3. 修辭技巧

- **比喻和隱喻**：使用比喻和隱喻來創建有說服力的視覺圖像。
- **反問句**：使用反問句來強調某一點或引導讀者或聽眾思考。

4. 語言和風格

- **簡潔的語言**：使用簡潔、清晰的語言來表達你的觀點。
- **活潑的語言**：使用活潑的語言來吸引讀者或聽眾的注意。

5. 結構和組織

- **邏輯的結構**：確保你的文章或演講有一個清晰、邏輯的結構。
- **段落組織**：確保每一段都有一個清晰的主題句和支持句。

6. 信任和可靠性

- **可靠的來源**：引用可靠和權威的來源來支持你的論點。
- **專業知識和經驗**：展示你對主題的專業知識和經驗。

7. 考慮對方的觀點

- **反駁反對意見**：提出可能的反對意見並加以反駁。
- **共鳴**：找到與你的讀者或聽眾共鳴的點，並利用它來建立信任和理解。

透過這些策略，您可以更有效地利用 ChatGPT 進行寫作，不僅提高寫作效率，還可以不斷提升自己的寫作水平。

6-5 程式語言學習

學習程式語言不再是 IT 專家的專利。無論您是初學者還是專家，ChatGPT 都可以提供適合您的學習資源和建議。例如，當您想學習 Python 的基礎知識，您可以詢問 ChatGPT 提供一個入門指南。

6-5-1 程式語言：現代時代的新語言

在數位化的時代，學習程式語言已經成為許多人追求的技能，不僅僅是為了專業發展，更多的是為了應對日常生活中的各種數位需求。從自動化家居、手機 App 開發，到大數據分析，程式語言的應用已經滲透到生活的各個角落。但對於許多初學者來說，程式語言仍然是一個高深莫測的領域。這時，ChatGPT 就可以成為您的私人導師，幫助您突破學習的障礙。想像一下，您剛開始接觸程式設計，想從 Python 這門語言入手。您可以問 ChatGPT：

提示（prompt）詞

我想學習 Python，可以給我一個 Python 的入門指南嗎？

ChatGPT 回答內容

當然可以！學習Python是一個非常好的決定，因為它是一種非常流行和多功能的編程語言。以下是一個Python入門指南，可以幫助你開始你的學習之旅：

Python入門指南

1. 了解Python

- **歷史背景**：了解Python的歷史和它的創建者Guido van Rossum。
- **Python的特點**：瞭解Python的特點，如易讀性、簡潔的語法等。

2. 安裝Python

- **下載和安裝**：訪問**Python**官方網站來下載和安裝最新版本的Python。
- **環境設置**：學會設置Python開發環境和使用Python解釋器。

3. Python基礎

- **變量和數據類型**：學習Python的基本數據類型（如整數、浮點數、字符串等）和如何使用變量來存儲數據。
- **運算符**：瞭解Python中的基本運算符（如算術運算符、比較運算符等）。

4. 控制流

- **條件語句**：學習如何使用`if-elif-else`語句來控制程序的流程。
- **循環**：瞭解`for`和`while`循環，以及如何使用`break`和`continue`來控制循環的流程。

5. 函數

- **定義函數**：學習如何定義和調用函數。
- **參數和返回值**：瞭解如何使用參數來傳遞信息到函數，以及如何使用返回值來從函數返回信息。

6-5-2 您的程式學習助手

學習程式語言需要從基礎開始，逐步深入。而 ChatGPT 可以在您的學習過程中提供即時的幫助和反饋。ChatGPT 可以提供底下幾種程式學習的輔助工作：

- 語法查詢：當您不確定某個語法的使用方法時，可以直接詢問。例如：

提示（prompt）詞

在 Python 中，如何使用 for 迴圈來遍歷一個陣列？

ChatGPT 回答內容

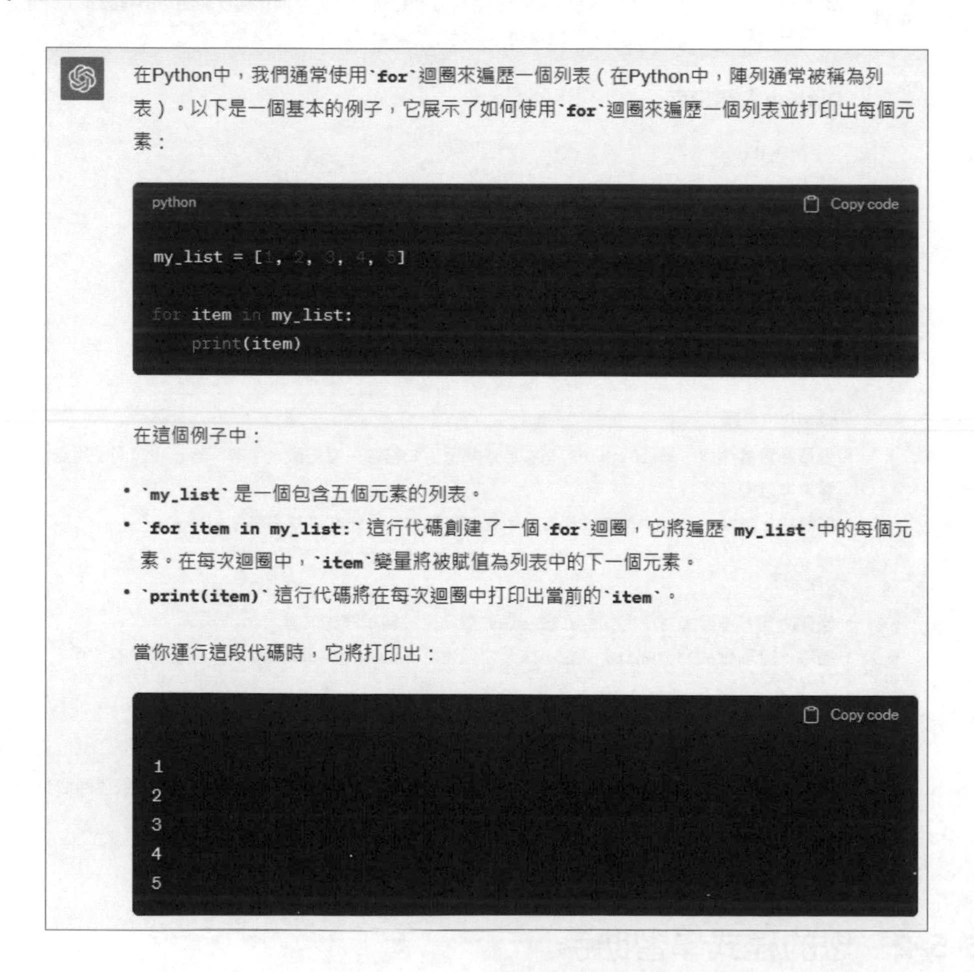

在Python中，我們通常使用`for`迴圈來遍歷一個列表（在Python中，陣列通常被稱為列表）。以下是一個基本的例子，它展示了如何使用`for`迴圈來遍歷一個列表並打印出每個元素：

```python
my_list = [1, 2, 3, 4, 5]

for item in my_list:
    print(item)
```

在這個例子中：

- `my_list` 是一個包含五個元素的列表。
- `for item in my_list:` 這行代碼創建了一個`for`迴圈，它將遍歷`my_list`中的每個元素。在每次迴圈中，`item`變量將被賦值為列表中的下一個元素。
- `print(item)` 這行代碼將在每次迴圈中打印出當前的`item`。

當你運行這段代碼時，它將打印出：

```
1
2
3
4
5
```

另外，當您在寫程式時遇到問題，可以將問題和程式碼提供給 ChatGPT，請求 ChatGPT 幫我看看問題出在哪裡嗎？

- 學習資源推薦：除了即時的問答，ChatGPT 還可以根據您的學習需求推薦相關的學習資源。例如：

提示（prompt）詞

我想深入學習 Java 的物件導向設計，有沒有推薦的書籍或線上課程？

ChatGPT 回答內容

書籍

1. **"Head First Object-Oriented Analysis and Design"** by Brett D. McLaughlin, Gary Pollice, and Dave West
   - 這本書提供了一個很好的介紹到物件導向分析和設計，並且它是以Java為例來解釋概念的。
2. **"Effective Java"** by Joshua Bloch
   - 雖然不是專門針對物件導向設計的，但它提供了許多關於如何有效地使用Java的物件導向特性的建議。
3. **"Java: The Complete Reference"** by Herbert Schildt
   - 這本書涵蓋了Java的所有方面，包括物件導向設計。

線上課程

1. **Coursera**
   - **"Object Oriented Programming in Java"** by University of California San Diego & Duke University
   - 這門課程專注於Java的物件導向編程，並提供了大量的實戰經驗。
2. **Udemy**
   - **"Java Programming Masterclass for Software Developers"** by Tim Buchalka
   - 這門課程涵蓋了Java編程的所有方面，包括物件導向設計。
3. **Pluralsight**
   - **"Java Fundamentals: Object-Oriented Design"**
   - 如果你已經有一些Java基礎知識，這門課程可以幫助你深入理解物件導向設計。

YouTube

1. **"Java Brains"**
   - 這個YouTube頻道提供了一系列的Java教程，包括物件導向設計的基本概念。
2. **"Telusko"**
   - 這個頻道也提供了一系列的Java教程，其中包括物件導向設計的基本和進階概念。

- 為程式加註解：註解是電腦語言中的重要元素，它們用於提供對程式碼的解釋、說明和文件化。我們也可以要求 ChatGPT 為程式加註解。例如：

提示（prompt）詞

請以 Python 寫一支萬年曆的程式，並在程式中加上註解。

ChatGPT 回答內容

寫一支萬年曆程序可以使用Python的`calendar`模塊。下面是一個基本的萬年曆程序，它允許用戶輸入年份和月份，然後顯示該月的日曆：

```python
import calendar

# 提示用戶輸入年份和月份
year = int(input("請輸入年份："))
month = int(input("請輸入月份："))

# 檢查輸入的年份和月份是否有效
if 1 <= month <= 12 and year >= 0:
    # 使用calendar模塊打印月曆
    print(calendar.month(year, month))
else:
    # 如果輸入無效，顯示錯誤消息
    print("輸入的年份或月份無效。")
```

在這個程式中：

- 我們首先導入`calendar`模塊。
- 然後，我們提示用戶輸入年份和月份，並將它們存儲為整數變量`year`和`month`。
- 接著，我們檢查月份是否在1到12之間，並且年份是否大於或等於0，以確保我們有一個有效的日期。
- 如果日期有效，我們使用`calendar.month(year, month)`函數來打印該月的日曆。
- 如果日期無效，我們顯示一條錯誤消息。

希望這對您有幫助！如果您有任何問題或需要進一步的說明，請告訴我。

- 重構程式（Refactoring）：重構程式是指對現有程式碼進行修改，以提升其結構、可讀性、性能和可維護性，同時保持原功能不變。這有助於改進代碼質量並減少潛在錯誤風險。我們也可以要求 ChatGPT 重構程式（Refactoring）。例如：

提示（prompt）詞

請為上一支萬年曆的程式進行重構程式（Refactoring）。

ChatGPT 回答內容

重構程式可以讓它更加模組化且易於閱讀和維護。下面的程式碼示例使用函數來分離日曆的生成和用戶輸入的處理，並添加了一個簡單的錯誤處理來處理無效的輸入：

python　Copy code

```python
import calendar

def get_user_input():
    """取得用戶的輸入並回傳為整數值"""
    while True:
        try:
            year = int(input("請輸入年份："))
            month = int(input("請輸入月份："))
            if 1 <= month <= 12 and year >= 0:
                return year, month
            else:
                print("輸入的年份或月份無效，請重新輸入。")
        except ValueError:
            print("輸入不是有效的整數，請重新輸入。")

def print_calendar(year, month):
    """根據指定的年份和月份打印日曆"""
    print(calendar.month(year, month))

def main():
    """主函數用來執行程式"""
    year, month = get_user_input()
    print_calendar(year, month)

if __name__ == "__main__":
    main()
```

■ 為程式加說明文件：為程式碼加入說明文件的重要性在於它可以提供對程式碼功能、使用方法和注意事項的清晰指引。這不僅有助於其他開發者更容易理解和使用程式碼，也使得程式碼更容易維護和協作。說明文件還可以充當未來參考的重要資源，確保程式碼的長期可用性和可維護性。總之，程式碼的說明文件是促進程式碼品質和協作的不可或缺的元素。我們也可以要求 ChatGPT 為程式加說明文件。例如：

提示（prompt）詞

請將這支新產生的萬年曆重構程式（Refactoring）以 Markdown 生成說明文件。

ChatGPT 回答內容

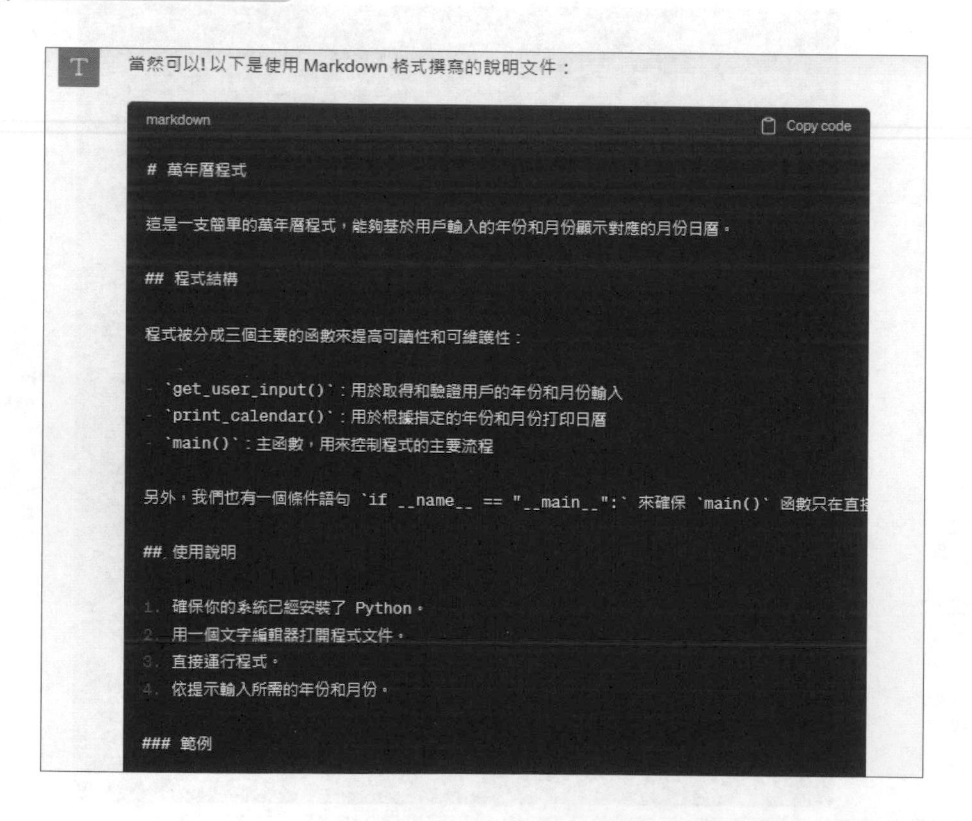

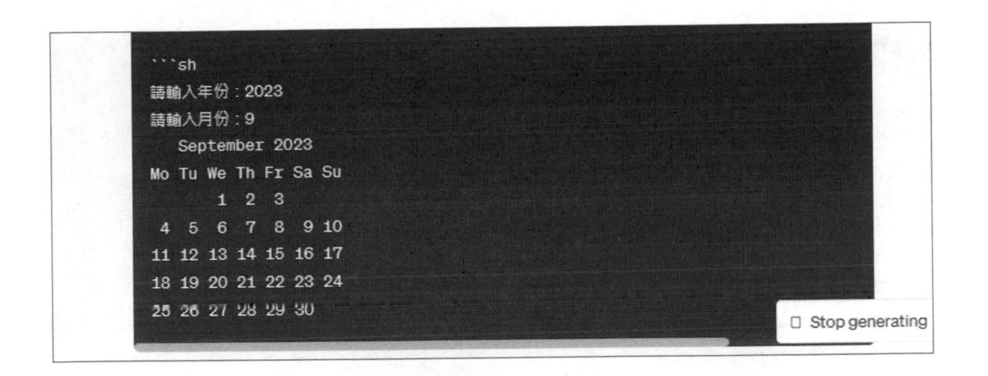

6-6 運算思維與演算法

運算思維和演算法是現代計算機科學的基石。透過 ChatGPT，您可以深入了解各種演算法的工作原理和應用。例如，當您想了解二分搜尋法的工作原理，您可以詢問 ChatGPT 提供詳細的解釋和範例。

6-6-1 運算思維：解決問題的新方法

運算思維不僅僅是計算機科學家或工程師的專利，它是一種解決問題的思考方式，適用於各種領域和日常生活。運算思維強調如何將大問題分解成小問題，如何識別和利用模式，以及如何設計有效的解決方案。想像一下，您面臨一個複雜的問題，不知道如何開始。這時，您可以詢問 ChatGPT：

提示（prompt）詞

我想解決以 Python 計算 N 階乘這個問題，但不知道從哪裡開始，你可以幫我分解這個問題嗎？

ChatGPT 回答內容

以下是解決這個問題的步驟：

1. 理解問題

- 目的：計算給定數字N的階乘。
- 輸入：一個正整數N。
- 輸出：N的階乘。

2. 選擇一種方法

你可以選擇以下方法之一來解決這個問題：

- 迭代方法：使用循環來計算階乘。
- 遞迴方法：使用遞迴函數來計算階乘。

3. 實現方法

讓我們分別看看這兩種方法的實現：

3.1 迭代方法

1. 初始化一個變量（例如，`result`）為1。
2. 使用一個從1到N的循環來更新`result`變量，使其成為所有數字的乘積。
3. 返回`result`變量作為答案。

python　Copy code

```python
def factorial_iterative(N):
    result = 1
    for i in range(1, N+1):
        result *= i
    return result
```

3.2 遞迴方法

1. 如果N等於0或1，返回1（基本情況）。
2. 否則，返回N乘以`factorial_recursive(N-1)`的結果。

這樣的答案不僅提供了解決問題的方法，還幫助您培養運算思維，學會如何面對各種挑戰。

6-6-2 演算法：問題解決的具體步驟

演算法是一系列解決問題的具體步驟。在計算機科學中，演算法是非常重要的，它確保了我們可以有效和正確地解決問題。演算法的構成要素包括輸入、處理和輸出。輸入是初始資料，處理是操作或計算的步驟，輸出是最終結果。這些要素的設計和運用至關重要，以確保演算法能夠有效解決問題並產生正確的結果。例如，當您想了解某個特定的演算法，如二分搜尋法，您可以詢問 ChatGPT：

提示（prompt）詞

我想了解二分搜尋法的工作原理，可以給我一個詳細的解釋和範例嗎？

ChatGPT 回答內容

當然可以！二分搜尋法是一種在有序數列中查找特定元素的算法。它每次都將搜索範圍減半，直到找到目標元素或範圍縮小到零。以下是二分搜尋法的工作原理及其Python實現的步驟：

二分搜尋法的工作原理：

1. **初始化**：設定兩個指標，一個指向數列的開頭（`low`），另一個指向數列的末尾（`high`）。
2. **中間元素**：在每次迭代中，找到數列中間的元素（`mid`）。
3. **比較**：將中間元素與目標元素進行比較。
   - 如果它們相等，則返回中間元素的索引。
   - 如果目標元素小於中間元素，則將`high`指標移動到`mid - 1`。
   - 如果目標元素大於中間元素，則將`low`指標移動到`mid + 1`。
4. **重複**：重複步驟2和3，直到`low`指標超過`high`指標，這意味著目標元素不存在於數列中。
5. **返回結果**：如果找到目標元素，則返回其索引；否則，返回一個表示元素未找到的消息。

以下是 Python 範例：

```python
def binary_search(arr, target):
    low = 0
    high = len(arr) - 1

    while low <= high:
        mid = low + (high - low) // 2

        # Check if target is present at mid
        if arr[mid] == target:
            return f"Element found at index {mid}"

        # If target greater, ignore the left half
        elif arr[mid] < target:
            low = mid + 1

        # If target is smaller, ignore the right half
        else:
            high = mid - 1

    return "Element not found"

# Example usage
arr = [1, 3, 5, 7, 9, 11, 13, 15, 17, 19]
target = 7
print(binary_search(arr, target))
```

透過這樣的答案，您不僅可以了解演算法的工作原理，還可以學習如何以熟悉的程式語言實際應用它。

6-6-3 如何利用 ChatGPT 深入學習運算思維和演算法？

本小節將介紹如何運用 ChatGPT 來深入學習運算思維和演算法。建議可以有底下幾種作法：

- 問問題：當您遇到不懂的概念或問題時，不要害怕提問。ChatGPT 可以提供即時的答案和解釋。
- 實際操作：理論知識是基礎，但實際操作是最好的學習方法。嘗試自己寫一些小程式來實踐所學的演算法。
- 持續學習：運算思維和演算法是廣大的領域，需要不斷的學習和實踐。您可以定期詢問 ChatGPT 有關新的演算法或技術的資訊。
- 分享和討論：與他人分享您的學習成果，並進行討論，這樣可以得到更多的反饋和建議，幫助您更好地理解和應用所學的知識。

最後，記住學習運算思維和演算法是一個長期的過程，需要耐心和毅力。但有了 ChatGPT 這樣的工具，您的學習之路將會更加順利和有趣。

6-7 Office 軟體應用

Office 軟體在日常工作和學習中扮演著重要的角色。無論您是初學者還是進階使用者，ChatGPT 都可以提供專業的指導和技巧。例如，當您不確定如何在 Excel 中使用 VLOOKUP 函數，您可以詢問 ChatGPT 提供步驟和範例。

6-7-1 Office 軟體：現代工作的必備工具

在現代的工作環境中，幾乎每個人都會接觸到 Office 軟體，如 Word、Excel、PowerPoint 等。這些軟體不僅僅是文字處理或資料分析的工具，它們更是提高工作效率、促進團隊合作的重要平台。無論是撰寫報告、製作簡報、還是分析資料，Office 軟體都能提供強大的功能和靈活的應用。

但是，對於許多人來說，Office 軟體中的高級功能和技巧仍然是一個未知的領域。這時，ChatGPT 就可以發揮其強大的功能，幫助使用者解決疑問和學習新技能。例如，當您在 Word 中遇到格式設定的問題，可以這樣詢問 ChatGPT：

提示（prompt）詞

我想在 Word 中設定目錄，但不知道怎麼操作，你可以幫我嗎？

ChatGPT 回答內容

步驟1：應用標題樣式

首先，你需要為你的文檔中的各個部分應用合適的標題樣式。這將幫助Word識別哪些文本應該出現在目錄中。

1. 選擇你想要作為目錄項目的文本。
2. 轉到"**開始**"選項卡。
3. 在"**樣式**"組中，選擇一個標題樣式（例如，標題1、標題2等）。你可以根據你的需要選擇不同層次的標題來創建一個分層的目錄。

步驟2：插入目錄

一旦你應用了標題樣式，你就可以創建目錄了。

1. 將光標放在你想要插入目錄的位置。
2. 轉到"**參考**"選項卡。
3. 點擊"**目錄**"按鈕。
4. 你會看到一些不同的目錄樣式選項。選擇一個你喜歡的樣式，然後點擊它來插入目錄。

步驟3：更新目錄

隨著你編輯你的文檔，你可能會添加或刪除一些部分。你可以很容易地更新目錄來反映這些更改。

1. 點擊目錄來選擇它。
2. 你會看到一個出現在目錄頂部的"**更新目錄**"按鈕。點擊它。
3. 你將有兩個選項：更新頁面數或更新整個目錄。選擇你需要的選項，然後點擊"**確定**"來更新目錄。

這就是在Microsoft Word中創建和更新目錄的方法！希望這可以幫到你。如果你有任何其他問題或需要進一步的幫助，請讓我知道。

6-7-2 Excel：資料分析的神器

Excel 是 Office 軟體中的一個重要組成部分，專門用於資料處理和分析。它擁有強大的函數和工具，可以幫助使用者輕鬆完成從基礎到高階的資料操作。例如，VLOOKUP 是 Excel 中的一個常用函數，用於在表格中查找特定的資料。當您不確定如何使用它時，可以這樣詢問 ChatGPT：

提示（prompt）詞

我想在 Excel 中使用 VLOOKUP 函數，但不太清楚具體的操作步驟，你能給我一個範例嗎？

ChatGPT 回答內容

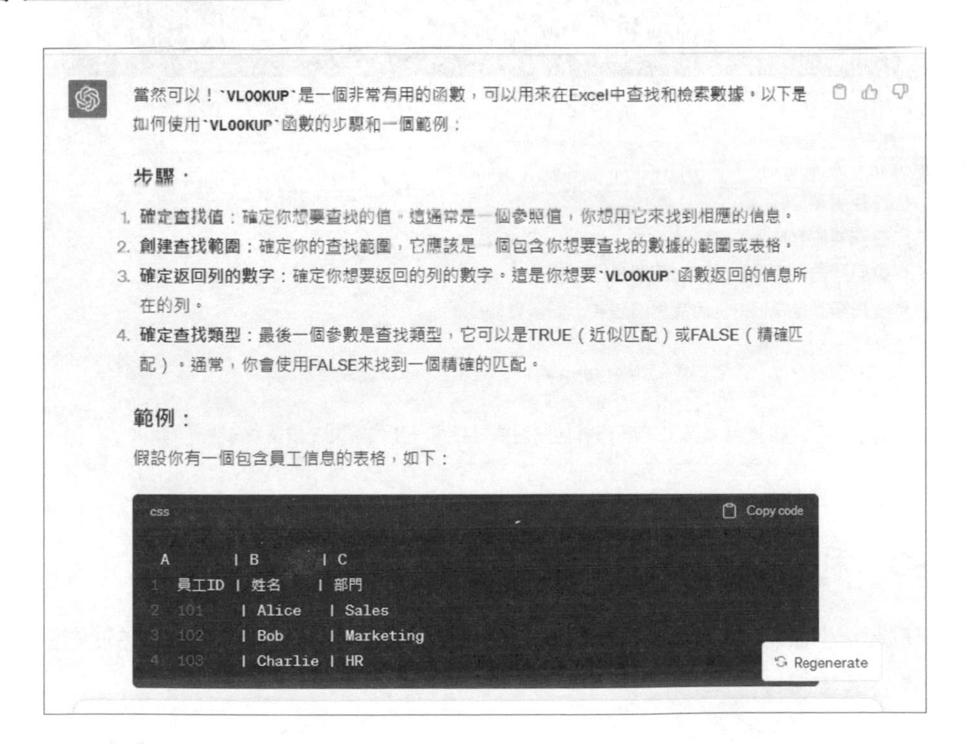

當然可以！`VLOOKUP`是一個非常有用的函數，可以用來在Excel中查找和檢索數據。以下是如何使用`VLOOKUP`函數的步驟和一個範例：

步驟：

1. **確定查找值**：確定你想要查找的值。這通常是一個參照值，你想用它來找到相應的信息。
2. **創建查找範圍**：確定你的查找範圍，它應該是一個包含你想要查找的數據的範圍或表格。
3. **確定返回列的數字**：確定你想要返回的列的數字。這是你想要`VLOOKUP`函數返回的信息所在的列。
4. **確定查找類型**：最後一個參數是查找類型，它可以是TRUE（近似匹配）或FALSE（精確匹配）。通常，你會使用FALSE來找到一個精確的匹配。

範例：

假設你有一個包含員工信息的表格，如下：

```css
   A       | B        | C
1  員工ID  | 姓名     | 部門
2  101     | Alice    | Sales
3  102     | Bob      | Marketing
4  103     | Charlie  | HR
```

範例如下：

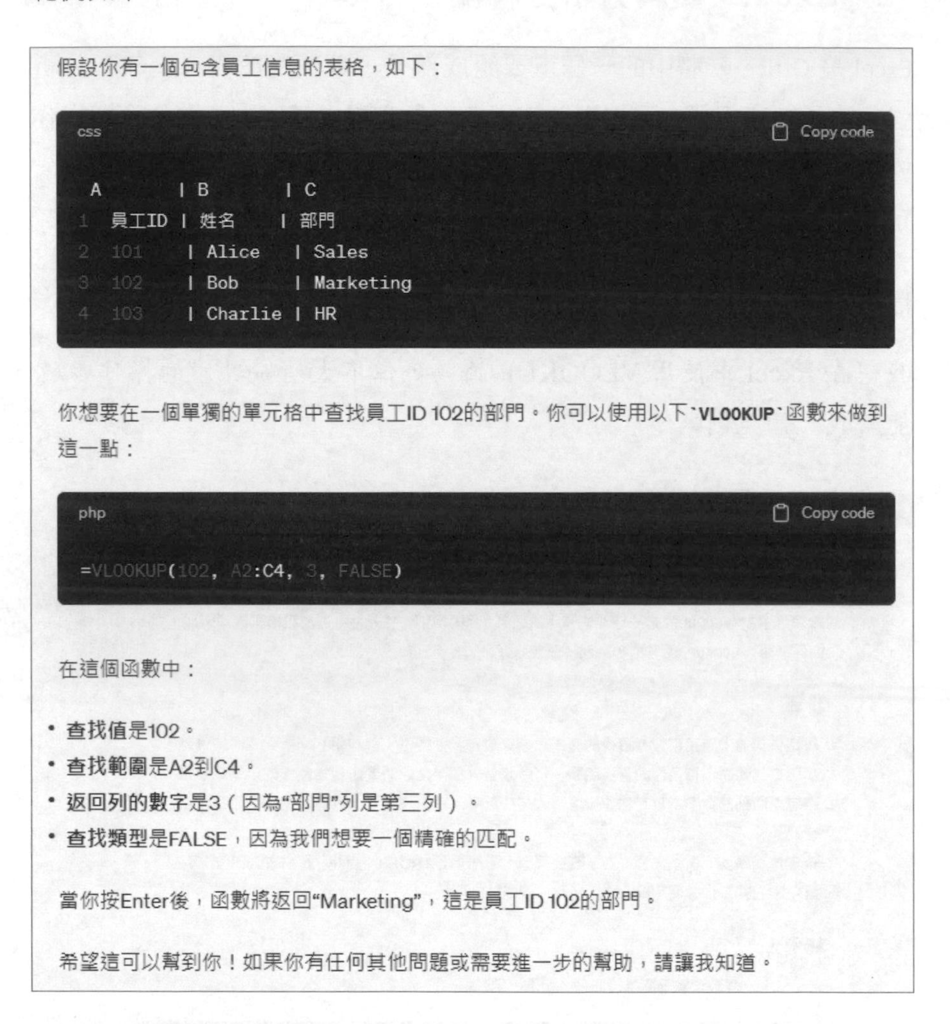
假設你有一個包含員工信息的表格，如下：

```css
 A      | B       | C
1 員工ID | 姓名     | 部門
2 101    | Alice   | Sales
3 102    | Bob     | Marketing
4 103    | Charlie | HR
```

你想要在一個單獨的單元格中查找員工ID 102的部門。你可以使用以下`VLOOKUP`函數來做到這一點：

```php
=VLOOKUP(102, A2:C4, 3, FALSE)
```

在這個函數中：

- 查找值是102。
- 查找範圍是A2到C4。
- 返回列的數字是3（因為"部門"列是第三列）。
- 查找類型是FALSE，因為我們想要一個精確的匹配。

當你按Enter後，函數將返回"Marketing"，這是員工ID 102的部門。

希望這可以幫到你！如果你有任何其他問題或需要進一步的幫助，請讓我知道。

6-7-3 利用 ChatGPT 深化 Office 軟體的學習

在這一小節中，我們將探討如何透過 ChatGPT 深化對 Office 軟體的學習，以提高辦公效率和技能。

- 互動學習：與 ChatGPT 進行互動，不僅可以得到即時的答案，還可以透過問答的方式深化學習。

- 實際操作：理論知識固然重要，但實際操作才是真正掌握技能的關鍵。在學習新的功能或技巧後，嘗試在 Office 軟體中實際應用。
- 持續學習：Office 軟體持續更新，新的功能和技巧不斷出現。定期詢問 ChatGPT 有關新版本的功能和技巧，保持自己的知識更新。
- 分享和交流：與同事或朋友分享您在 Office 軟體中的新發現，透過交流和討論，可以得到更多的建議和反饋。

總之，無論您是 Office 軟體的初學者還是進階使用者，ChatGPT 都可以為您提供專業的指導和建議，幫助您更有效地使用這些強大的工具。

6-8 文章摘要重點

在資訊爆炸的時代，快速獲取文章的主要內容成為了一項重要的技能。ChatGPT 可以幫助您快速摘要文章的重點，讓您在短時間內掌握主要資訊。例如，當您有一篇長篇的報告需要閱讀，您可以詢問 ChatGPT 提供一個簡短的摘要。

6-8-1 摘要的重要性：快速掌握資訊的關鍵

在這個數位時代，我們每天都會被大量的資訊所包圍。從新聞、研究報告到社交媒體的分享，這些資訊如洪水猛獸般湧入，使人感到不知所措。在這樣的背景下，能夠迅速且精確地提煉出文章的核心內容，無疑是一項非常寶貴的能力。摘要不僅可以幫助我們節省時間，更能確保我們不會錯過任何重要的訊息。

ChatGPT 具有強大的語言處理能力，可以迅速分析文章的結構和內容，從中提煉出最重要的訊息。這一點對於那些經常需要閱讀大量文件的人來說，無疑是一大福音。例如我們可以要求 ChatGPT 為某段文章進行限定字數摘要出該文章的主要重點：

提示（prompt）詞

請幫我將下列文章摘要成 100 字的重點。

隨著人工智慧技術的進步，越來越多的 AI 平台應運而生，提供各種各樣的功能，如文字轉圖片、AI 繪圖等。這些平台的出現，讓我們能夠更加輕鬆地實現創意想法，同時也拓展了我們的創作領域。本章將介紹幾種千變萬化的 AI 平台，包括文字轉圖片的 Dalle · 2、AI 工具檢索平台 Futurepedia，以及輕鬆繪圖的 Midjourney。我們將探討如何使用這些平台來創造有趣和實用的內容，並且提供詳細的操作指南和技巧，讓讀者可以更好地利用這些強大的 AI 平台。透過本章的閱讀，你將學會使用這些平台與工具，並展開你的高 CP 值的生成式 AI 繪圖藝術創作之旅。

ChatGPT 回答內容

隨著AI技術的進步，出現了許多多功能AI平台，如Dalle-2（文字轉圖片）、Futurepedia（AI工具檢索）和Midjourney（輕鬆繪圖），大大方便了創意實現和藝術創作。本章將深入探討這些平台的使用方法和技巧，提供讀者一個詳細的操作指南，幫助他們更好地利用這些AI工具來創造有趣和實用的內容。讀者將學會如何利用這些工具開展高CP值的生成式AI繪圖藝術創作。

透過這樣的方式，您可以快速獲得文章的核心內容，而不需要花費大量時間閱讀整篇文章。

6-8-2 如何最大化利用 ChatGPT 的摘要功能

在本小節中，我們將探討如何充分發揮 ChatGPT 的摘要功能，以幫助您有效地總結和提煉重要資訊，提高資訊處理效率。主要策略如下：

- 明確指示：在請求摘要時，盡可能提供清晰的指示，例如文章的長度、希望摘要的字數等。

- 多角度摘要：有時，一篇文章可能涵蓋多個主題。您可以請求 ChatGPT 從不同的角度提供摘要，以確保不遺漏任何重要信息。
- 結合其他工具：除了摘要，您還可以結合 ChatGPT 的其他功能，例如翻譯、語言學習等，使您的學習和工作更加高效。
- 持續反饋：如果您認為摘要的質量還有待提高，不妨給予 ChatGPT 反饋，這將有助於其不斷進步。

總之，ChatGPT 的摘要功能為我們提供了一個快速、高效的方式來掌握文章的核心內容。透過合理的使用和持續的學習，我們可以更好地適應這個資訊爆炸的時代。

Note

07 CHAPTER 職場與專業 ChatGPT 提問技巧與實例

在現代職場中，AI 工具如 ChatGPT 已成為專業人士的得力助手。從客戶服務到網頁設計，從人力資源管理到網路行銷，ChatGPT 都能提供專業的建議和解決方案。本章將探討如何在職場和專業領域中最大化利用 ChatGPT，並分享一些實用的提問實例和技巧。

7-1 全天候客戶服務

在現在的網際網路時代，提供全天候的客戶服務成為了企業的必要。ChatGPT 可以作為一個虛擬客服，回答客戶的常見問題，例如「如何追踪我的訂單？」或「退貨政策是什麼？」。這不僅能減少人工客服的工作量，還能提高回答的即時性和準確性。

7-1-1 設定常見問題資料庫

企業可以建立一個常見問題資料庫，並將其輸入到 ChatGPT 中，這樣當客戶提問時，ChatGPT 可以迅速從資料庫中找到答案並回答。

7-1-2 使用專業術語

當客戶使用專業術語提問時，ChatGPT 也可以給予正確的答案。例如，當客戶問「我想知道 ADAS 在電動車的主要功能？」，ChatGPT 可以提供詳細的主要功能說明。

提示（prompt）詞

我想知道 ADAS 在電動車的主要功能？

ChatGPT 回答內容

ADAS（Advanced Driver-Assistance Systems）是一套專為提高駕駛安全和輔助駕駛者的系統。在電動車中，ADAS的功能與傳統汽車中的功能相似，但由於電動車的特性，某些功能可能有所調整或增強。以下是ADAS在電動車中的主要功能：

1. **自動緊急煞車（AEB）**：當系統檢測到前方有即將發生的碰撞風險時，它會自動啟動煞車，以減少碰撞的嚴重性或完全避免碰撞。
2. **車道保持輔助（LKA）**：當車輛偏離車道時，此功能會自動調整方向或警告駕駛者。
3. **適應性巡航控制（ACC）**：允許車輛自動調整速度以保持與前車的安全距離。

4. **盲點監測（BSM）**：使用雷達或相機檢測車輛的盲點，並在其他車輛進入盲點時提供警告。
5. **交通標誌識別**：使用相機識別路邊的交通標誌，並將其顯示在駕駛者的儀表板或頭部顯示器上。
6. **自動泊車輔助**：輔助駕駛者在平行或垂直停車位中停車。
7. **行人和車輛檢測**：使用雷達和相機檢測行人和其他車輛，並在可能的碰撞情況下提供警告或自動煞車。
8. **夜視輔助**：使用紅外線或其他技術來增強夜間或低光照條件下的視野。
9. **駕駛疲勞監測**：通過分析駕駛者的行為和生理特征來檢測疲勞或分心，並提供警告。
10. **能源管理輔助**：對於電動車特有，此功能可以提供最佳的駕駛策略或路線，以最大化電池續航里程。

這些功能的目的是提高駕駛安全、減少交通事故並提供更舒適的駕駛體驗。隨著技術的進步，我們可以預期未來的ADAS系統將提供更多的功能和更高的自動化水平。

7-1-3 結合其他工具

ChatGPT 可以與企業的後台系統結合，例如訂單管理系統或庫存系統，這樣當客戶詢問訂單狀態或商品庫存時，ChatGPT 可以直接從後台系統中獲取資訊並回答。或是 ChatGPT 也可以協助提供 email 回覆的範本，例如求職信回函的感謝信。

提示（prompt）詞

請幫忙寫一封求職信感謝函的回信範本，我們公司的資料如下：

公司名稱：榮欽科技股份有限公司

人事部主管：陳協理

應徵職務：軟體產品經理

ChatGPT 回答內容

當然可以，以下是一封求職信感謝函的回信範本：

親愛的陳協理，

感謝您在榮欽科技股份有限公司為我提供的機會，讓我有機會參與軟體產品經理的面試。我非常感激您和您的團隊抽出寶貴的時間來與我見面和討論這個職位的詳情。

在面試過程中，我對您公司的願景和目標有了更深入的了解，這讓我更加確信我的技能和經驗可以為榮欽科技股份有限公司帶來價值。我特別對於公司在軟體開發和產品管理方面的創新策略留下了深刻的印象。

我熱衷於有機會利用我的專業知識和經驗來協助您的團隊實現其目標，並為公司創建更多成功的產品。我確信，通過我的努力和團隊的合作，我們可以一起達到公司的長期目標。

再次感謝您提供這次面試的機會。我期待著有可能成為榮欽科技股份有限公司的一員，並期待著您的回音。

感謝您的考慮。

誠摯的，
[您的名字]

希望這封信可以符合您的需求！如果您有任何特定的要求或想要進行任何修改，請讓我知道。

7-2 人力資源管理

人力資源是企業的核心資產。ChatGPT 可以協助 HR（human resources 的縮寫，字面上是「人力資源」）專家進行招聘、培訓和員工評估。它可以分析履歷，提供面試問題，甚至給予員工培訓建議。例如，它可以提供「如何進行有效的面試？」或「員工滿意度調查的最佳實踐是什麼？」的建議。

7-2-1 工作職位刊登

ChatGPT 可以根據提供的工作職位要求進行分析並給予建議。例如我們希望能找一位前端網頁程式設計師，你可以問 ChatGPT 在刊登職務專長需求時，需要特別注意哪些重點。

提示（prompt）詞

我們公司想找一位前端網頁程式設計師，請幫忙這份職缺設計工作專長需求內容，以利我們可以在人力銀行刊登求才需求。

ChatGPT 回答內容

前端網頁程式設計師

我們正在尋找一名有經驗的前端網頁程式設計師來加入我們的團隊。您將負責創建和優化吸引人的網頁，以提供最優質的用戶體驗。

主要職責

1. 設計、建立和維護高品質、響應式的前端介面。
2. 與 UX/UI 設計師緊密合作，以確保產品設計得以完美實現。
3. 優化網站的效能以保證網站速度和效能。
4. 負責網站的跨瀏覽器和跨平台兼容性問題。
5. 參與代碼和設計評審，以確保產品符合公司的質量標準。

基本要求

1. 熟悉 HTML5, CSS3, JavaScript 以及熟悉一或多個現代前端框架，如 React, Angular, 或 Vue.js。
2. 至少具有X年的前端開發經驗 (根據您的需求填寫具體年數)。
3. 熟悉版本控制工具如 Git。
4. 熟悉響應式設計和移動端開發。
5. 擁有良好的問題解決技能和團隊合作精神。

加分條件

1. 有使用 CSS 預處理器（如 SASS 或 LESS）的經驗。
2. 有Webpack, Gulp或其他前端建構工具的使用經驗。
3. 熟悉 RESTful API 以及 AJAX 的使用和整合。
4. 擁有獨立創建和維護大型網站或 Web 應用的經驗。

教育背景

1. 電腦科學或相關領域的學士學位（或相關工作經驗）。

7-2-2 面試問題建議

當 HR 不確定如何面試某個職位時，可以問 ChatGPT：「我應該如何面試一個網頁設計師？」，ChatGPT 可以提供一系列的面試提問重點。

提示（prompt）詞

我應該如何面試一個網頁設計師？

ChatGPT 回答內容

第一步：瞭解候選人的背景和經歷

1. 請您詳述您在前端開發方面的經驗和專業技能。
2. 您能否提供一個您最自豪的項目案例，並解釋一下您在該項目中的角色和貢獻？

第二步：技術評估

1. 您可以解釋一下您如何優化網站性能和加速網頁加載時間的吗？
2. 您怎樣確保網站的可訪問性和符合 WCAG 標準？
3. 您有沒有跨瀏覽器測試和解決兼容性問題的經驗？

第三步：解決具體問題

這一步可以包含一些技術測試或白板編程，來評估候選人的技術知識和問題解決能力。

1. 可以請您修復這段有問題的HTML/CSS/JavaScript代碼嗎？（提供一段具有明顯錯誤的代碼）
2. 如何解決網站在移動裝置上的顯示問題？

第四步：文化適配和合作技能

1. 您過去有沒有與跨功能團隊合作的經驗？如果有，您是如何與其他團隊成員進行溝通和協調的？
2. 在高壓狀況下，您是如何管理您的時間和工作負載的？

第五步：未來規劃

1. 您對未來的職業規劃有什麼想法？您希望在本職位上能夠學到什麼或達成什麼目標？

第六步：問答環節

1. 您有任何想問我們的問題嗎？

7-2-3 員工培訓

ChatGPT 可以根據員工的技能和職位要求，提供培訓建議。例如：「請問有關線上多國語言業務人員需要哪些技能培訓？」。

提示（prompt）詞

請問有關線上多國語言業務人員需要哪些技能培訓？

ChatGPT 回答內容

1. 語言和文化能力

- **語言培訓:** 提升多語言溝通能力，包括聽、說、讀、寫等方面的訓練。
- **文化熟悉度:** 訓練員工熟悉目標市場的文化和商業習慣，以更好地與客戶建立關系。

2. 產品知識

- **產品培訓:** 熟悉公司的產品或服務，包括特點、優點和潛在缺點。
- **行業知識:** 了解所在行業的動態和趨勢，提供更有見地的業務方案。

3. 技術技能

- **CRM系統培訓:** 熟悉企業使用的客戶關系管理（CRM）系統和其他業務工具。
- **數字工具與平台:** 了解各種數字通訊工具和平台的使用，例如電子郵件管理、視頻會議工具等。

4. 業務技能

- **業務戰略與技巧:** 學習有效的業務策略和技巧，包括談判和關系建立。
- **客戶服務:** 培訓在解決問題和處理客戶需求時保持專業和友好的態度。

5. 時間管理和組織技能

- **時間管理:** 學會優先處理任務和管理工作時間，以提高效率。
- **項目管理:** 了解基本的項目管理技能，以更好地組織和管理業務活動。

6. 連續教育和個人發展

- **持續教育:** 鼓勵員工參加相關的研討會和研究生課程，以進一步提高他們的專業技能和知識。
- **職業發展:** 提供培訓和資源，以幫助員工規劃他們的職業生涯和發展目標。

透過這些培訓，您可以幫助您的線上多國語言業務人員建立一套全面的技能組合，從而提高他們的工作效率和成效。

透過這些實例和技巧，我們可以看到 ChatGPT 在職場和專業領域中的強大應用潛力。正確地使用它，可以大幅提高工作效率和專業水平。

7-3 商品行銷小編

在快速變化的市場中，商品行銷是企業成功的關鍵。ChatGPT 可以提供行銷策略建議，例如「如何針對 Z 世代進行行銷？」或「哪些社交媒體平台最適合推廣資訊類課程的線上學習平台？」。

7-3-1 行銷的新時代：數位化與目標客群

在這個數位化的時代，商品行銷已經不再僅僅是傳統的廣告或促銷活動。現代的行銷策略需要更加靈活、創新，並能夠迅速適應市場的變化。特別是面對不同的目標客群，例如 Z 世代，企業需要有針對性的策略來吸引他們。Z 世代成長於數位時代，他們的消費習慣、價值觀和溝通方式都與前幾代有所不同。因此，了解他們的特點和需求，並制定相應的行銷策略，是當前企業的重要課題。

提示（prompt）詞

我想針對 Z 世代推出一款新的運動鞋，請給我一些建議的行銷策略。

ChatGPT 回答內容

產品設計和開發

1. **可持續性**
   - 針對Z世代的強烈環保意識，考慮使用環保材料和可持續的生產方法。
2. **個性化和客製化**
   - 提供客製化選項，讓他們能夠按照自己的喜好來設計和個性化他們的運動鞋。
3. **舒適與功能性**
   - 確保產品具有優良的舒適度和功能性，以滿足他們日常活動的需求。

行銷策略

1. **數位行銷**
   - 充分利用社交媒體和網路平台進行行銷，透過影片、故事或網誌來展示產品的特點和價值。
2. **與網紅/KOL合作**
   - 與具有大量Z世代追隨者的網紅或意見領袖合作，讓他們推薦和展示您的產品。
3. **創意廣告**
   - 創建具有吸引力和創意的廣告，可以是幽默的、有故事性的或是充滿藝術感的，以吸引Z世代的注意。
4. **互動式行銷活動**
   - 舉辦互動式的行銷活動，例如在社交媒體上舉辦挑戰、競賽或線上問答活動，來吸引Z世代的參與。

銷售策略

1. **快速響應和便捷的購物體驗**
   - 提供快速和便捷的購物體驗，例如透過手機應用程式購買、一鍵購買等。
2. **限量版和合作系列**
   - 推出限量版產品或與知名品牌/藝人合作的系列，以創建獨特性和稀有感。

社會責任

1. **支持社會議題**
   - 表達對重要社會議題的支持，並考慮透過CSR活動（企業社會責任）來貢獻社會。
2. **宣揚多元和包容**
   - 在您的廣告和促銷活動中展示多元和包容的價值，以吸引更多的Z世代消費者。

Regenerate

7-3-2 ChatGPT：您的行銷策略顧問

ChatGPT 具有大量的市場資料和行銷知識，可以為您提供專業的策略建議。從市場趨勢分析、目標客群定位到具體的推廣策略，ChatGPT 都能給予您全方位的支援。例如：

提示（prompt）詞

我們的產品主要針對 25-35 歲的年輕人，哪些社交媒體平台最適合進行推廣？

ChatGPT 回答內容

1. Instagram

- 適合視覺導向的內容：使用吸引人的視覺內容來展示您的產品。
- 廣告和網紅合作：可以與網紅合作或利用Instagram的廣告系統來推廣您的產品。

2. Facebook

- 目標廣告：Facebook提供非常詳細的目標廣告選項，可以幫助您準確地找到您的目標受眾。
- 社群營銷：創建和經營Facebook群組，以建立一個與您的品牌相關的社群。

3. LinkedIn

- 專業受眾：如果您的產品是針對專業或企業市場，LinkedIn可能是一個好選擇。
- 內容營銷：分享與您的行業相關的洞察力和專業內容，以吸引目標受眾。

4. Twitter

- 即時互動：Twitter是一個用於即時溝通和互動的好平台。
- 推廣活動：您可以使用Twitter來宣傳您的產品發布和其他活動。

5. YouTube

- 視頻內容：創建視頻內容來展示您的產品的特點和價值。
- 合作與贊助：與YouTubers合作或贊助相關的視頻內容來推廣您的產品。

6. TikTok

- 年輕受眾：儘管TikTok的主要用戶群體略年輕，但它也正在成為25-35歲受眾的一個熱門平台。
- 創意活動和挑戰：利用TikTok的創意工具來創建有趣和吸引人的活動和挑戰。

7. Pinterest

- 視覺導向的平台：如果您的產品可以通過視覺內容來推廣，Pinterest可能是一個好選擇。
- 靈感和創意：創建與您的品牌相關的靈感板和圖像，以吸引尋找創意和靈感的用戶。

7-3-3 最大化利用 ChatGPT 的行銷建議

在本小節中，我們將深入研究如何充分發揮 ChatGPT 的行銷建議功能，以協助您制定更有效的行銷策略和方案。這項功能將提供有關目標市場、廣告活動、內容策略等方面的實用建議，有助於提升您的市場競爭力和業務成果。底下為如何最大化利用 ChatGPT 的行銷建議的幾個策略：

- 提供詳細的背景資訊：在詢問 ChatGPT 時，提供越詳細的產品和市場背景，您將獲得越具針對性的策略建議。
- 結合自身經驗：雖然 ChatGPT 提供的建議基於大量的資料和知識，但每個市場和產品都有其獨特性。因此，結合自身的經驗和判斷，進行策略的調整和優化，是非常重要的。
- 持續追踪和調整：市場環境和消費者需求都在不斷變化。建議您定期評估和調整行銷策略，並利用 ChatGPT 進行策略的優化和更新。

總之，ChatGPT 可以作為您的行銷策略顧問，幫助您制定和優化策略，以達到最佳的推廣效果。透過與 ChatGPT 的互動，您不僅可以獲得專業的建議，還可以深入了解市場的趨勢和消費者的需求，從而做出更明智的決策。

7-4 資訊安全與隱私

隨著資料洩露和網路攻擊的增加，資訊安全和隱私保護變得越來越重要。ChatGPT 可以提供安全建議，例如「如何保護公司的資料？」或「哪些是最常見的網路安全威脅？」。

7-4-1 資訊安全的重要性

在數位化的時代，資訊安全和隱私保護已經成為每個人和企業都必須面對的議題。從個人的身份資料、銀行帳戶到企業的商業機密，一旦這些資料被不當地取得或使用，可能會帶來無法估量的損失。因此，了解資訊安全的基礎知識和採取適當的保護措施，是當前的重要課題。例如，您可以這樣詢問 ChatGPT：

提示（prompt）詞

我想了解如何保護我的個人資料不被盜用，請給我一些建議。

ChatGPT 回答內容

1. **強化密碼：**
   - 使用強而复杂的密碼。
   - 定期更換密碼。
   - 不要在多個服務中使用相同的密碼。
2. **多因素認證（Multi-factor Authentication, MFA）：**
   - 啟用多因素認證可以提供額外的安全保障。
3. **保護個人信息：**
   - 謹慎分享個人信息，例如家庭地址、手機號碼和出生日期。
   - 不要在社交媒體上公開過多的個人信息。
4. **保護您的設備：**
   - 定期更新操作系統和應用程式來修補安全漏洞。
   - 安裝來自可靠來源的防病毒和反間諜軟體。
5. **網路安全：**
   - 避免使用公共Wi-Fi網路來進行重要的交易或存取敏感信息。
   - 使用VPN（虛擬專用網）來保護你的線上隱私。
6. **識別和避免釣魚攻擊：**
   - 不要點擊來自不可靠來源的電子郵件中的可疑鏈接。
   - 避免下載來自不可靠來源的附件。
7. **加密你的數據：**
   - 將重要的文件加密，特別是當它們包含敏感的個人信息時。
8. **保護你的財務信息：**
   - 盡量只在安全和受信任的網站上提供信用卡或銀行信息。
9. **安全處置舊設備：**
   - 在你丟棄或出售舊的電子設備之前，確保完全刪除所有的個人數據。
10. **注意法律保護：**
    - 瞭解你所在地區的數據保護法律和規定，並依照它們來保護你的個人資料。

7-4-2 ChatGPT：您的資訊安全顧問

ChatGPT 具有大量的資訊安全知識，可以為您提供專業的建議和解決方案。從基礎的密碼管理、防火牆設定到進階的加密技術，ChatGPT 都能給予您全方位的支援。例如當您詢問 ChatGPT 關於常見的網路安全威脅時：

提示（prompt）詞

近期我公司網站遭受攻擊，想了解目前最常見的網路安全威脅有哪些？

ChatGPT 回答內容

近年來，網路安全威脅變得日益多樣化和復雜。以下是目前一些最常見的網路安全威脅：

1. **釣魚攻擊（Phishing）：**
   - 攻擊者通過偽造可信的電子郵件或消息來騙取用戶的個人信息或登錄憑證。
2. **勒索軟件（Ransomware）：**
   - 一種惡意軟件，它會加密用戶的文件並要求付款來解密它們。
3. **SQL注入（SQL Injection）：**
   - 通過將惡意SQL語句插入網站的輸入字段，攻擊者可以訪問或操縱資料庫中的數據。
4. **跨站腳本攻擊（Cross-site Scripting, XSS）：**
   - 攻擊者插入惡意腳本到受害者所瀏覽的網頁中，從而可以竊取信息或執行惡意操作。
5. **跨站請求偽造（Cross-Site Request Forgery, CSRF）：**
   - 攻擊者利用用戶的身份來執行未經授權的命令或請求。
6. **零日漏洞（Zero-Day Vulnerabilities）：**
   - 這些是未公開的漏洞，攻擊者利用這些漏洞來攻擊系統或網站，通常在廠商可以解決問題之前。
7. **社交工程攻擊（Social Engineering）：**
   - 利用人類心理來誘使個體透露保密信息或執行特定的動作，如點擊惡意鏈接。
8. **內部威脅（Insider Threats）：**
   - 企業的內部人員，故意或無意中洩露或損壞組織的敏感信息或系統。
9. **DDoS攻擊（Distributed Denial of Service）：**
   - 通過大量的虛假請求來使網站或線上服務變得無法訪問。
10. **驅動器下載攻擊（Drive-By Downloads）：**

- 未經用戶許可而自動從惡意網站下載惡意軟件。

7-4-3 最大化利用 ChatGPT 的資訊安全建議

底下為如何最大化利用 ChatGPT 的資訊安全建議的幾個提問重點：

- 提供詳細的背景資訊：在詢問 ChatGPT 時，提供越詳細的情境和需求，您將獲得越具針對性的安全建議。
- 結合專業知識：雖然 ChatGPT 提供的建議基於大量的資料和知識，但資訊安全是一個持續變化的領域。因此，結合專業的安全知識和最新的市場趨勢，進行策略的調整和優化，是非常重要的。
- 持續學習和更新：資訊安全的威脅和技術都在不斷變化。建議您定期學習和更新知識，並利用 ChatGPT 進行策略的優化和更新。

總之，ChatGPT 可以幫助您了解和應對各種安全威脅。透過與 ChatGPT 的互動，您不僅可以獲得專業的建議，還可以深入了解資訊安全的最新趨勢和技術，從而做出更明智的決策。

7-5 網路行銷幫手

網路行銷是當今企業的主要行銷手段。ChatGPT 可以提供策略和技巧，例如「如何提高網站的轉化率？」或「哪些內容策略最適合我們的目標受眾？」。

7-5-1 網路行銷的時代

在數位化快速發展的今天，網路行銷已經成為企業拓展市場、提高品牌知名度的主要手段。從社交媒體廣告、搜尋引擎優化（SEO）到內容行銷，網路行銷的範疇已經遠遠超越了傳統的廣告。對於企業來說，如何有效地利用網路行銷工具，提高品牌曝光率和轉化率，是一個重要的課題。例如：

提示（prompt）詞

我想提高我們網站的訪問量，有什麼建議或策略可以參考？

ChatGPT 回答內容

1. SEO優化

- **關鍵字研究**：找出目標客群常搜尋的關鍵字，並把它們嵌入你的網站內容中。
- **內容品質**：提供原創且有價值的內容，增強搜尋引擎排名。
- **技術SEO**：確保你的網站架構適合手機瀏覽，並提高網頁載入速度。

2. 內容行銷

- **部落格**：透過部落格分享有用、相關的資訊來吸引更多訪客。
- **影片行銷**：創作影片內容並在網站及社群媒體上分享。

3. 社群媒體行銷

- **活躍參與**：在社群媒體上分享內容並與粉絲互動。
- **社群行銷**：加入相關社群並分享你的專業知識。

4. 付費廣告

- **Google廣告**：利用Google廣告推廣你的網站並吸引更多訪客。
- **社群媒體廣告**：運用社群媒體的廣告系統來推廣你的內容。

5. 電郵行銷

- **電郵通訊**：建立電郵清單，定期向訂閱者發送最新消息和有價值的內容。
- **個性化電郵**：利用個性化的電郵來建立與你的受眾的關係。

6. 合作與夥伴關係

- **合作活動**：和其他品牌或網紅合作，互相推廣。
- **嘉賓部落格**：為其他網站或部落格撰寫嘉賓文章來觸及更多受眾。

希望這些建議可以幫到你！如果有任何策略你想深入了解，歡迎再問！

7-5-2 ChatGPT：您的網路行銷策略顧問

ChatGPT 擁有大量的網路行銷知識和資料，可以為您提供專業的策略建議和操作技巧。從網站的 SEO 優化、社交媒體策略到內容行銷的建議，ChatGPT 都能給予您全方位的支援。例如，當您詢問 ChatGPT 關於如何提高網站的轉化率時，可以這樣提問：

提示（prompt）詞

我想提高我們網站的轉化率，有什麼具體的建議或策略？

ChatGPT 回答內容

提高網站的轉化率是非常重要的，這不僅可以提升你的業務表現，還可以增加利潤。下面是一些可以考慮的策略和建議：

1. 網站優化

- **網站速度**：優化網站以減少加載時間，因為速度快的網站可以提高用戶滿意度。
- **流線型設計**：提供直覺和用戶友善的網站設計可以改善用戶體驗。

2. 內容策略

- **清晰的價值主張**：清晰地表明你的產品或服務的價值，可以幫助吸引顧客。
- **高品質的圖像和視頻**：使用高品質的圖像和視頻可以更好地展示你的產品或服務。

3. 調用行動（CTA）

- **突出顯示CTA**：使用突出和吸引眼球的調用行動按鈕，以引導用戶進行特定操作。
- **測試不同的CTA**：透過A/B測試來找出最有效的調用行動策略。

4. 客戶評價和測試

- **顯示客戶評價**：展示真正的客戶評價可以建立信任和可信度。
- **案例研究和測試**：提供案例研究或測試結果可以證明你的產品或服務的效果。

5. 優化轉化通道

- **減少購物車放棄**：優化購物車過程，以減少用戶在購物車階段放棄購買的情況。
- **提供多種付款選項**：提供多種付款選項可以使結帳過程更加順利。

6. 信任和信譽建設

- **安全證書**：確保你的網站安全並使用安全證書，以建立用戶信任。
- **透明度**：提供透明的價格和退貨政策，以避免任何不確定性。

7-5-3 最大化利用 ChatGPT 的網路行銷建議

底下為如何最大化利用 ChatGPT 的網路行銷建議的幾個思考重點：

- 提供詳細的背景資訊：在詢問 ChatGPT 時，提供越詳細的情境和需求，您將獲得越具針對性的行銷建議。
- 結合市場趨勢：網路行銷的策略和技巧是持續變化的。了解當前的市場趨勢和消費者行為，結合 ChatGPT 的建議，可以使您的行銷策略更加完善。
- 持續學習和優化：網路行銷是一個持續優化的過程。建議您定期檢視和調整策略，並利用 ChatGPT 進行策略的優化和更新。

總之，ChatGPT 可以幫助您制定和優化行銷策略，提高品牌的曝光率和轉化率。透過與 ChatGPT 的互動，您不僅可以獲得專業的建議，還可以深入了解網路行銷的最新趨勢和技術。

7-6 網頁設計建議

一個吸引人的網站可以增加客戶的參與度和忠誠度。ChatGPT 可以提供網頁設計建議，例如「哪些顏色組合最能吸引客戶？」或「如何使網站更適應移動設備？」。ChatGPT 不僅可以回答文字問題，還可以協助網頁設計師和開發者解決技術問題。不論從 CSS 樣式問題，或是到 JavaScript 程式碼除錯，ChatGPT 都能提供專業的建議和解決方案。

7-6-1 提供程式碼範例

當開發者遇到某個功能不知道如何實現時，可以問 ChatGPT 要程式碼範例。例如：

提示（prompt）詞

我想要一個滑動效果的 JavaScript 程式碼。

ChatGPT 回答內容

```html
<!DOCTYPE html>
<html lang="en">
<head>
<meta charset="UTF-8">
<meta name="viewport" content="width=device-width, initial-scale=1.0">
<style>
  .slider {
    width: 200px;
    height: 100px;
    background-color: lightblue;
    transition: margin-left 1s ease-out;
  }
</style>
</head>
<body>

<div class="slider" id="slider">滑動效果</div>

<button onclick="slide()">滑動</button>

<script>
  function slide() {
    const slider = document.getElementById('slider');
    const currentMargin = parseInt(window.getComputedStyle(slider).marginLef

    slider.style.marginLeft = currentMargin + 100 + 'px';
  }
</script>

</body>
</html>
```

7-6-2 問題描述清晰

為了得到正確的答案，開發者在描述問題時應該盡量清晰。例如：「我在使用 Flexbox 佈局時，子元素無法垂直置中，該如何解決？」

提示（prompt）詞

我在使用 Flexbox 佈局時，子元素無法垂直置中，該如何解決？

ChatGPT 回答內容

要使用 Flexbox 把子元素垂直置中，你得確保父元素有足夠的高度，然後可以用 `align-items: center;` 這個屬性來讓子元素垂直置中。以下是一個簡單的範例：

html　Copy code

```html
<!DOCTYPE html>
<html lang="en">
<head>
<meta charset="UTF-8">
<meta name="viewport" content="width=device-width, initial-scale=1.0">
<style>
  .flex-container {
    display: flex;
    height: 100vh;  /* 設定足夠的高度 */
    align-items: center;  /* 讓子元素垂直置中 */
    justify-content: center;  /* 讓子元素水平置中 */
  }
  .flex-item {
    width: 100px;
    height: 100px;
    background-color: lightblue;
  }
</style>
</head>
<body>

<div class="flex-container">
  <div class="flex-item">子元素</div>
</div>

</body>
</html>
```

7-7 搜尋引擎最佳化 SEO

在數位資訊時代，搜尋引擎最佳化（SEO）是提高網站流量的關鍵。ChatGPT 可以提供 SEO 建議，例如「如何選擇有效的關鍵字？」或「哪些內容策略可以提高我們的搜尋排名？」。

7-7-1 SEO 的重要性

在網際網路時代，搜尋引擎已經成為人們獲取資訊的主要途徑。當我們想要查找某個資訊時，往往首先打開 Google 或其他搜尋引擎進行搜尋。因此，對於企業和個人品牌來說，如何在搜尋結果中獲得較高的排名，直接影響到品牌的曝光度和業務的獲客效果。這就是搜尋引擎最佳化（SEO）的重要性所在。例如，您可以詢問 ChatGPT 有哪些好的 SEO 策略：

提示（prompt）詞

我想提高我們公司網站在 Google 的排名，有什麼基礎的 SEO 策略可以參考？

ChatGPT 回答內容

1. 內容優化

- **關鍵字研究**：找出目標受眾常用來搜尋你產品或服務的關鍵字，並且適度地將這些關鍵字納入你的網站內容中。
- **高品質的內容**：持續創建具有價值、原創的內容，並且定期更新網站。

2. 技術優化

- **網站速度**：確保網站加載速度快，可以利用 Google PageSpeed Insights 等工具來檢查和改善。
- **適應不同裝置**：確保網站可以在各種裝置（如手機、平板和電腦）上良好運作。

3. 結構優化

- **內部連結**：建立合理的內部連結結構，讓搜索引擎和用戶能更容易找到你網站的內容。
- **URL 結構**：使用結構清晰、描述準確的 URL，避免使用過長或包含特殊字元的 URL。

4. 元數據優化

- **元標題與元描述**：編寫具吸引力的元標題和元描述，以提升點擊率。
- **結構化資料**：利用結構化資料（如 Schema Markup）來協助搜索引擎更好地理解你的網站內容。

5. 連結建設

- **外部連結**：努力獲得來自其他可靠和高品質網站的背書連結。
- **社群媒體互動**：利用社群媒體提高你的網站能見度和連結質量。

6. 本地SEO

- **Google我的商家**：若你有實體店面，請在 Google 我的商家上設立並優化你的商家清單。
- **本地評論與評分**：鼓勵顧客在本地業務列表和社群媒體上留下正面評價。

7. 分析與報告

- **Google Analytics**：設置 Google Analytics 來追蹤你的網站表現和用戶行為。

7-7-2 ChatGPT：您的 SEO 策略顧問

ChatGPT 具有豐富的 SEO 知識和資料，可以為您提供從基礎到進階的 SEO 策略建議。無論是關鍵字選擇、內容優化、外部連結策略，還是技術性的網站優化，ChatGPT 都能給予您專業的指導。例如，當您詢問 ChatGPT 關於如何選擇有效的關鍵字時，可以參考底下的提示詞：

提示（prompt）詞

我想知道如何選擇適合英語線上學習平台的 SEO 關鍵字，有什麼建議或工具可以使用？

ChatGPT 回答內容

1. 進行關鍵字研究

- **Google Keyword Planner**：它可以提供相關關鍵字的搜索量和競爭程度資訊。
- **SEMrush**：一個全方位的工具，可以幫助你找到你的競爭對手正在使用的關鍵字。

2. 了解你的受眾

進行市場調查以了解你的目標受眾的需求和痛點。根據你的受眾的語言和搜尋習慣來選擇關鍵字。

3. 關注長尾關鍵字

長尾關鍵字通常由三個或更多的詞組成，可以更精確地描述用戶的需求，並且競爭較小。

4. 競爭分析

查看你的競爭對手在他們的網站和內容中使用哪些關鍵字，這可以給你一些關鍵字靈感。

5. 使用Google Trends

使用 **Google Trends** 來查找特定關鍵字的搜尋趨勢和受歡迎程度，以及相關查詢。

6. 內容創建

創建與所選關鍵字相關的高質量內容。確保你的內容是有價值的，並解決你的目標受眾的問題或需求。

7. 優化網站結構

確保你的網站有一個清晰和用戶友好的結構，這也對 SEO 很重要。

8. 測試和迭代

進行 A/B 測試來找出哪些關鍵字可以帶來最好的結果，然後根據你的發現來優化你的策略。

9. SEO 監控工具

設置 SEO 監控工具，如 **Google Analytics** 和 **Google Search Console**，來持續追蹤和優化你的 SEO 策略。

7-7-3　最大化利用 ChatGPT 的 SEO 建議

在本小節中，我們將討論如何充分利用 ChatGPT 的 SEO 建議功能，以提升網站在搜尋引擎中的可見性和排名。這些建議將有助於優化您的網站內容以吸引更多訪問者和潛在客戶。底下為如何最大化利用 ChatGPT 的 SEO 建議的幾個思考重點：

- 提供詳細的背景資訊：在詢問 ChatGPT 時，提供越詳細的情境和需求，您將獲得越具針對性的 SEO 建議。
- 結合實際情況：SEO 策略需要根據您的業務、目標受眾和市場環境進行定制。建議您結合 ChatGPT 的建議和自己的實際情況，制定合適的策略。
- 持續學習和優化：SEO 是一個長期且持續的過程。建議您定期檢視和調整策略，並利用 ChatGPT 進行策略的優化和更新。

總之，ChatGPT 可以幫助您制定和優化 SEO 策略，提高網站的搜尋排名和流量。透過與 ChatGPT 的互動，您不僅可以獲得專業的建議，還可以深入了解 SEO 的最新趨勢和技術。

7-8 資料分析與統計

資料驅動的決策是現代企業的核心。ChatGPT 可以協助分析資料，提供統計建議，例如「如何解釋這個異常值？」或「這些資料之間的相關性意味著什麼？」。

7-8-1 資料分析的重要性

在數位時代，資料已經成為企業、政府和個人決策的基石。從市場趨勢、消費者行為到產品效能，資料分析提供了深入的洞察，幫助我們理解現況、預測未來並制定策略。然而，資料本身並不直接提供答案，需要透過專業的分析和統計方法，才能從中獲取有價值的資訊。例如，您可以這樣詢問 ChatGPT：

提示（prompt）詞

我有一組銷售資料，想知道最近三個月的銷售趨勢是上升還是下降，我該如何分析？

ChatGPT 回答內容

要分析最近三個月的銷售趨勢是上升還是下降，你可以遵循以下步驟：

1. 數據整理

確保你的銷售數據是完整且準確的。你需要一份包含至少最近三個月的日期和對應銷售額的資料。

2. 資料分析工具

使用適當的資料分析工具，如 Microsoft Excel, Google Sheets 或專業的資料分析軟體來分析數據。

3. 時間序列分析

創建一個時間序列圖，將日期放在x軸，銷售額放在y軸，以視覺化每天或每週的銷售趨勢。

4. 計算移動平均

為了平滑日常波動和識別趨勢，你可以計算一個7天或30天的移動平均線。

5. 線性回歸分析

進行線性回歸分析可以幫助你找出時間和銷售之間的關係，並識別出趨勢是上升還是下降。

6. 識別季節性和循環性因素

嘗試識別任何可能影響銷售的季節性或循環性因素。

7. 評估結果

根據你的分析結果來評估趨勢。查看圖表和回歸線來確定趨勢是上升還是下降。

8. 製作報告

根據你的分析製作一份報告，包括你的發現和視覺化工具，以更好地解釋銷售趨勢。

執行這些步驟後，你應該能夠確定最近三個月的銷售趨勢是上升還是下降。如果你發現趨勢是上升的，那就繼續你目前的策略；如果是下降的，則可能需要重新評估你的銷售策略。

7-8-2 ChatGPT：您的資料分析顧問

ChatGPT 具有豐富的資料分析和統計知識，可以為您提供從基礎到進階的分析建議。無論是描述性統計、推論性統計還是預測分析，ChatGPT 都能給予您專業的指導。例如，當您詢問 ChatGPT 關於如何解釋某個異常值時：

提示（prompt）詞

在我分析月銷售資料時，發現某一月的銷售額特別高，這可能是什麼原因？

ChatGPT 回答內容

一個月的銷售額特別高可以由多種因素造成，以下是一些可能的原因和你可以進一步研究的方向：

1. 促銷或折扣活動

- 特價活動或季節性折扣：你們是否在該月份推出了特價商品或提供了特殊折扣？
- 新產品發佈：是否有新產品推出引起了客戶的興趣？

2. 市場環境變化

- 經濟環境：是否有利好的經濟消息或政策變化促成了消費？
- 競爭對手的動向：你的競爭對手是否有任何重大變化，如價格變動或停業？

3. 營銷活動

- 廣告與宣傳：是否加大了廣告和宣傳的力度，或者開展了一些成功的營銷活動？
- 社群媒體和影響者行銷：是否進行了社群媒體推廣或與某個影響者合作？

4. 季節性因素

- 假期或節日促銷：是否利用特定的假期或節日來推動銷售？
- 季節性需求變化：是否因應季節變化推出了相應的產品或服務？

5. 操作或供應鏈因素

- 庫存管理：是否有大量庫存清理，導致銷售額增加？
- 供應鏈改善：是否改善了供應鏈管理，提高了商品的可用性？

6. 客戶評價和口碑

- 正面評價或推薦：是否收到了一些特別好的客戶評價或推薦，提高了業務的口碑？
- 公關活動：是否有成功的公關活動或媒體報導提升了你的品牌形象？

7. 內部因素

- 團隊績效：你的銷售團隊是否在該月表現出色？
- 技術創新或改進：是否進行了任何技術創新或改進，以提供更好的產品或服務？

7-8-3 最大化利用 ChatGPT 的資料分析建議

在本小節中，我們將探討如何充分發揮 ChatGPT 的資料分析建議功能，以協助您更有效地解析和應用資料，從中獲取有價值的見解並做出更明智的決策。底下為如何最大化利用 ChatGPT 的資料分析建議的幾個思考重點：

- 提供詳細的背景資訊：在詢問 ChatGPT 時，提供越詳細的資料和情境，您將獲得越具針對性的分析建議。
- 結合實際情況：資料分析需要根據您的業務、目標和市場環境進行。建議您結合 ChatGPT 的建議和自己的實際情況，制定合適的分析策略。
- 持續學習和優化：資料分析是一個持續的過程。建議您定期檢視和調整分析策略，並利用 ChatGPT 進行策略的優化和更新。

總之，ChatGPT 可以幫助您理解和解釋資料，提供有價值的洞察。透過與 ChatGPT 的互動，您不僅可以獲得專業的建議，還可以深入了解資料分析的最新趨勢和技術。

7-9 面試模擬

面試是求職過程中的一個重要環節。ChatGPT 可以模擬面試情境，提供反饋和建議，例如「如何回答 '你的弱點是什麼 ' 這個問題？」或「如何展示我的專業技能？」。

7-9-1 面試的重要性與挑戰

面試是求職者和企業之間的一個橋樑，它不僅是企業評估求職者是否適合該職位的方式，也是求職者了解企業文化和工作環境的機會。然而，面試經常讓許多人感到緊張和不安，特別是當面對一些棘手或預料之外的問題時。這時，如何妥善回答，展現自己的專業和個人特質，成為了求職成功的關鍵。例如，您可以要求 ChatGPT 模擬面試官可能會問的問題。

提示（prompt）詞

我明天有一場面試，可以幫我模擬一下面試官可能會問的問題嗎？

ChatGPT 回答內容

當然可以！下面列舉了一些常見的面試問題，你可以根據它們來準備你的面試：

個人背景與經歷

1. 請你自我介紹。
2. 你為什麼選擇了這個職位？
3. 你怎麼認識我們公司的？
4. 請談談你的學術背景和它如何幫助你準備這份工作。

工作經驗與技能

1. 請分享一下你過去工作經驗中最有挑戰的一個項目。
2. 能否舉出一個你成功解決困難或衝突的例子？
3. 請談談你對這個行業的理解和目前的趨勢。
4. 你有哪些技能可以使你在這個職位上成功？

團隊合作與個人特質

1. 請描述一下你在團隊中的角色。
2. 你是如何處理壓力和緊急情況的？
3. 你能否舉出一個你展示領導力的例子？
4. 你如何保持自我學習和自我提升？

職業規劃

1. 你未來五年的職業規劃是什麼？
2. 你是如何看待工作和生活的平衡的？
3. 你希望在這份工作中獲得什麼？
4. 你有什麼問題想問我們？

7-9-2 ChatGPT：您的面試教練

ChatGPT 具有豐富的面試知識和經驗，可以模擬各種面試情境，從基礎的自我介紹到深入的專業問題，都能給予您有力的支援。更重要的是，ChatGPT 可以根據您的回答提供即時的反饋和建議，幫助您在真正的面試中更有自信和準備。例如，當您詢問 ChatGPT 如何回答「你的弱點是什麼？」這個問題時，它就能給您一些實用的建議，來幫助各位可以讓面試官留下好印象。

提示（prompt）詞

我經常被問到我的弱點是什麼，我該如何回答這個問題，才能讓面試官留下好印象？

ChatGPT 回答內容

策略1：轉化弱點為力量

選擇一個可以從正面解讀的弱點，並說明你是如何正確處理它的。

範例：

> "我是一個完美主義者，有時會花太多時間在細節上。但我已經學會設定實際的時間限制，來確保我可以在保持高品質的同時，也能夠高效地完成工作。"

策略2：提及非核心技能的弱點

選擇一個不是該職位核心要求的技能作為你的"弱點"。

範例：

> "我發現我在公開演講時會感到緊張。但我已經意識到這一點，並且正在努力提高我的公共演講技能，包括參加研討會和加入演講俱樂部。"

策略3：顯示你在努力改善

選擇一個你已經在努力改善的弱點，顯示你有自我提升的意願。

範例：

> "我過去常常在多任務處理時失去焦點。但最近我已經開始使用時間管理和專注力培養工具來幫助我更好地保持集中。"

策略4：提及過去的弱點和你如何克服它

描述一個你已經克服的弱點，顯示你有自我改善的能力。

範例：

> "早期在我的職業生涯中，我發現自己不太善於委派任務。但隨著時間的推移，我學會了信任我的團隊並更有效地分配任務。"

7-9-3 最大化利用 ChatGPT 的面試模擬功能

在本小節中，我們將深入研究如何最大程度地利用 ChatGPT 的面試模擬功能，以協助您準備面試並提高您的面試技巧。這項功能將模擬面試情境，幫助您練習回答問題，展示自己的能力，並增加面試成功的機會。底下為如何最大化利用 ChatGPT 的面試模擬功能的幾個提示策略：

- 提供詳細的背景資訊：在模擬面試前，告訴 ChatGPT 您申請的職位，公司和行業，這樣可以得到更具針對性的模擬問題和建議。
- 開放心態接受反饋：ChatGPT 的建議都是基於資料和經驗，請保持開放的心態，從中學習和成長。
- 多次模擬練習：面試技巧需要透過實際練習來鞏固。建議您多次使用 ChatGPT 進行模擬面試，直到您對自己的回答和表現感到滿意。

總之，面試是一個技巧和策略的結合，透過 ChatGPT 的模擬面試，您可以更好地準備，提高求職成功的機會。不論您是新鮮人還是資深專家，ChatGPT 都能為您提供專業的指導和支援。

7-10 問卷調查

問卷調查是收集客戶反饋和市場研究的重要工具。ChatGPT 可以提供問卷設計建議，例如「如何確保問卷的客觀性？」或「哪些問卷設計的問題格式最能得到有價值的反饋？」。

7-10-1 問卷調查的重要性

在商業和學術研究中，問卷調查是一個常用且有效的資料收集方法。它可以幫助研究者了解目標受眾的需求、態度和行為，從而制定更有針對性的策略或提出有價值的研究結論。然而，設計一份有效的問卷並不容易。它需要考慮問題的內容、格式和順序，以確保收集到的資料是可靠和有效的。例如，您可以這樣詢問 ChatGPT：

提示（prompt）詞

我想設計一份關於消費者對新開發多益線上模擬考的接受度的問卷，你有什麼建議嗎？

ChatGPT 回答內容

1. 背景信息

蒐集受訪者的基本資訊，如年齡、性別、教育背景，以及是否有多益考試經驗。

2. 瞭解消費者需求

- 需求了解：
  - 你認為多益模擬考試的重要性是什麼？
  - 你在選擇多益模擬考試時最看重的因素是什麼？

3. 功能與設計

探索受訪者對你的產品的期望和需求。

- **功能期望：**
  - 你期望多益線上模擬考試平台有哪些功能？
- **設計意見：**
  - 你對於使用者介面有什麼建議或期望？

4. 價格與價值

探索受訪者對價格和價值的看法。

- **價格意願：**
  - 你願意支付多少費用來使用一個高品質的多益模擬考試平台？
- **價值感受：**
  - 你認為多益線上模擬考試平台可以為你帶來什麼價值？

5. 宣傳與推廣

了解受訪者如何獲得相關產品的信息。

- **獲取信息方式：**
  - 你通常透過哪些渠道獲得多益考試資訊？
- **推薦意願：**
  - 如果你對我們的多益模擬考試平台滿意，你會推薦給朋友或家人嗎？

7-10-2 ChatGPT：您的問卷設計顧問

ChatGPT 具有豐富的問卷設計知識和經驗，可以提供從問題選擇到問卷結構的全方位建議。不僅如此，ChatGPT 還可以根據您的研究目的和目標受眾，提供具體的問題建議和範例。例如，當您詢問 ChatGPT 如何確保問卷的客觀性，可以參考底下的提示詞：

提示（prompt）詞

我擔心我的問卷可能會引導受訪者給出我想要的答案，該如何避免這種情況？

ChatGPT 回答內容

1. 避免使用加載性語言

避免使用可能引導受訪者向特定方向回答的語言或詞彙。

不良示例：

> "你認為我們卓越的多益模擬考試平台是不是非常有幫助？"

改善後的示例：

> "你認為我們的多益模擬考試平台對你有幫助嗎？"

2. 提供均衡的回答選項

確保你提供一個均衡的答案選項範圍，包括從非常正面到非常消極的所有可能答案。

示例：

> "你對我們的多益模擬考試平台的整體滿意度是如何？"
>
> - 非常滿意
> - 滿意
> - 中立
> - 不滿意
> - 非常不滿意

3. 使用開放式問題

開放式問題允許受訪者自由表達他們的想法，而不是被限制在特定的答案選項中。

示例：

> "你認為我們的多益模擬考試平台可以如何改進？"

4. 避免假設

7-10-3 最大化利用 ChatGPT 的問卷設計功能

在本小節中，我們將討論如何充分利用 ChatGPT 的問卷設計功能，以協助您創建有效的調查問卷。這項功能將幫助您設計問卷問題，確保問卷的合理性和有效性，並收集有價值的資料以支援您的研究或業務需求。底下為如何最大化利用 ChatGPT 的問卷設計功能的幾個思考策略：

- 明確研究目的：在設計問卷之前，首先要明確您的研究目的和目標。這將幫助 ChatGPT 為您提供更有針對性的建議。
- 多角度思考：當設計問卷時，考慮從不同的角度提問，這可以幫助您獲得更全面的反饋。
- 定期檢查和修訂：問卷設計是一個持續的過程。建議您定期檢查和修訂問卷，並根據受訪者的反饋進行調整。

總之，問卷調查是一個複雜但有價值的工具。透過 ChatGPT 的專業建議，您可以設計出更有效的問卷，從而獲得更有價值的資訊和洞察。

Note

08

CHAPTER

Copilot 與 AgentGPT 提問技巧與實例

2023 年年初 Microsoft 公司發表聊天機器人時，稱此為 Bing Chat AI，2024 年年初已經改名為 Microsoft Copilot，從現在開始，Bing Chat 正式更名為 Copilot，邁向與 ChatGPT 的競爭行列。微軟在 Microsoft Ignite 2023 大會上宣布，將原有的 Bing Chat 進行品牌重塑，並將個人版和企業版統一命名為「Copilot」，以降低用戶的混淆。

隨著 AI 技術的不斷進步，Copilot 的人工智慧聊天功能使得與 AI 的對話、獲取答案、建立內容以及探索資訊變得更加輕鬆和高效。這一轉變改變了我們搜尋資訊和獲取答案的方式。

AI 聊天已成為許多人日常生活和工作中的重要工具。無論是查詢最新新聞，還是規劃旅行行程，Copilot 提供了豐富的實用功能。本章將探討如何在不同領域中充分利用 Copilot，並分享一些實用的提問範例和技巧。

8-1 認識 Microsoft Copilot

除了加入付費訂閱 ChatGPT Plus 這個管道可以使用 GPT-4 的功能外，微軟已宣布微軟現在將「Copilot」做為 AI 聊天機器人的免費版本。

微軟近日更新免費版 AI 助理 Copilot，將底層模型由 GPT-4 改為最新的 GPT-4 Turbo。GPT-4 Turbo 是 OpenAI 去年 11 月公布的大型語言模型（LLM），使用的訓練資料最新日期為 2023 年 4 月，所支援的脈絡長度為 12.8 萬（128K）個 Token，相較之下，GPT-4 訓練資料的最新日期依舊是 2021 年 9 月，所支援的最長脈絡是 32,768 個 Token。OpenAI 強調，雖然 GPT-4 Turbo 更強大，但輸入和輸出價格是 GPT-4 的 1/3 及 1/2。

如果你使用微軟 Copilot，現在起可以免費使用 GPT-4 Turbo。升級到 GPT-4 Turbo 將使免費版 Copilot 更全面了解用戶對話的上下文（context），讓它能應對更複雜的問題，提供準確、適當的回答，避免回應內容重複、矛盾或不連貫。

8-1-1 Copilot 有哪些功能？

Copilot 是一款多功能的 AI 助手，具備多樣化的功能，以下是它的主要特色介紹：

- 資訊提供與答疑解惑：不論是科學、數學、歷史、地理，還是娛樂、文學、藝術等各種領域，Copilot 都能提供詳盡的資訊並解答您的疑問。
- 網路搜尋與即時資訊：Copilot 可以幫助您進行網路搜尋，找到最新資訊或特定資料，並根據您瀏覽的網頁內容提供即時的相關搜索結果和答案。
- 創作與內容編輯：Copilot 具備強大的生成式 AI 技術，能協助創作各種內容，包括詩歌、故事、程式碼、翻譯、文章、摘要、電子郵件範本、歌詞等，甚至能模仿名人的寫作風格。
- 圖片理解與藝術創作：您可以上傳圖片，Copilot 會幫助描述其內容，並且能利用視覺特徵來協助創作和編輯各種圖形藝術作品，如繪畫、漫畫和圖表。
- 建議與問題解決：無論您需要學習資源、書籍、電影或旅遊景點的建議，還是解決數學問題或程式碼錯誤，Copilot 都能提供有效的建議和解決方案。
- 文檔匯總與引用：Copilot 能夠匯總和引用各類文檔，包括 PDF、Word 文件及長篇網站內容，幫助您更高效地處理和使用大量資訊。
- 互動交流與娛樂：Copilot 能與您進行富有趣味的對話，通過問答、遊戲等方式進行互動，使交流更加生動有趣。

總體來說，Copilot 是一個強大且多才多藝的 AI 助手，不僅提升了搜索與信息處理的效率，還增添了創作與交流的樂趣。

8-1-2 第一次使用 Copilot AI 聊天機器人

本章將透過應用實例來示範如何使用 Copilot，首先請進入該官方網頁（https://www.bing.com/）：

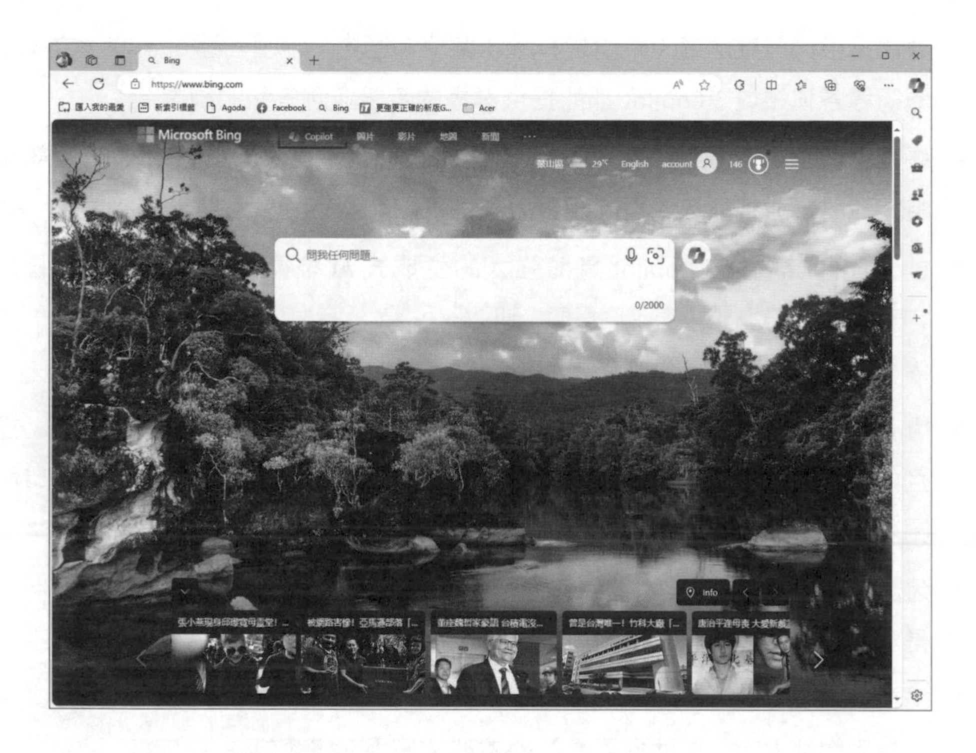

接著只要按上圖中的「Copilot」頁面，就會進入如下圖的聊天環境，使用者就可以開始問任何問題：

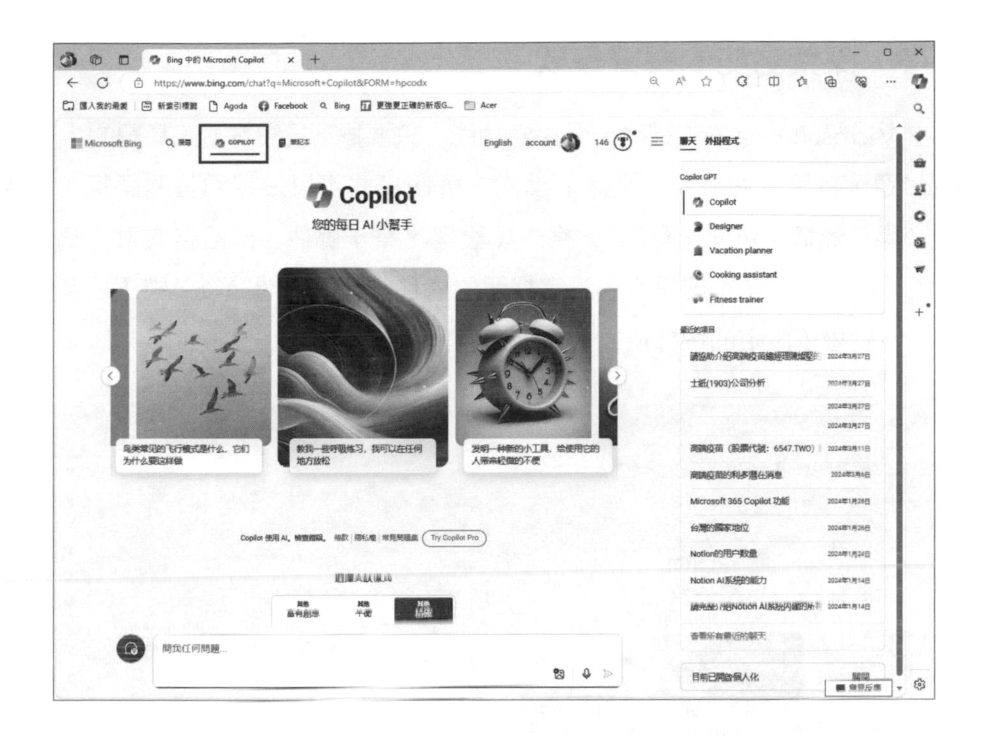

8-2 Copilot 三種交談樣式

要問 Copilot 任何問題前可以先選擇交談模式，目前 Copilot 提供三種交談模式：富有創意、平衡、精確。

- 富有創意樣式：適合用來發想文案，或是請它提供一些天馬行空的想法。
- 精確樣式：精確則是提供給您準確的事實，適合拿來查找資料。
- 平衡樣式：就是介於兩者之間，精確度高又不會太過死板，可以同時享受 Copilot 的樂趣又兼具實用性。

8-2-1 探索功能的撰寫模式

在 Microsoft Bing 右方還有一個探索功能，只要按下視窗右方工具鈕的「 」Copilot 鈕，就可以切換到「撰寫」模式，這個模式可以設定回答的語氣（很專業、悠閒、熱情、新聞、有趣）、格式（段落、電子郵件、部落格文章、構想）或長短（短、中、長）的設定，設定相關的條件後，輸入問題後，按下「產生草稿」鈕，就會依設定的撰寫模式去產出回答的內容。

8-2-2 總結當前網頁的內容

Copilot 有一個特殊的功能，它可以在提問框輸入「請幫我總結當前網頁的內容」，就可以針對目前所開啟的網頁內容，快速摘要出該網頁的內容總結，如下所示：

提示（prompt）詞

請幫我總結當前網頁的內容

Copilot 回答內容

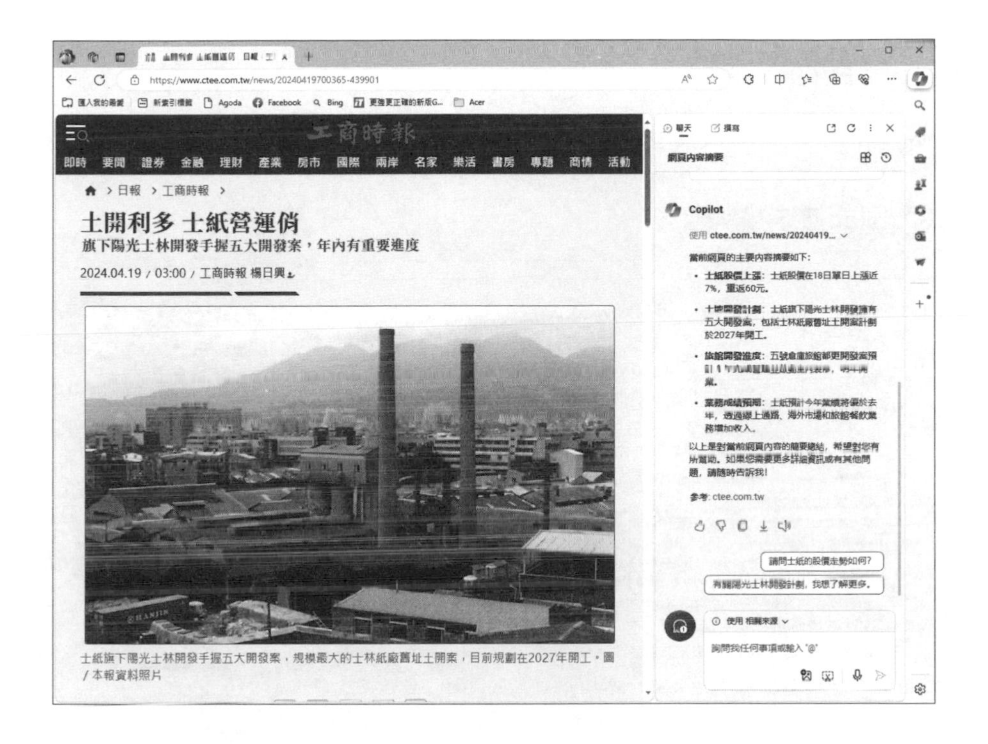

8-3 相較 ChatGPT 談 Copilot 聊天的優點

在當今的 AI 時代，各種聊天機器人如雨後春筍般出現，每一種都有其獨特的功能和優勢。ChatGPT 雖然在自然語言處理領域中表現出色，但當我們仔細比較時，會發現 Copilot AI 聊天在某些方面具有不可忽視的優點。以下是關於 Copilot AI 聊天優點的具體例子：

8-3-1　Copilot 會提供答案的來源

在這個資訊爆炸的時代，資料的真實性和可靠性變得尤為重要。Copilot 在這方面做得尤為出色。例如使用者問：「誰是第一位登上月球的太空人？」Copilot 不僅給出答案，還提供了來源，使使用者更有信心。如下例所示：

提示（prompt）詞

誰是第一位登上月球的太空人？

Copilot 回答內容

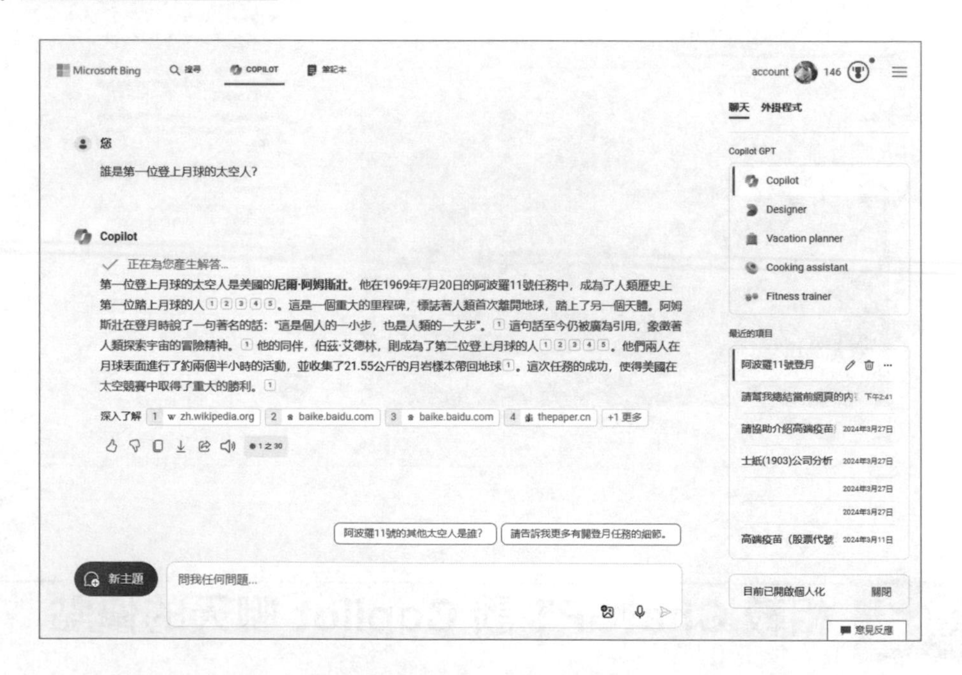

8-3-2　查詢資料沒有時間限制

時間對於許多人來說都是非常寶貴的。當我們需要快速查詢資料時，Copilot 的這一特點便顯得尤為重要，使用者可以與 Copilot 進行長時間的對話，不必擔心會被中斷或超時。

8-3-3　Copilot 即時連接到網路

在這個網路世界中，能夠即時連接和獲取最新資訊是一大優勢。Copilot 的這一功能使它在某些情境下優於其他聊天機器人，例如使用者問：「今天高雄的天氣如何？」這種情況下 Copilot 會即時連接到網路，提供最新的天氣資訊。如下圖所示：

提示（prompt）詞

今天高雄的天氣如何？

Copilot 回答內容

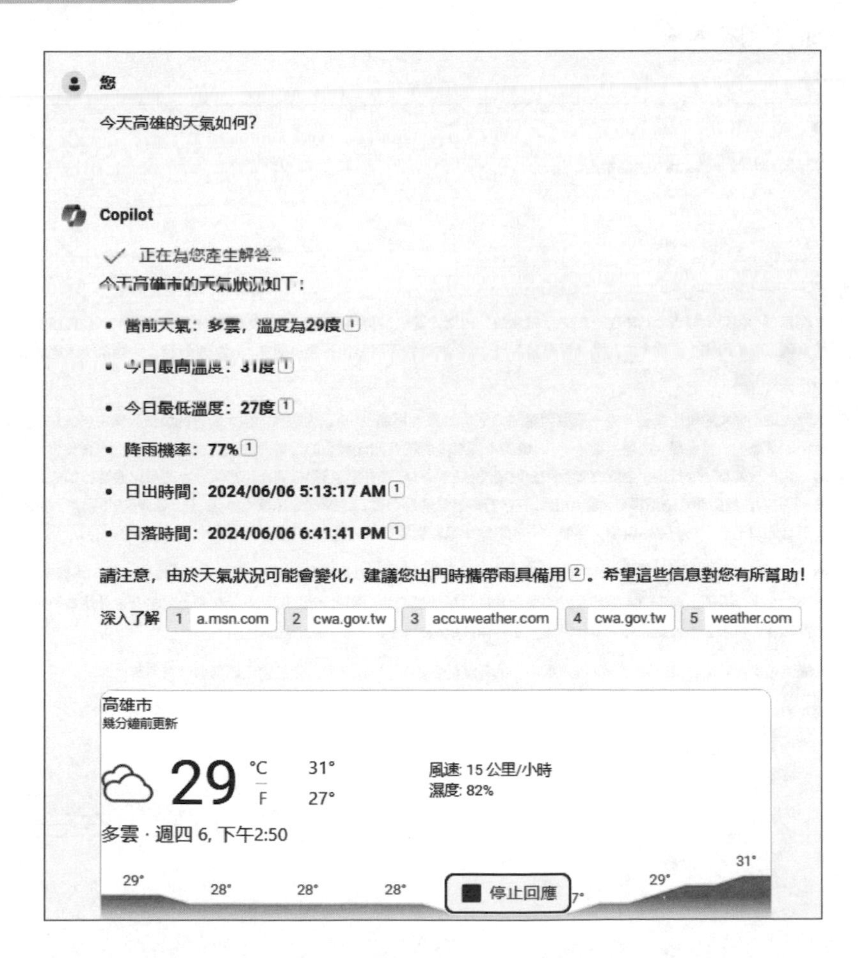

8-3-4 Copilot 可以直接讀取網頁

網頁內容包含了豐富的資訊，而 Copilot 能夠直接讀取這些內容，這意味著 Copilot 可以幫你讀網頁，例如使用者說：「我想知道 Wikipedia 上關於太陽系的資訊。」接著 Copilot 可以直接讀取網頁內容，並為使用者摘要重要資訊。如下圖所示：

提示（prompt）詞

我想知道 Wikipedia 上關於太陽系的資訊。

Copilot 回答內容

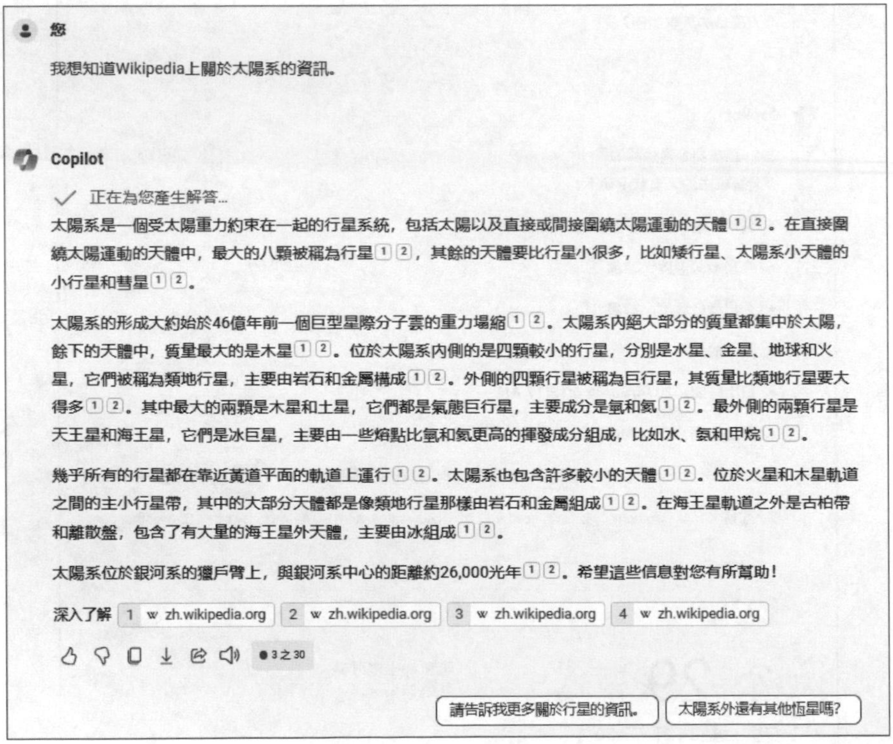

您

我想知道Wikipedia上關於太陽系的資訊。

Copilot

正在為您產生解答...

太陽系是一個受太陽重力約束在一起的行星系統，包括太陽以及直接或間接圍繞太陽運動的天體[1][2]。在直接圍繞太陽運動的天體中，最大的八顆被稱為行星[1][2]，其餘的天體要比行星小很多，比如矮行星、太陽系小天體的小行星和彗星[1][2]。

太陽系的形成大約始於46億年前一個巨型星際分子雲的重力塌縮[1][2]。太陽系內絕大部分的質量都集中於太陽，餘下的天體中，質量最大的是木星[1][2]。位於太陽系內側的是四顆較小的行星，分別是水星、金星、地球和火星，它們被稱為類地行星，主要由岩石和金屬構成[1][2]。外側的四顆行星被稱為巨行星，其質量比類地行星要大得多[1][2]。其中最大的兩顆是木星和土星，它們都是氣態巨行星，主要成分是氫和氦[1][2]。最外側的兩顆行星是天王星和海王星，它們是冰巨星，主要由一些熔點比氫和氦更高的揮發成分組成，比如水、氨和甲烷[1][2]。

幾乎所有的行星都在靠近黃道平面的軌道上運行[1][2]。太陽系也包含許多較小的天體[1][2]。位於火星和木星軌道之間的主小行星帶，其中的大部分天體都是像類地行星那樣由岩石和金屬組成[1][2]。在海王星軌道之外是古柏帶和離散盤，包含了有大量的海王星外天體，主要由冰組成[1][2]。

太陽系位於銀河系的獵戶臂上，與銀河系中心的距離約26,000光年[1][2]。希望這些信息對您有所幫助！

深入了解 1 zh.wikipedia.org 2 zh.wikipedia.org 3 zh.wikipedia.org 4 zh.wikipedia.org

3 之 30

請告訴我更多關於行星的資訊。 太陽系外還有其他恆星嗎?

8-3-5 可以直接即時搜尋圖片

圖片在現今的溝通中扮演著越來越重要的角色。Copilot 的這一功能不僅提供了更多的可能性，還可以直接即時搜尋圖片。例如使用者說：「我想看一下大熊貓的照片。」接著 Copilot 可以即時搜尋並提供立即創建相關圖片給使用者。如下圖所示：

提示（prompt）詞

我想看一下大熊貓的照片。

Copilot 回答內容

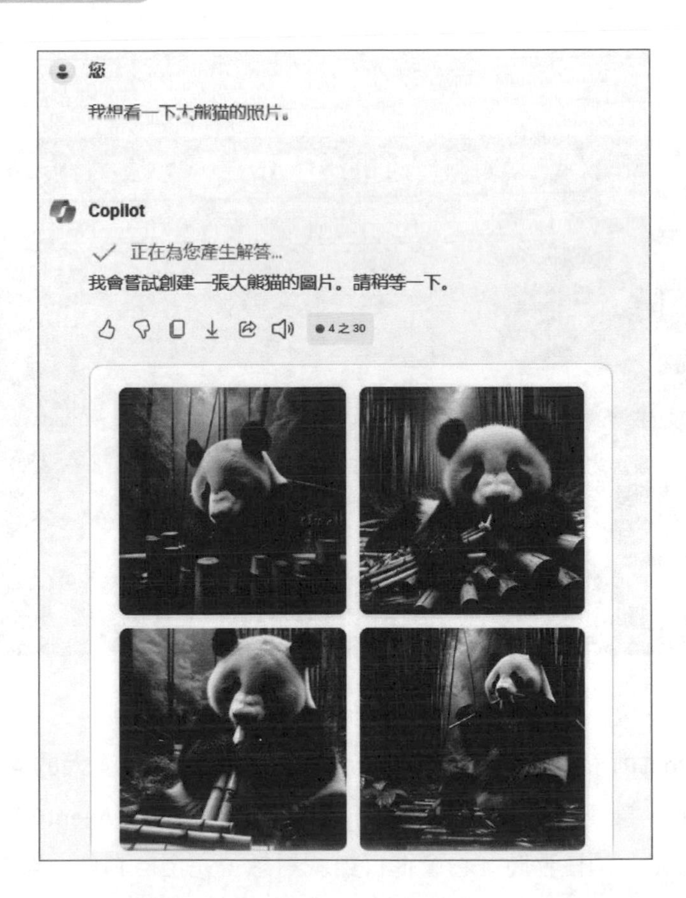

這些優點顯示了 Copilot AI 聊天在某些方面的強大功能，特別是在即時網路查詢和資料提供方面。

8-4 網頁版的 Auto-GPT：AgentGPT

AgentGPT 是 Auto-GPT 的網頁化版本，具有直觀的圖形化操作界面，使得使用者能夠更輕鬆地互動和使用。傳統的 Auto-GPT 需要在本地機器上運行，這對於不擅長使用命令行的使用者來說，可能會遇到許多設定上的挑戰。相對之下，AgentGPT 提供了一個使用者友好的界面，只要簡單設定「目標」，即可開始使用，無需進行繁瑣的安裝和配置。

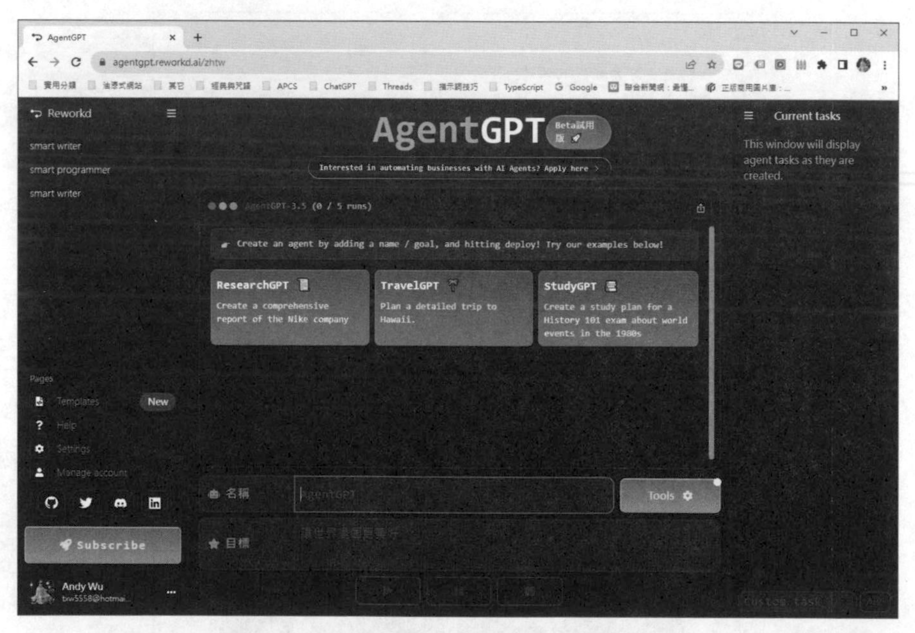

https://agentgpt.reworkd.ai/zh

基於 Auto-GPT 的核心技術，AgentGPT 不僅繼承了其強大的 AI 功能，還增添了圖形界面，讓使用者的閱讀和操作體驗更上一層樓。AgentGPT 能夠獨立執行任務，當給定一個任務時，它會進行自我對話，完全自動化，無需人工干預。

舉例來說，假如您想探索投資相關的知識，AgentGPT 會主動搜尋股票市場中的穩健投資項目，並為您提供相關建議和後續的策略。如下圖所示：

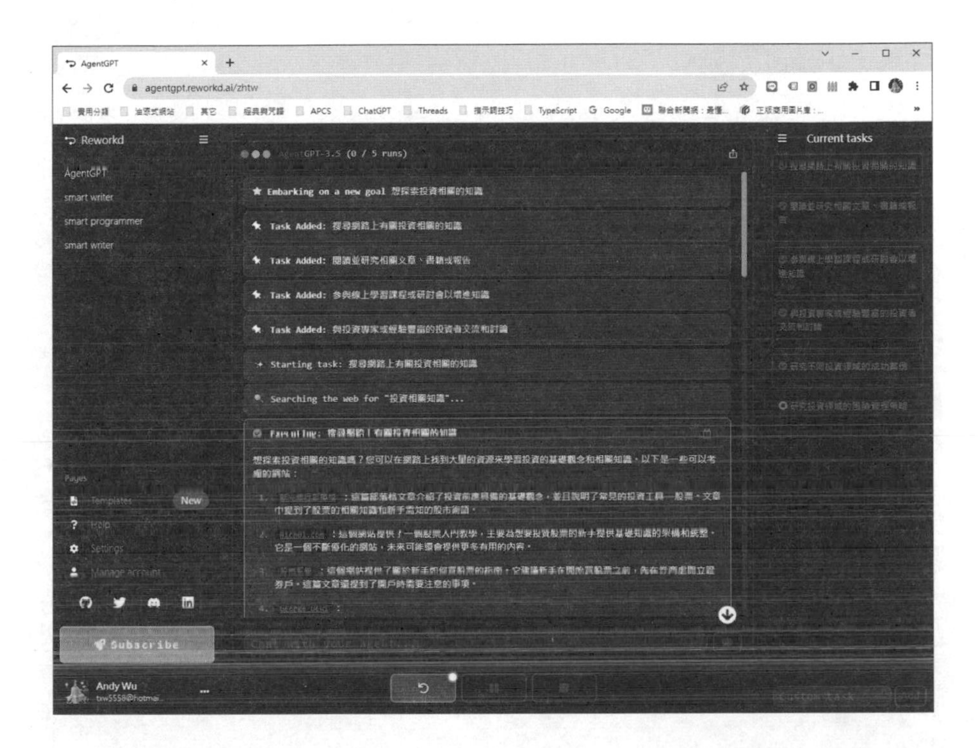

更令人驚喜的是，它能夠儲存所產生的資料，並按照您的需求，提供不同的輸出格式，如圖片、文字等。此外，為了滿足進階使用者的需求，AgentGPT 還允許使用者自行設定 GPT 模型參數和使用 OpenAI API Key，增加了更多的靈活性和自定義選項。

8-5 資訊與新聞

在數位化的 21 世紀，我們每天都被大量的資訊所包圍。從社交媒體、新聞網站到電視廣播，各種資訊源源不絕地湧入我們的生活。這使得我們有時會感到不知所措，難以分辨哪些資訊是真實、重要和有價值的。在這樣的背景下，一個能夠迅速、準確地提供資訊的工具變得尤為重要。

例如，當您想知道”最近的經濟趨勢是什麼？”或“告訴我最近關於台灣「海葵」颱風的新聞摘要。Copilot 都能提供詳盡的答案。

提示（prompt）詞

最近的經濟趨勢是什麼？

Copilot 回答內容

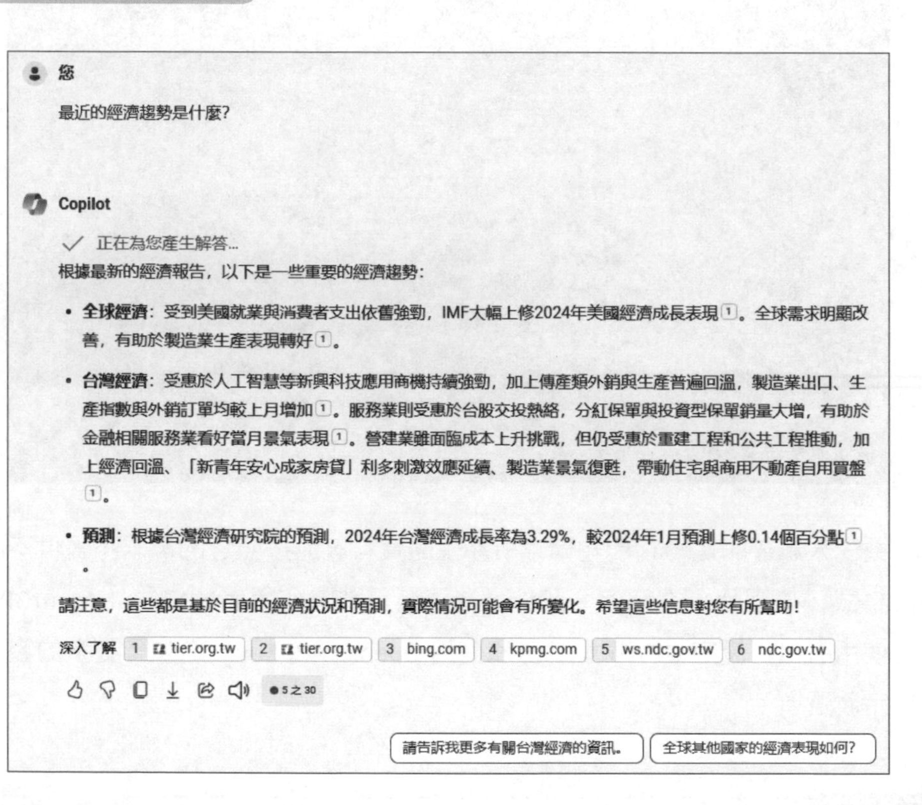

提示（prompt）詞

告訴我最近關於台灣「海葵」颱風的新聞摘要。

Copilot 回答內容

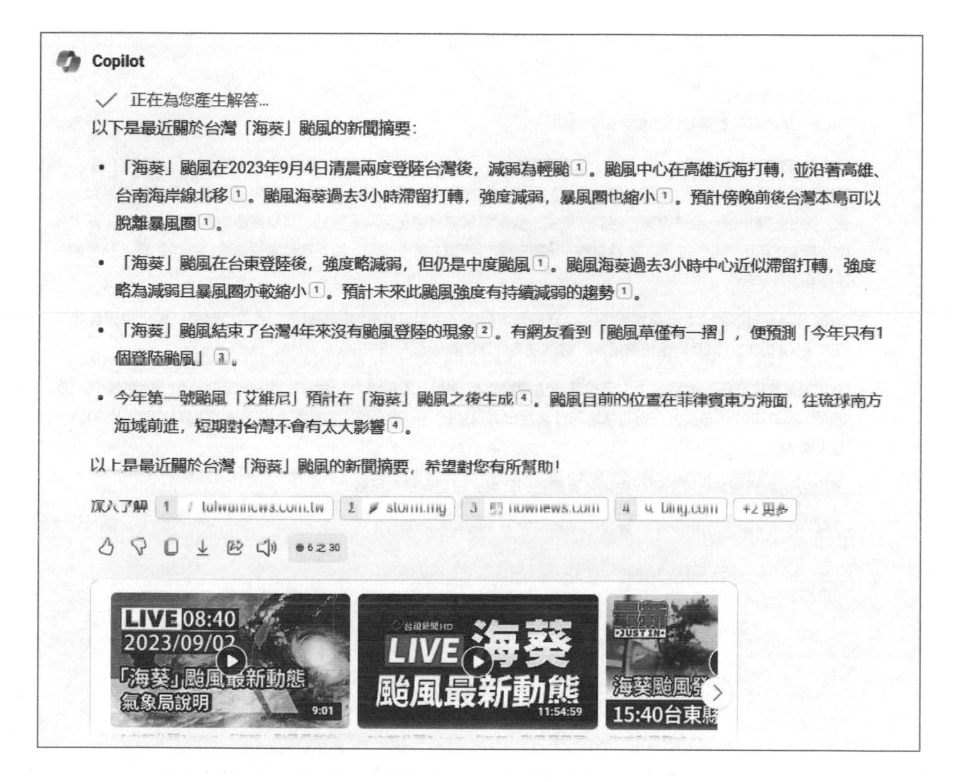
Copilot
正在為您產生解答...
以下是最近關於台灣「海葵」颱風的新聞摘要：

- 「海葵」颱風在2023年9月4日清晨兩度登陸台灣後，減弱為輕颱 1。颱風中心在高雄近海打轉，並沿著高雄、台南海岸線北移 1。颱風海葵過去3小時滯留打轉，強度減弱，暴風圈也縮小 1。預計傍晚前後台灣本島可以脫離暴風圈 1。
- 「海葵」颱風在台東登陸後，強度略減弱，但仍是中度颱風 1。颱風海葵過去3小時中心近似滯留打轉，強度略為減弱且暴風圈亦較縮小 1。預計未來此颱風強度有持續減弱的趨勢 1。
- 「海葵」颱風結束了台灣4年來沒有颱風登陸的現象 2。有網友看到「颱風草僅有一摺」，便預測「今年只有1個登陸颱風」 3。
- 今年第一號颱風「艾維尼」預計在「海葵」颱風之後生成 4。颱風目前的位置在菲律賓東方海面，往琉球南方海域前進，短期對台灣不會有太大影響 4。

以上是最近關於台灣「海葵」颱風的新聞摘要，希望對您有所幫助！

8-5-1 Copilot：您的私人新聞助理

Copilot 結合了先進的搜尋引擎技術和人工智慧演算法，能夠在短時間內為您找到最相關、最新的新聞和資訊。不僅如此，Copilot 還能根據您的需求，提供深入的分析和背景資訊，幫助您更好地理解新聞事件的全貌。例如：

提示（prompt）詞

請列出近一年內關於氣候變化的重要研究報告。

Copilot 回答內容

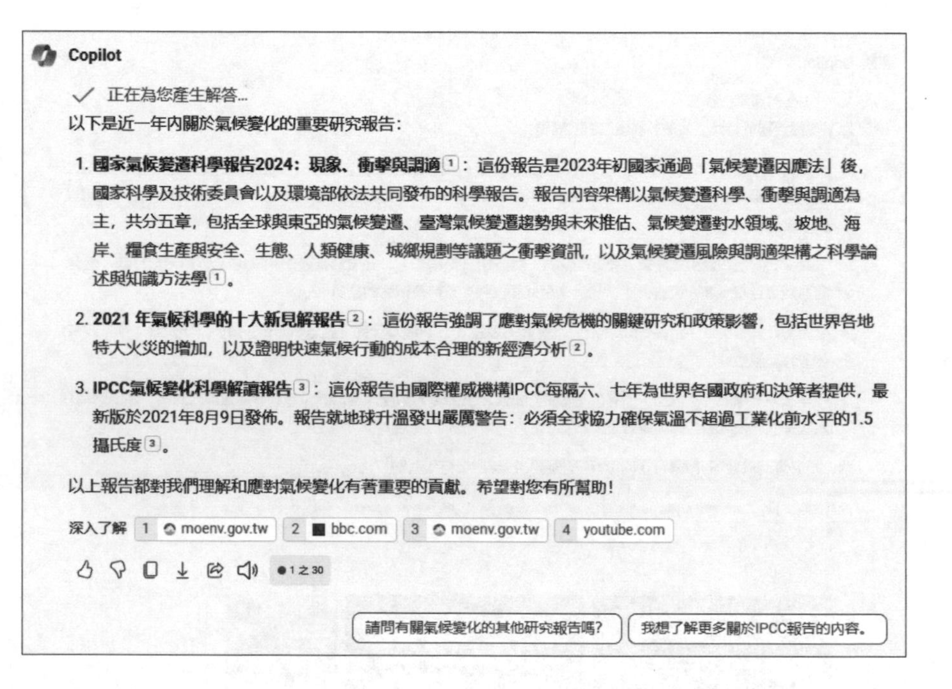

8-6 遊戲與娛樂

娛樂和遊戲是我們日常生活中的重要部分。Copilot 可以提供遊戲建議、電影評論或即將上映的音樂會資訊。在忙碌的生活中，娛樂和遊戲為我們提供了放鬆和休閒的機會。從觀看電影、玩電子遊戲到參加音樂會，這些活動都能讓我們暫時忘記煩惱，沉浸在虛擬或現實的娛樂世界中。而在這個數位化的時代，如何迅速找到自己喜歡的娛樂內容，成為了許多人的需求。例如，當您想知道「這個月有哪些值得觀看的電影？」，Copilot 都能提供您所需的資訊。

提示（prompt）詞

這個月有哪些值得觀看的電影？

Copilot 回答內容

Copilot

✓ 正在為您產生解答...

以下是這個月值得觀看的電影:

1. **怪獸8號**: 由知名公司I.G動畫製作的話題大作，故事講述在怪獸屍體清潔公司工作，曾經懷抱成為防衛員的夢想，在一次帥氣逞英雄後，在住院時非自願吃下一隻怪獸，意外得到變身成怪獸的能力 [1]。
2. **寄生獸 灰色部隊**: Netflix韓國影集《寄生獸：灰色部隊》在4月上架後，短期內衝上全球冠軍熱門排行榜，該部主要是改編日本漫畫家「岩明均」暢銷漫畫《寄生獸》 [1]。
3. **Rebel Moon第2部 烙印之人**: 查導在Netflix獲得無限開火權，在活屍大軍和衍生作品，預計以Rebel Moon打造屬於他的星際大戰 [1]。
4. **柏林童話變奏曲**: 由知名漫畫團體CLAMP操刀，他們的輝煌歷史七年級生一定知道「庫洛魔法使」、「X」都出自他們手下 [1]。
5. **死亡男孩偵探社**: 講著鬼魂死黨艾德恩和查爾斯在躲避女巫追殺時，還能一展偵探功夫，解決疑案 [1]。
6. **城市獵人**: 《城市獵人》這個風靡數十年的角色，也來到現代了！鈴木亮平把內褲套上頭上後，彷彿同時需要嚴肅、搞笑與肌肉的角色，選他就對了 [1]。
7. **我們的生物世界**: 由凱特布蘭琪導讀，《我們的生物世界》紀錄片由艾美獎班底製作，走遍全世界只為了告訴我們這個世界有多麼神奇的系統在運作 [1]。
8. **Destiny 命運交會**: 由石原聰美擔綱主角，成為母親後，睽違3年首度主役的番作 [1]。
9. **完全省錢戀愛手冊**: 由郭書瑤和林子閎主演的都會喜劇，講著一個精打細算的女主角，碰上一個花錢不手軟的男主角 [1]。
10. **雙面女弒親案**: 這部一小時多的《雙面女弒親案》紀錄片，在亞裔背景加持下，目前是排行榜第一 [1]。

以上是這個月值得觀看的電影，希望對您有所幫助！

8-6-1 Copilot：您的娛樂指南

Copilot 具有強大的數據分析能力，能夠根據您的喜好和當前的流行趨勢，為您推薦適合的娛樂內容。不僅如此，Copilot 還能提供詳細的電影評論、遊戲攻略或音樂會資訊，幫助您做出最佳的選擇。例如，當您詢問 Copilot 關於最近的熱門電子遊戲：

提示（prompt）詞

最近台灣有哪些玩家評價高的電子遊戲？

Copilot 回答內容

以下是近期在台灣玩家評價高的電子遊戲：

1. **餐癮地城**：由"maJAJa"獨立工作室所開發的橫向卷軸動作遊戲，售價為399元。這是一款兼具自由度與KUSO的作品，你將裝備各種武器施展不同的連段來攻略 1 。
2. **記憶邊境**：由"極度邊緣"獨立工作室所開發，售價為449元。以煉金術、瘟疫等題材製作的魂系作品 2 。
3. **獸人按摩店**：由"Torch Studio"獨立工作室所開發，售價為319元。你將做為正直獸人，來到大城市裡打拚生存，努力鑽研手藝成為最強按摩師 3 。
4. **MasterQ**：由獨立遊戲創作者所開發，售價為118元。身為一位紅髮特務，你將要前去拯救被飛碟擄走的女友 4 。
5. **女鬼橋 開魂路**：由大宇資訊開發，台幣售價為299元。以東湖大學恐怖傳說為背景，描述六名學生舉辦迎新試膽大會 5 。
6. **風色幻想一到六外加XX、SP**：由弘煜科技所開發，整套買下來便宜40%，售價為462元。20多年前的台產日系RPG，一推出就讓許多玩家念念不忘 6 。
7. **鋼鐵之鬪**：由"數位卡夫特"所開發，售價為350元。這是一款標榜極度自由的格鬥遊戲 7 。
8. **西門町2 萬斋靈動**：由網銀國際所開發，售價為1390元。平靜的某日，西門町內再度出現厄禍，而上了大學的主角語默，將再一次守護這一片土地 8 。
9. **聖女之歌ZERO 2：鱗痕誓約**：由老牌"風雷工作室"所開發，售價為530元。遊戲特色在於多樣的攻擊操作，閃避、三段跳、空中衝刺、下滑等等 9 。
10. **霧城**：由獨立工作室"魔鬼蟲遊戲"所開發，售價為320元。玩家將操控一位墓園看守人，負責在深夜裡看守霧城第四號公墓 10 。

以上是近期在台灣玩家評價高的電子遊戲，希望對您有所幫助！

深入了解 1 store.steampowered.com 2 store.steampowered.com 3 store.steampowered.com +15 更多

8-7 財務與理財

在當今的社會，隨著經濟的快速發展和金融市場的日益複雜，財務管理和理財已經成為每個人都必須面對的課題。無論是家庭的日常開支、購房購車的大筆支出，還是退休後的生活規劃，都需要有明確的財務計劃。而在投資領域，如何選擇合適的投資標的、如何分析市場趨勢，更是考驗每個投資者的智慧。在複雜的經濟環境中，財務管理和理財變得越來越重要。

Copilot 可以提供投資建議、股市分析或最新的匯率資訊。例如，當您想知道“最近的黃金價格趨勢是什麼？”或“有什麼方法可以投資台灣股市？”，Copilot 都能提供專業的答案。

提示（prompt）詞

最近的黃金價格趨勢是什麼？

Copilot 回答內容

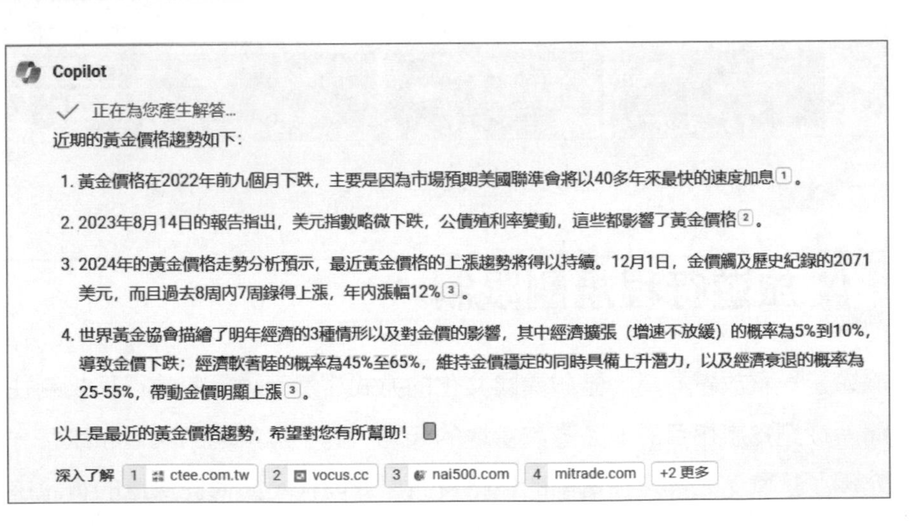

提示（prompt）詞

有什麼方法可以投資台灣股市？

Copilot 回答內容

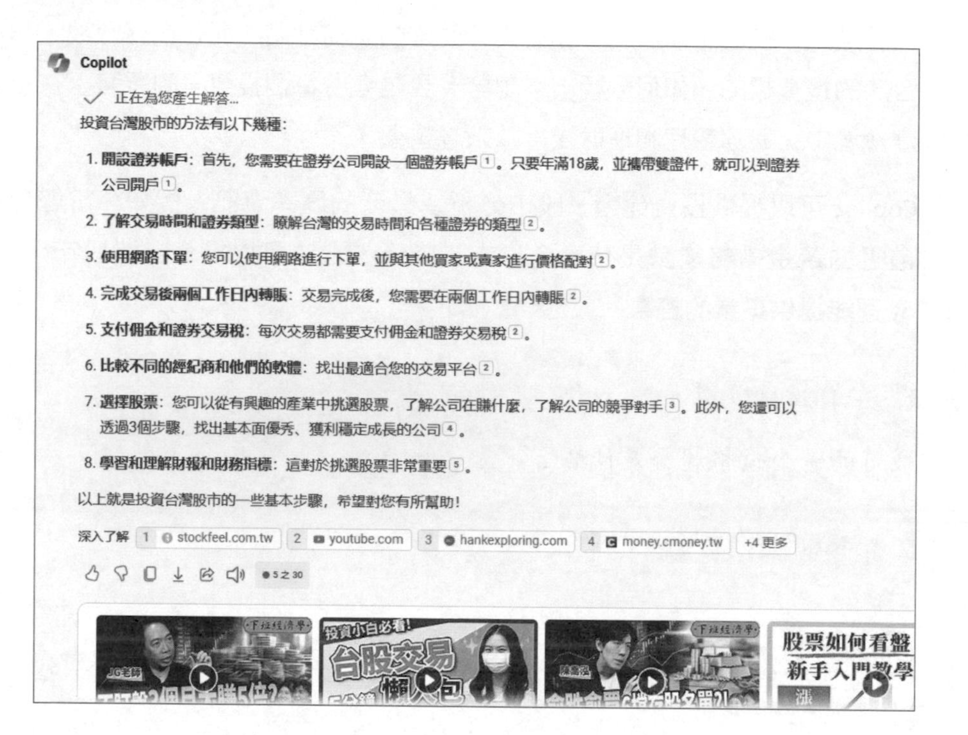

8-8 旅遊行程規劃限制

旅遊是一種放鬆心情、體驗異國文化的方式。然而，行前的行程規劃往往令人頭痛。從選擇旅遊目的地、查詢當地的天氣、到了解當地的交通和飲食，每一步都充滿了挑戰。尤其是在當前的網路資訊爆炸時代，如何從海量的資訊中篩選出真正有用的、適合自己的建議，成為了許多旅行者的困惑。

Copilot 可以提供旅遊目的地建議、當地的天氣預報或交通資訊。例如，當您想知道“巴黎近期的天氣如何？”或”羅馬有哪些不可錯過的旅遊景點？”，Copilot 都能提供詳盡的答案。

提示（prompt）詞

巴黎近期的天氣如何？

Copilot 回答內容

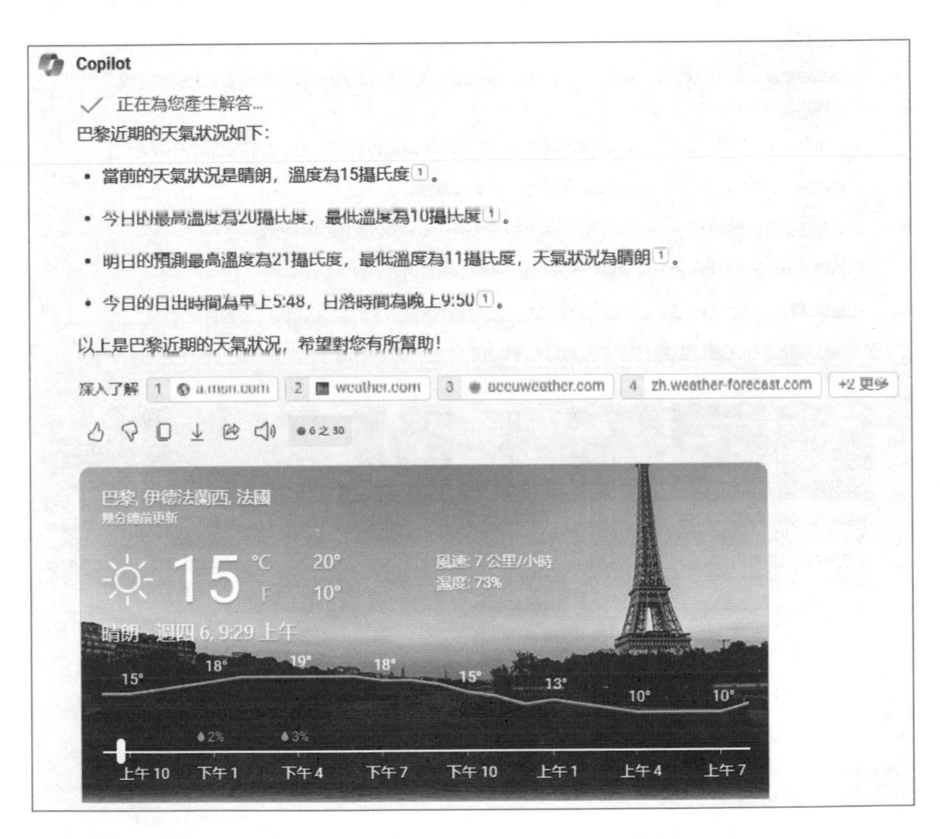

提示（prompt）詞

羅馬有哪些不可錯過的旅遊景點？

Copilot 回答內容

Copilot

✓ 正在為您產生解答...

羅馬是一個充滿歷史與文化的城市，以下是一些不容錯過的旅遊景點：

1. **羅馬競技場**：這是整個羅馬帝國最大的圓形劇場，已有近2000年的歷史，曾用於角鬥比賽和其他公共活動[1]。
2. **梵蒂岡城**：這是一個被羅馬城包圍的獨立城邦，其中包括了梵蒂岡博物館、聖彼得大教堂等重要景點[1]。
3. **特雷維噴泉**：這是世界上最大的巴洛克式噴泉，每天都有成千上萬的遊客前來朝聖，並以特殊的許願方式祈禱「重返羅馬」[1]。
4. **西班牙階梯**：這是一座有135級台階的熱鬧樓梯，因奧黛麗·赫本1953年的電影《羅馬假期》而聞名[1]。
5. **萬神殿**：如果您在羅馬只有幾個小時，您絕對應該參觀萬神殿[1]。
6. **古羅馬廣場**：這是羅馬最重要的政治、商業和宗教中心，有許多古羅馬時期的遺址[2]。
7. **帕拉丁山**：這是羅馬七座丘陵中最中心的一座，也是羅馬城的發源地[2]。
8. **真理之口**：這是一個古羅馬時期的大理石面具，相傳如果說謊的人把手放入口中，口就會閉上[2]。

以上就是羅馬的一些重要旅遊景點，希望對您有所幫助！

09
CHAPTER

提示詞（Prompt）範本網站大搜密

在AI 領域裡，適切的提示詞（Prompt）往往是取得精準回應的重要因素。隨著 ChatGPT 日益受到關注，有許多專門的網站和工具開始提供提示詞的範本，目的在協助使用者充分發揮 AI 的效能。這些範本網站涵蓋了從簡單的問答到高級的指令，提供了一系列的工具和資源。例如，如果您想了解如何利用 ChatGPT 進行創意寫作或資料解析，這些平台都會有相對應的專業範本供您參考。

9-1 AIPRM for ChatGPT

AIPRM 是專門為 ChatGPT 設計的提示詞範本網站，提供了多種場景和用途的範本。無論您是初學者還是專家，都可以在此找到合適的範本。例如，當您想知道如何使用 ChatGPT 進行市場分析或創意寫作，AIPRM 都有相應的範本供您參考。

AIPRM for ChatGPT 是 OpenAI 推出的增強功能外掛，它可以為從事 SEO、行銷、藝術創作、程式設計以及軟體即服務（SaaS）的專業人士提供一套精心挑選的 ChatGPT 指令範本。使用者不僅可以利用現有的範本，還可以自行設計新的範本，以滿足特定的需求。此外，它還允許使用者根據自身的需求調整 AI 的語言風格和語氣，使其更加符合個人或企業的品牌語言。請各位自行透過 Chrome 應用程式商店進行搜尋與安裝：

成功安裝了 AIRPM for ChatGPT 後，這款擴充外掛會被整合進 ChatGPT 的主介面。使用者可以透過多種分類來選擇和探索不同的 Prompt 主題，或是利用搜尋功能來迅速找到所需的主題，外掛會呈現多個可供選擇的主題類別。這意味著，無論你是想找到有關 SEO 優化的指令範本，或是尋找可以幫助提高社群媒體行銷效率的策略，你都可以透過這個功能來完成。例如，如果你是一名程式開發人員，你可以選擇相應的分類來找到與程式開發相關的 Prompt 範本。這可以幫助你更快更高效地完成你的工作。

此外，該外掛還配備了一個搜尋功能，讓你能夠直接輸入關鍵字來找到你需要的範本。比如說，如果你正在尋找有助於創作藝術作品的靈感，你可以在搜尋欄中輸入「藝術創作」，系統將會呈現一系列與之相關的 Prompt 範本，幫助你找到最適合你需求的範本。

總之，AIRPM for ChatGPT 擴充外掛不僅提供了一個便利的方式來尋找和選擇範本，而且還允許使用者根據自己的需求來定制和建立新的範本，從而更好地服務於各種專業領域和個人需求。

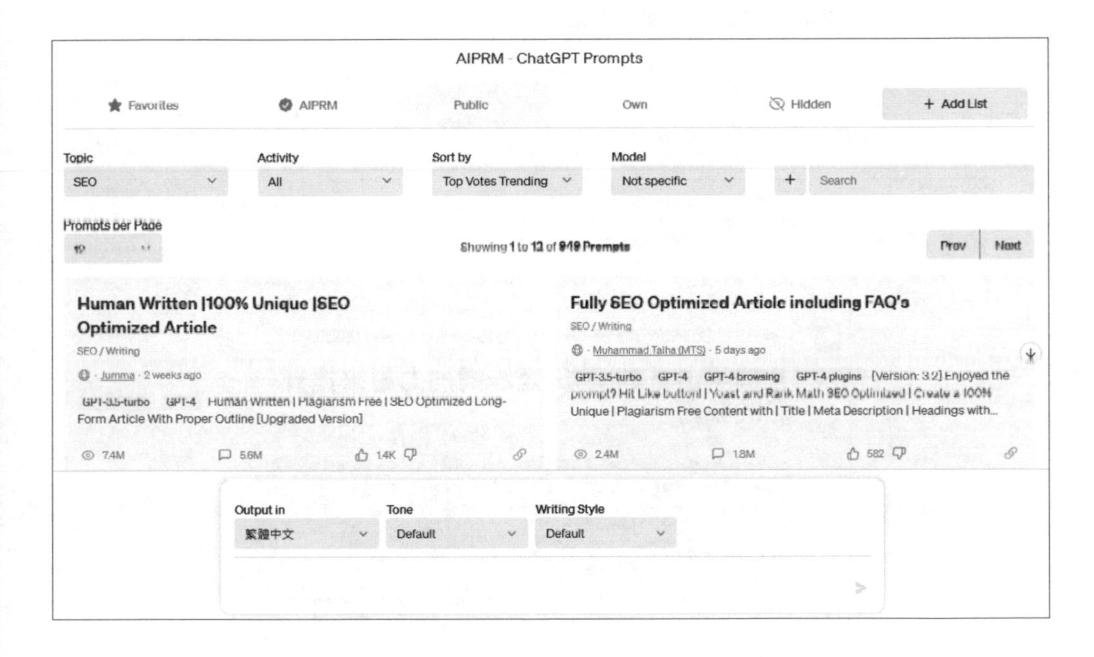

各位可以直接點選 Prompt 模板，也可以允許各位設定輸出的語言，例如下圖為「Human Written 100% Unique SEO Optimized Ariticle」模板，我們輸入「社群平台行銷」的主題：

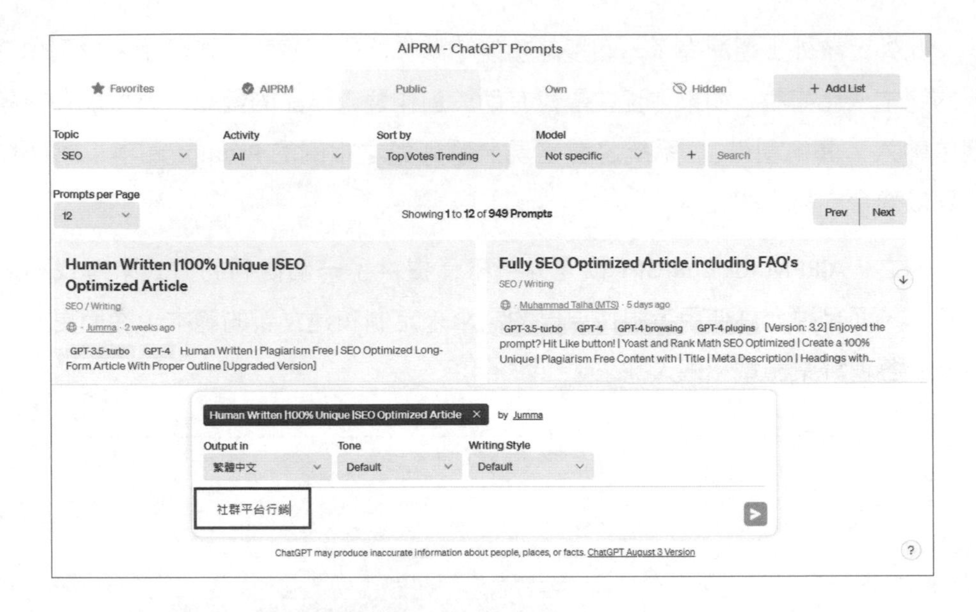

接著就會出現類似下圖文章內容：

Created with AIPRM Prompt "Human Written |100% Unique |SEO Optimized Article"

社群平台行銷: 利用互聯網的力量來提升您的業務

社群平台行銷在現代數位時代中扮演著極為重要的角色。無論您是一家新創企業還是一家傳統企業，利用社交媒體和網絡社區來促進業務增長都是至關重要的。本文將深入探討社群平台行銷的策略和技巧，幫助您利用互聯網的力量來提升您的業務。

H1: 什麼是社群平台行銷？

社群平台行銷是一種利用社交媒體平台和網絡社區來推廣產品或服務的數位營銷策略。這種策略可以幫助企業建立品牌知名度，吸引潛在客戶，並與現有客戶建立更深入的關係。

H2: 為什麼社群平台行銷如此重要？

社群平台行銷之所以如此重要，是因為它允許企業與其目標受眾進行即時互動。這種互動可以增加客戶參與度，提高品牌忠誠度，並最終促使更多銷售。

H2: 社群平台行銷的好處

1. 擴大品牌知名度: 通過社交媒體平台，您可以讓更多人認識您的品牌，增加知名度。
2. 增加流量: 社交媒體和網絡社區可以為您的網站帶來更多流量，增加潛在客戶。
3. 提高客戶忠誠度: 通過互動和回應客戶的評論，您可以建立更深入的關係，提高客戶忠誠度。
4. 有效的目標廣告: 社交媒體平台允許您針對特定目標受眾進行廣告投放，提高廣告效益。

H1: 社群平台行銷策略

我們再以另外一個模板示範，下圖是「YouTube SEO Title, Description With Tags Generator」模板，當我們輸入「多國語言線上學習軟體」主題後，ChatGPT 就會產生具結構性的 Blog（部落格）大綱。如以下二圖所示：

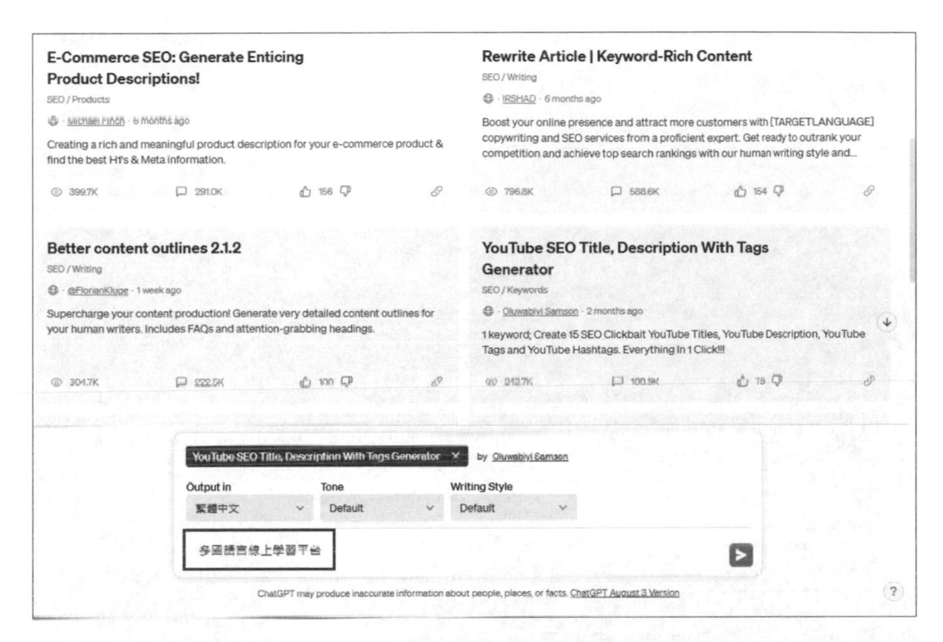

9-2 Awesome ChatGPT Prompts

Awesome ChatGPT Prompts 是一個集合了眾多高質量提示詞的網站。它涵蓋了從基礎問答到專業應用的各種範本。例如，當您想知道如何使用 ChatGPT 進行語言翻譯或產生程式碼，這個網站都能提供專業的範本。

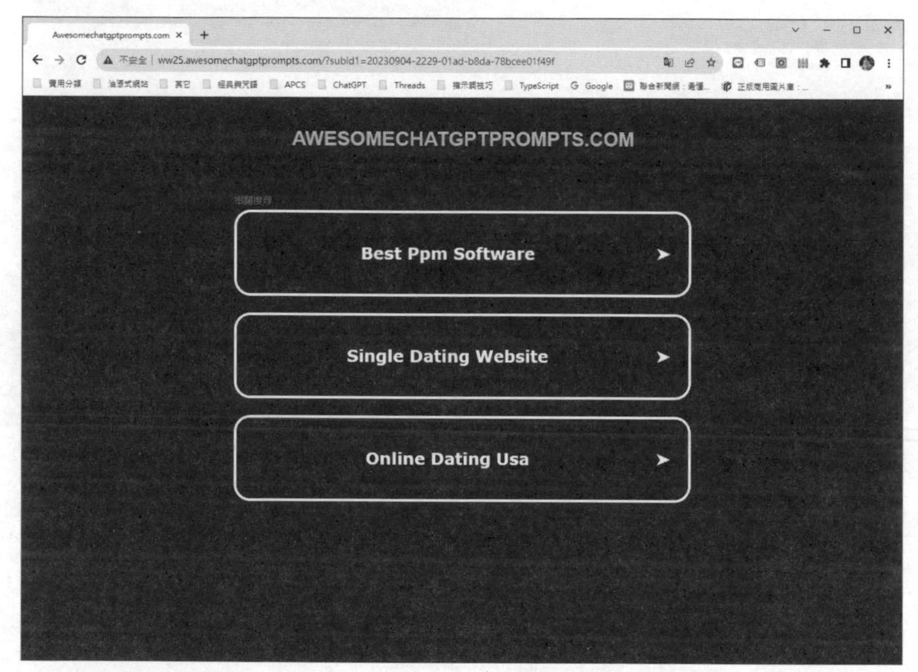

官方網址 https://www.awesomechatgptprompts.com

9-2-1 本網站功能特色說明

Awesome ChatGPT Prompts 是專為 ChatGPT 使用者打造的提示詞範本庫。以下是其主要功能特色：

- 範疇廣泛：無論您是想要基礎的日常問答還是專業領域的應用，這個網站都有相應的範本。

- 高質量保證：所有的範本都經過專家審核，確保其質量和實用性。
- 使用者貢獻：網站允許使用者提交自己的範本，形成一個共享和互助的社群。
- 即時更新：隨著 ChatGPT 的更新和使用者的反饋，網站會定期更新範本，確保其時效性和前沿性。

9-3 FlowGPT AI 指令社群網路服務平台

FlowGPT 是一個專為更流暢地與 ChatGPT 溝通而設計的社群平台，這個平台匯集並提供有結構的提示詞範本。它集合了大量的 AI 指令，並鼓勵使用者互相交流，以發掘 AI 的潛力和創造多元的內容。

此平台擁有大量 AI 指令，可以輕鬆建立文章、編寫程式碼、進行語言翻譯，產出各種創意內容，並提供深入的問答服務。藉助 FlowGPT，你不僅可以找到答案，還能夠為你的創作注入新的靈感和特色，開創更多可能性。

在你踏入 FlowGPT 平台的探索旅程前，首先需完成註冊和登入程序。成功登入後，你將能夠瀏覽 AI 提示的豐富資料庫，自行設計 AI 提示，並與社群中的其他成員互動。FlowGPT 是追求創新和靈感的理想場所，其龐大的 AI 提示資源能助你輕鬆找到創意的火花。

9-3-1 註冊 FlowGPT

登入 FlowGPT 網站：https://flowgpt.com/，登入網站後，點選右上「Log in」：

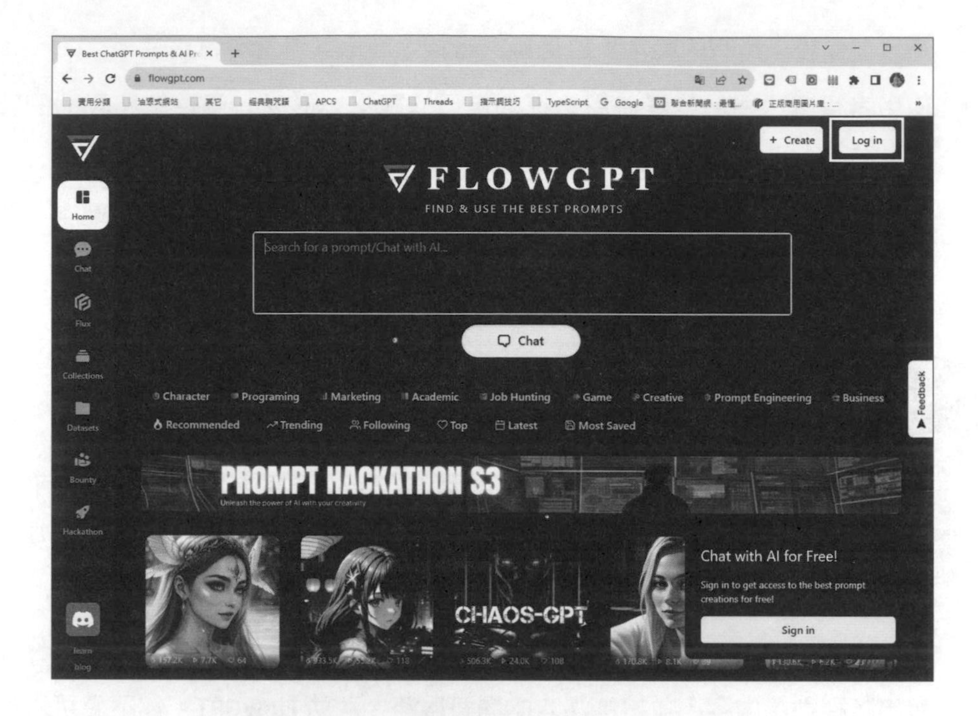

各位可以直接使用 Google 帳號註冊。

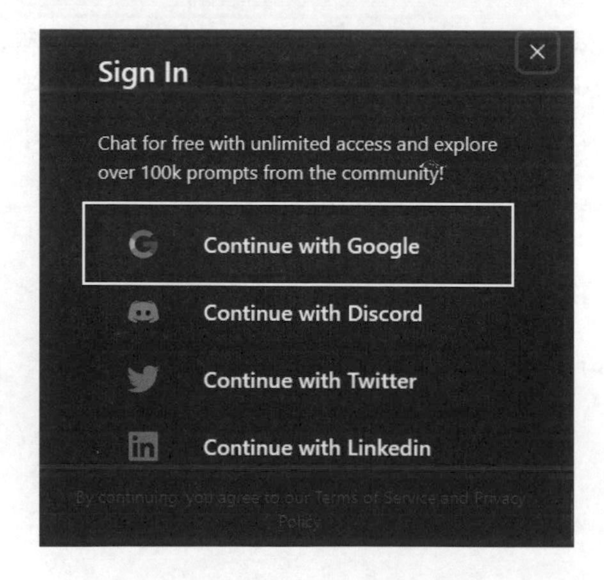

接著可以將語言設定為中文（Chinese）：

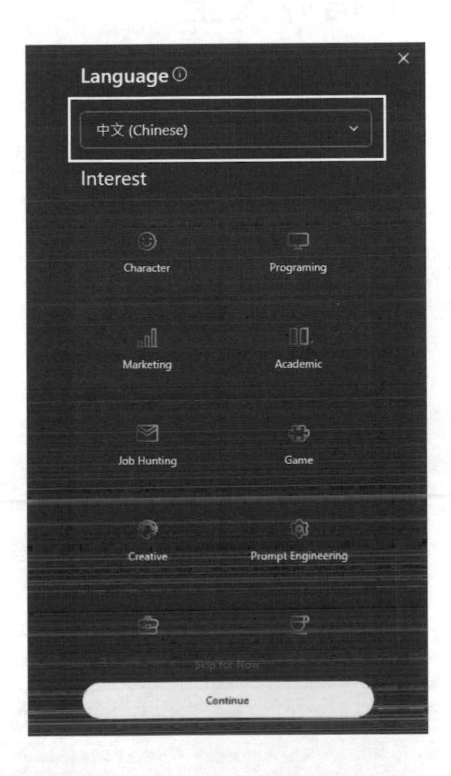

接著就可以在中間提問框輸入要查詢的關鍵字：

9-4 ChatGPT 指令大全

ChatGPT 指令相當多元，您可以要求 ChatGPT 編寫程式，也可以要求 ChatGPT 幫忙寫 README 文件，或是您也可以要求 ChatGPT 幫忙編寫履歷與自傳，或是協助語言的學習。如果想充份了解更多有關 ChatGPT 常見指令大全，建議各位可以連上「ExplainThis」這個網站，在下列網址的網頁中，提供諸如程式開發、英語學習、寫報告…等許多類別指令，可以幫助各位更能充分發揮 ChatGPT 的強大功能。

https://www.explainthis.io/zh-hant/chatgpt

而且各位還可以直接按下指令右上角的「複製」鈕，就可以快速將該指令貼上到 ChatGPT 的提問框，協助各位以該網站精煉過的指令語句，取得較佳的回答內容。例如按下圖中右上方的「複製」鈕：

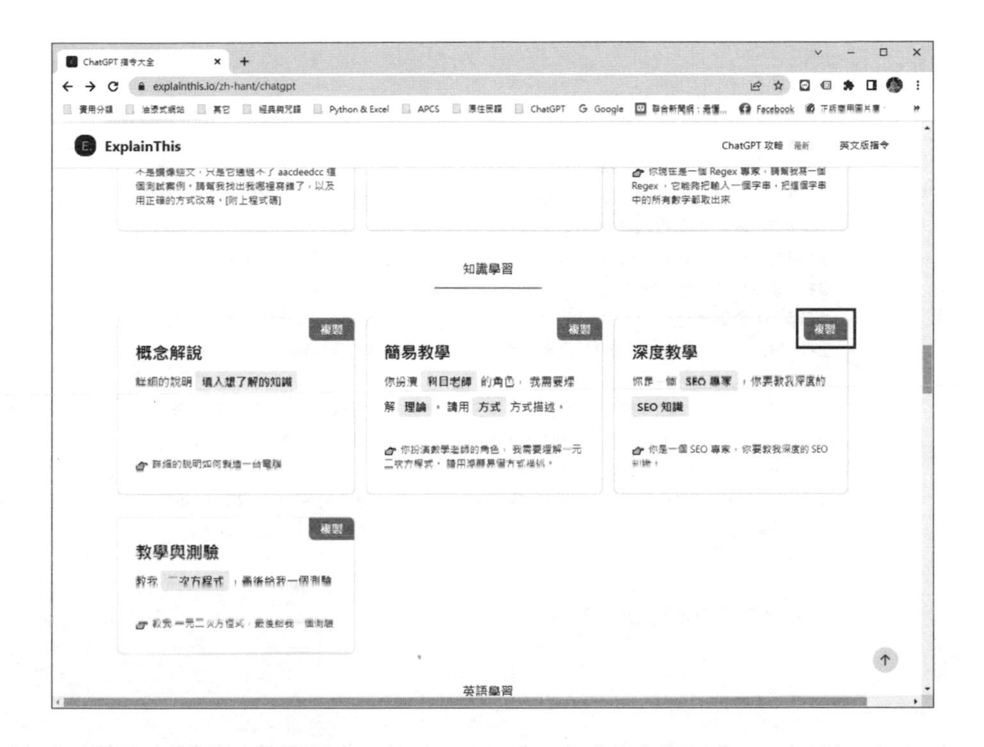

接著就可以按下快速鍵「Ctrl+V」在 ChatGPT 的提問框貼上問題，如下面的範例所示：

輸入問題

你是一個 [SEO 專家]，你要教我深度的 [SEO 知識]

ChatGPT 回答畫面

你是一個 [SEO 專家]，你要教我深度的 [SEO 知識]

當談到 SEO (Search Engine Optimization) 時，這是指優化網站以提高它在搜索引擎中的排名，使網站在搜索結果中更容易被找到並吸引更多的訪問者。以下是一些深度的 SEO 知識：

1. 關鍵字研究：這是指找到最相關的關鍵字，這些關鍵字能夠代表您的網站和內容，並且是人們在搜索引擎中輸入的常見詞匯。關鍵字研究是 SEO 中最重要的一個步驟，因為如果您不能找到正確的關鍵字，則其他的 SEO 優化工作將很難有所成效。
2. 網站結構：良好的網站結構能夠增強搜索引擎對您網站的理解和索引，從而提高搜索引擎排名。網站結構包括良好的導航、內部鏈接、站點地圖等。
3. 內容優化：內容是 SEO 成功的基礎，良好的內容不僅可以吸引更多的訪問者，還可以提高搜索引擎的排名。內容優化包括編寫高質量的內容、使用正確的標題和標籤、添加圖片和影片等。
4. 外部鏈接：獲得其他網站指向您網站的連接是一個重要的 SEO 因素。這些連接可以提高您網站的權威性和可信度，從而提高搜索引擎排名。但是，請注意，外部連接必須是高質量的，否則可能會對您的排名產生負面影響。
5. 移動 SEO：隨著越來越多的人使用移動設備訪問網站，移動 SEO 成為了一個不可忽略的因素。移動 SEO 包括優化網站的響應式設計、加速網站載入速度、優化本地搜索等。

以上是一些深度的 SEO 知識，但這只是 SEO 的冰山一角。SEO 是一個非常廣泛和複雜的領域，需要不斷的學習和實踐才能取得成功。

9-5 Hugging Face AI 開放原始碼社群平台

Hugging Face 是一家美國科技公司，專注於機器學習的工具開發。其知名產品是專為自然語言處理設計的 transformers 工具庫，並有一個平台讓人分享 AI 模型和資料集。除了高質量的 AI 模型外，Hugging Face 還提供多種與 ChatGPT 相關的範本。無論是情感分析還是語言生成，都有詳盡的指南可供參考。

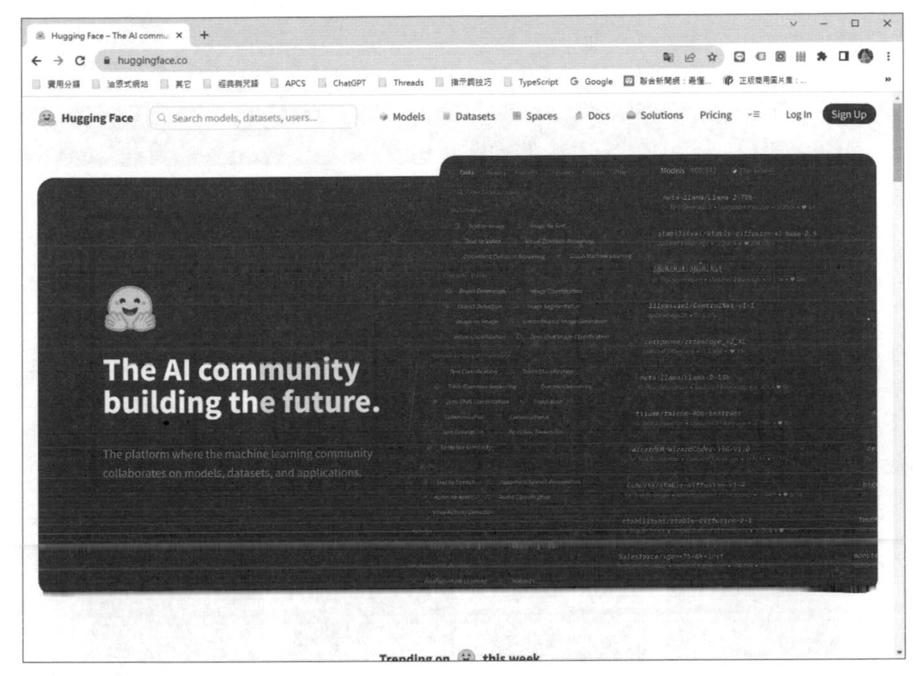

https://huggingface.co/

9-6 PromptMarket 提示詞交易平臺

PromptMarket 是一個知名的提示詞交易平臺，提供了廣泛的提示詞庫和多元化的提示詞選擇。該平臺透過分類、標籤和搜索等方式，幫助提示工程師快速找到符合自己需求的提示詞。提示詞在平臺上由供應商提供，使用者可以進行評價和評論，確保提示詞的質量和可靠性。

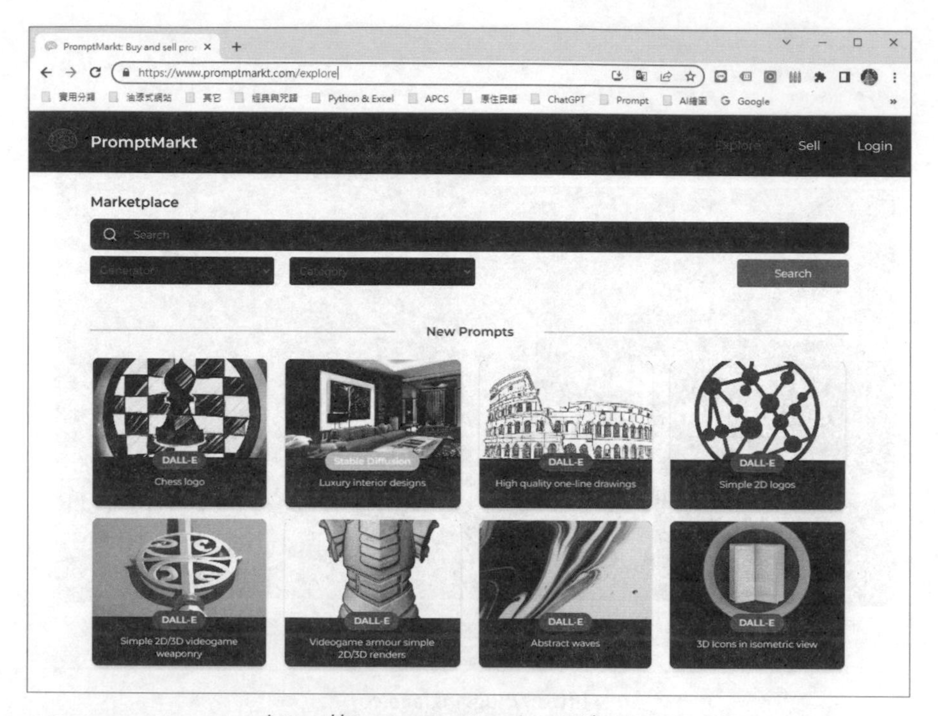

https://www.promptmarkt.com/explore

9-7 PromptVine 提示詞交易平臺

PromptVine 提示詞交易平臺是一個知名且受歡迎的提示詞資源平臺，它的目的在連結提示工程師和提示詞供應商，為使用者提供高質量且多樣化的提示詞。這個平臺以其豐富的資源庫和活躍的社群而聞名，為使用者提供了一個便捷的方式來獲取和分享提示詞。

PromptVine 提供了一個直觀且易於使用的網路介面，讓使用者能夠輕鬆搜索、瀏覽和篩選提示詞。它具有多個主題和領域的提示詞類別，從科技和醫學到創意寫作和遊戲開發等等，使用者可以根據自己的需求和興趣找到合適的提示詞。

在 PromptVine 上，提示詞供應商可以提交自己的提示詞並與其他使用者進行交流和合作。這樣的互動促進了提示詞資源的增長和品質的提升。使用者可以透過評價和評論系統來分享他們的反饋和意見，這有助於其他使用者評估和選擇最適合自己需求的提示詞。

此外，PromptVine 還提供了一個社群討論區，使用者可以在這裡交流想法、討論最佳實踐和分享提示詞使用的經驗。這種互動和知識共用的環境為提示工程師提供了學習和成長的機會。

要使用 PromptVine，使用者需要註冊一個帳戶，並可以根據自己的需求選擇免費或付費的會員方案。付費會員可以享受更多的特殊功能和高級提示詞資源。

PromptVine 不僅提供了一個方便的平臺來尋找和獲取提示詞，還鼓勵提示工程師之間的合作和知識共用。

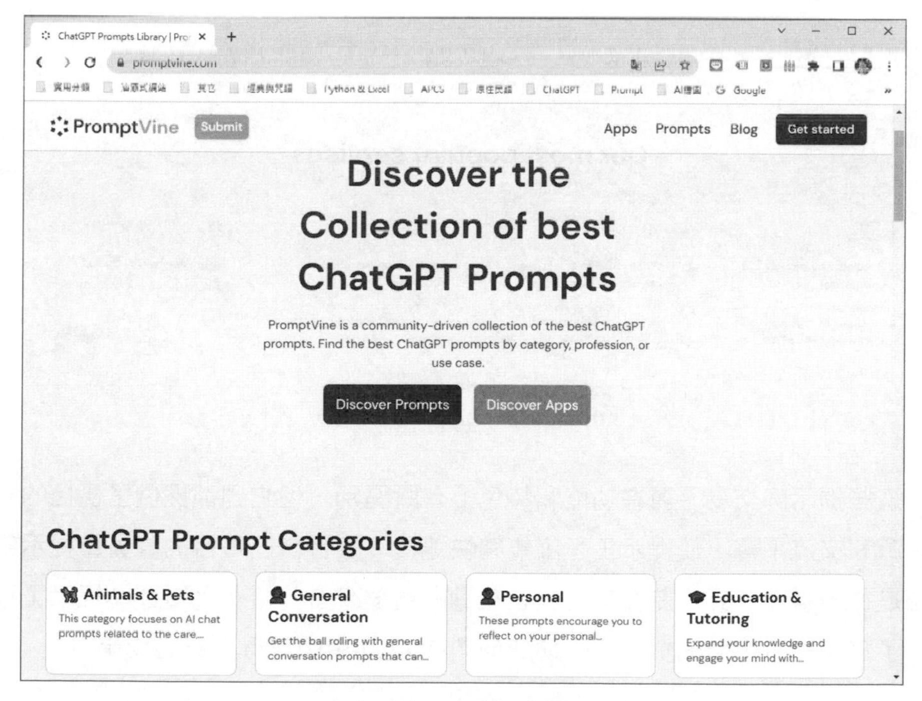

https://promptvine.com/

9-8 PromptHub 提示詞交易平臺

PromptHub 是一個開放的提示詞交易平臺，它提供了一個社區式的環境，讓提示工程師和提示詞供應商之間進行交流和合作。平臺上的提示詞來源多元，包括由使用者貢獻的提示詞和供應商提供的商業化提示詞。PromptHub 鼓勵使用者分享和交流他們的提示詞經驗，進而促進整個社區的共同成長。

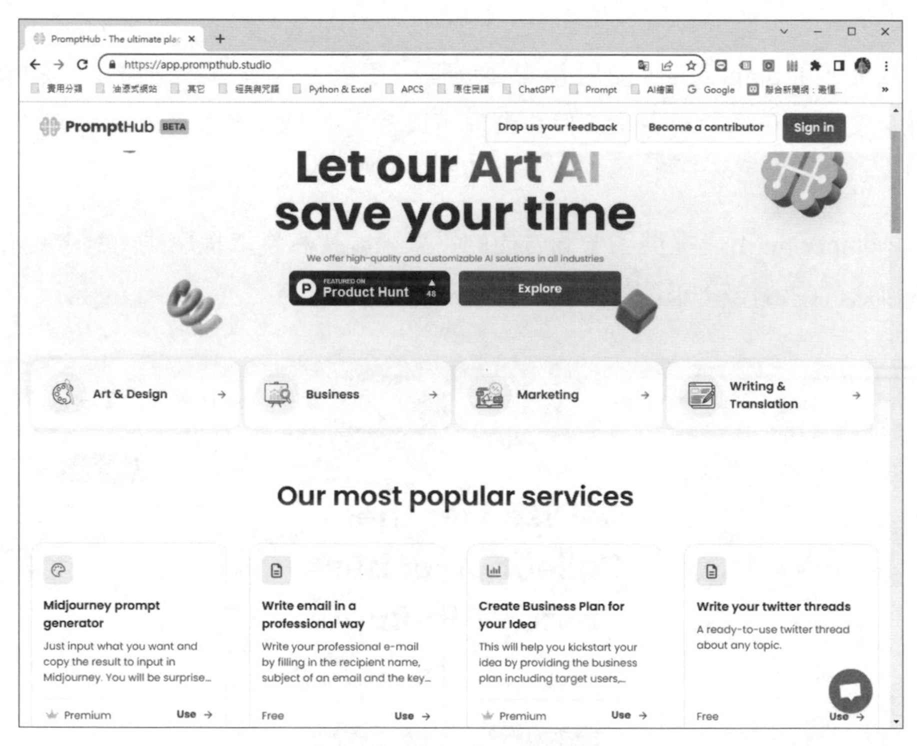

https://app.prompthub.studio/

這些提示詞交易平臺在功能和特色上有所區別，但它們都提供了便捷的提示詞資源和交流平臺，使提示工程師能夠快速獲取適合自己項目的高質量提示詞。無論是從多樣性、評價制度還是社區互動的角度來看，這些平臺都為提示工程師提供了實用且有價值的資源，有助於他們在 AI 應用中取得更好的成果。

9-9 PromptBase 提示詞交易平臺

PromptBase 是一個高品質 Prompt 的買賣平台，這個網站針對 ChatGPT、DALL · E、Midjourney、Stable Diffusion 等多個 AIGC（AI Generated Content）平台提供提示詞交易。它可以幫助您用最簡單的方式對 AI 程式設計，激發靈感，助力創作。AIGC 目前已經可以自動產生文字、圖片、音訊、影片，甚至 3D 模型和程式碼。在這個平台上，您可以搜索、購買和使用各種 Prompt 範本；銷售自己的 prompt 還可以賺取收益。

https://www.promptbase.com.cn/

Note

10
CHAPTER

AI 繪圖藝術提問技巧與實例

隨著人工智慧技術的進步，越來越多的 AI 平台應運而生，提供各種各樣的功能，如文字轉圖片、AI 繪圖等。這些平台的出現，讓我們能夠更加輕鬆地實現創意想法，同時也拓展了我們的創作領域。本章將介紹幾種千變萬化的 AI 平台，包括文字轉圖片的 Dalle · 3、Midjourney、Playground、Copilot、HeyGen AI…等。我們將探討如何使用這些平台來創造有趣和實用的內容，並且提供詳細的操作指南和技巧，讓讀者可以更好地利用這些強大的 AI 平台。透過本章的閱讀，你將學會使用這些平台與工具，並展開你的高 CP 值的生成式 AI 繪圖藝術創作之旅。

10-1 利用 ChatGPT 認識繪圖知識

本小節將引導您透過與 ChatGPT 的互動，深入了解繪圖的基礎概念，從色相的入門認識到色彩模式和影像色彩類型的理解。

10-1-1 利用 ChatGPT 了解色相

我們將以 ChatGPT 提問色相的定義以及不同色相之間的關係。透過 ChatGPT 的解說和實例，您將能夠更好地理解和運用色相於您的繪圖創作中。

提示（prompt）詞

請簡述在影像繪圖領域色相的定義以及不同色相之間的關係

ChatGPT 回答內容

TX

請簡述在影像繪圖領域色相的定義以及不同色相之間的關係

在影像繪圖領域，色相是指顏色的基本特徵之一，用於描述色彩在色譜中的位置。它是指色彩的純度，不受亮度（明度）和飽和度的影響。色相可以通過顏色在色譜上所處的位置來定義，常見的色譜包括色相環或彩虹光譜。

色相環是一種環形的色譜圖，將顏色按照色相的連續變化排列。在色相環中，紅色位於圓形頂部，接著是黃色、綠色、青色、藍色，最後是洋紅色，形成一個連續的循環。這意味著色相具有循環性，相鄰的色相之間具有相似的特徵。

不同色相之間的關係可以分為以下兩個方面：

1. 相似色相關係：相鄰的色相在色相環上靠近，它們之間具有相似的基本色調。這些相鄰的色相在視覺上相對較接近，並具有一定的色彩衍生關係。例如，紅色和橙色是相鄰的色相，它們之間具有溫暖的色調。
2. 互補色相關係：互補色相是指在色相環上相隔180度的色相。互補色相之間的關係是相互補充的，它們在視覺上產生強烈對比，常用於色彩平衡和創造動態效果。例如，紅色和綠色是互補色相，它們在一起形成強烈的對比效果。

理解色相的定義和不同色相之間的關係可以幫助我們更好地選擇和應用顏色，創造出令人驚艷的視覺效果。無論是平面設計、攝影還是數位繪圖，色相是一個重要的概念，值得我們深入研究和掌握。

10-1-2 利用 ChatGPT 了解色彩三要素

色彩是由三個主要要素組成的：色相、飽和度和明度。本小節將深入探討色相、飽和度和明度這三個要素的意義和作用。透過 ChatGPT 的指引，您將學會如何運用這些要素來創造出令人驚艷的色彩效果。

提示（prompt）詞

請簡述在影像繪圖領域色相、飽和度和明度這三個要素的意義和作用。

ChatGPT 回答內容

請簡述在影像繪圖領域色相、飽和度和明度這三個要素的意義和作用。

在影像繪圖領域，色相、飽和度和明度是三個重要的色彩要素，它們共同影響著圖像的色彩效果和視覺感受。

1. 色相（Hue）：色相是指顏色的基本特徵，用於描述色彩的純度和基本色調。不同的色相呈現出不同的顏色，例如紅色、綠色、藍色等。色相可以創造出不同的情感和氛圍，它在繪圖中用於選擇和配置顏色，營造特定的視覺效果。
2. 飽和度（Saturation）：飽和度指的是顏色的純度和鮮豔程度，也可以理解為顏色的鮮艷度。飽和度高的顏色顯得鮮明豔麗，而飽和度低的顏色則較灰暗或淡化。通過調整飽和度，我們可以改變圖像中的色彩強度和對比度，使其更加豐富表現力和生動。
3. 明度（Brightness）：明度指的是顏色的明暗程度，也可以理解為亮度。明度高的顏色看起來較亮和明亮，而明度低的顏色則較暗和陰影。通過調整明度，我們可以改變圖像的光線和陰影效果，營造出不同的光影效果和氛圍。

這三個要素在影像繪圖中相互交互作用，共同決定了圖像的色彩表現和視覺感受。透過調整色相、飽和度和明度，我們可以創造出多樣化的色彩效果，表達出不同的情感、氛圍和主題。它們在平面設計、攝影、數位繪畫等領域都扮演著關鍵的角色，幫助我們傳達訊息、引起注意、創造美感和產生視覺效果。

10-1-3 利用 ChatGPT 了解色彩模式

在數位繪圖中，色彩模式是影響圖像顯示和處理的重要因素。不同的色彩模式可以帶來不同的色彩表現和文件大小。在本小節中，我們將介紹一些常見的色彩模式，例如 RGB、CMYK 和灰階模式。

提示（prompt）詞

請簡述在影像繪圖領域 RGB 色彩模式的特點和適用場景。

ChatGPT 回答內容

TX 請簡述在影像繪圖領域RGB色彩模式的特點和適用場景。

在影像繪圖領域，RGB 色彩模式是一種使用紅色（Red）、綠色（Green）和藍色（Blue）三原色來表示顏色的模式。它具有以下特點和適用場景：

特點：

1. 廣色域：RGB 色彩模式可以呈現極廣的色彩範圍，能夠表達出生動、飽滿的顏色效果。
2. 加法混色：通過不同強度的紅、綠、藍三原色的組合，產生各種顏色。三原色的混合可以創造出數量龐大的顏色變化。
3. 光源依賴：RGB 是建立在光線的加法混色原理上，對光源的顏色和亮度非常敏感。

適用場景：

1. 數位顯示：由於大多數數位設備（如電腦螢幕、數位攝影機、顯示器）使用紅、綠、藍燈光來顯示影像，因此 RGB 色彩模式是最常用的模式之一。它能夠準確地呈現影像在數位設備上的色彩效果。
2. 平面設計：RGB 色彩模式常用於平面設計，如網頁設計、圖標、海報等。它可以呈現鮮豔、飽滿的顏色效果，並在數位媒體上得到準確顯示。
3. 數位攝影：數位相機捕捉的影像通常以 RGB 色彩模式保存。RGB 能夠準確再現攝影中的色彩細節，並提供後期編輯和校色的彈性。
4. 視訊編輯：視訊編輯中常使用 RGB 色彩模式來處理和調整影像。RGB 可以確保視訊影像在不同顯示設備上的一致性和精確性。

總結來說，RGB 色彩模式在影像繪圖領域具有廣泛應用。它的廣色域、加法混色特性以及適應數位顯示設備的能力使其成為呈現真實顏色和創造多彩影像的理想選擇。

提示（prompt）詞

請簡述在影像繪圖領域 CMYK 色彩模式的特點和適用場景。

ChatGPT 回答內容

TX 請簡述在影像繪圖領域CMYK色彩模式的特點和適用場景。

CMYK色彩模式在影像繪圖領域中具有以下特點和適用場景：

特點：

1. 顏色減法：CMYK色彩模式使用青色（Cyan）、洋紅色（Magenta）、黃色（Yellow）和黑色（Key）的組合來表示顏色。這是一種顏色減法模式，通過減少顏色的混合來產生其他顏色。
2. 有限色域：相較於RGB色彩模式，CMYK色彩模式的色域較窄，無法呈現一些極飽和和亮度較高的顏色。
3. 印刷專用：CMYK色彩模式主要用於印刷行業，它能夠準確再現印刷品的顏色效果，因為印刷過程使用的是青、洋紅、黃和黑色墨水。

適用場景：

1. 印刷設計：CMYK色彩模式是印刷設計中最常用的模式，它能夠準確呈現印刷品的顏色，提供可靠的顏色預覽和色彩管理，確保印刷品與設計意圖一致。
2. 印刷預備：在進行印刷前的預備工作中，將圖像轉換為CMYK色彩模式可以確保顏色的一致性和印刷品的準確呈現，以達到印刷需求。
3. 印刷品後期處理：在印刷品的後期處理中，CMYK色彩模式可用於調整顏色平衡、校色和印刷色彩校準，以獲得更準確的印刷效果。
4. 印刷流程控制：CMYK色彩模式有助於控制印刷流程中的色彩管理，確保印刷品與預期的顏色一致，並優化印刷成本和效率。

總結來說，CMYK色彩模式在影像繪圖領域中適用於印刷設計、印刷預備和印刷品後期處理等相關領域，以確保印刷品的色彩準確性和一致性。

10-2 生成式 AI 繪圖簡介

本節將首先介紹生成式 AI 繪圖的基本概念和原理。生成式 AI 繪圖是指利用深度學習和生成對抗網路（Generative Adversarial Networks，簡稱 GAN）等技術，使機器能夠生成逼真、創造性的圖像和繪畫。

深度學習算是 AI 的一個分支，也可以看成是具有更多層次的機器學習演算法，深度學習蓬勃發展的原因之一，無疑就是持續累積的大數據。

生成對抗網路是一種深度學習模型，用來生成逼真的假資料。GAN 由兩個主要組件組成：產生器（Generator）和判別器（Discriminator）。

產生器是一個神經網路模型，它接收一組隨機噪音作為輸入，並試圖生成與訓練資料相似的新資料。換句話說，產生器的目標是生成具有類似統計特徵的資料，例如圖片、音訊、文字等。產生器的輸出會被傳遞給判別器進行評估。

判別器也是一個神經網路模型，它的目標是區分產生器生成的資料和真實訓練資料。判別器接收由產生器生成的資料和真實資料的樣本，並試圖預測輸入資料是來自產生器還是真實資料。判別器的輸出是一個概率值，表示輸入資料是真實資料的概率。

GAN 的核心概念是產生器和判別器之間的對抗訓練過程。產生器試圖欺騙判別器，生成逼真的資料以獲得高分，而判別器試圖區分產生器生成的資料和真實資料，並給出正確的標籤。這種競爭關係迫使產生器不斷改進生成的資料，使其越來越接近真實資料的分佈，同時判別器也隨之提高其能力以更好地辨別真實和生成的資料。

透過反覆迭代訓練產生器和判別器，GAN 可以生成具有高度逼真性的資料。這使得 GAN 在許多領域中都有廣泛的應用，包括圖片生成、影片合成、音訊生成、文字生成等。

生成式 AI 繪圖是指利用生成式人工智慧（AI）技術來自動生成或輔助生成圖像或繪畫作品。生成式 AI 繪圖可以應用於多個領域，例如：

- 圖像生成：生成式 AI 繪圖可用於生成逼真的圖像，如人像、風景、動物等。這在遊戲開發、電影特效和虛擬實境等領域廣泛應用。

- 補全和修復：生成式 AI 繪圖可用於圖像補全和修復，填補圖像中的缺失部分或修復損壞的圖像。這在數位修復、舊照片修復和文化遺產保護等方面具有實際應用價值。
- 藝術創作：生成式 AI 繪圖可作為藝術家的輔助工具，提供創作靈感或生成藝術作品的基礎。藝術家可以利用這種技術生成圖像草圖、著色建議或創造獨特的視覺效果。
- 概念設計：生成式 AI 繪圖可用於產品設計、建築設計等領域，幫助設計師快速生成並視覺化各種設計概念和想法。

總而言之，生成式 AI 繪圖透過深度學習模型和生成對抗網路等技術，能夠自動生成逼真的圖像，在許多領域中展現出極大的應用潛力。

10-2-1 實用的 AI 繪圖生圖神器

在本節中，我們將介紹一些著名的 AI 繪圖生成工具和平台，這些工具和平台將生成式 AI 繪圖技術應用於實際的軟體和工具中，讓普通使用者也能輕鬆地創作出美麗的圖像和繪畫作品。這些 AI 繪圖生成工具和平台的多樣性使使用者可以根據個人喜好和需求選擇最適合的工具。一些工具可能提供照片轉換成藝術風格的功能，讓使用者能夠將普通照片轉化為令人驚艷的藝術作品。其他工具則可能專注於提供多種繪畫風格和效果，讓使用者能夠以全新的方式表達自己的創意。以下是一些知名的 AI 繪圖生成工具和平台的例子：

- Midjourney：Midjourney 是一個 AI 繪圖平台，它讓使用者無需具備高超的繪畫技巧或電腦技術，僅需輸入幾個關鍵字，便能快速生成精緻的圖像。這款繪圖程式不僅高效，而且能夠提供出色的畫面效果。

https://www.midjourney.com

■ Stable Diffusion：Stable Diffusion 是一個於 2022 年推出的深度學習模型，專門用於從文字描述生成詳細圖像。除了這個主要應用，它還可應用於其他任務，例如內插繪圖、外插繪圖，以及以提示詞為指導生成圖像翻譯。

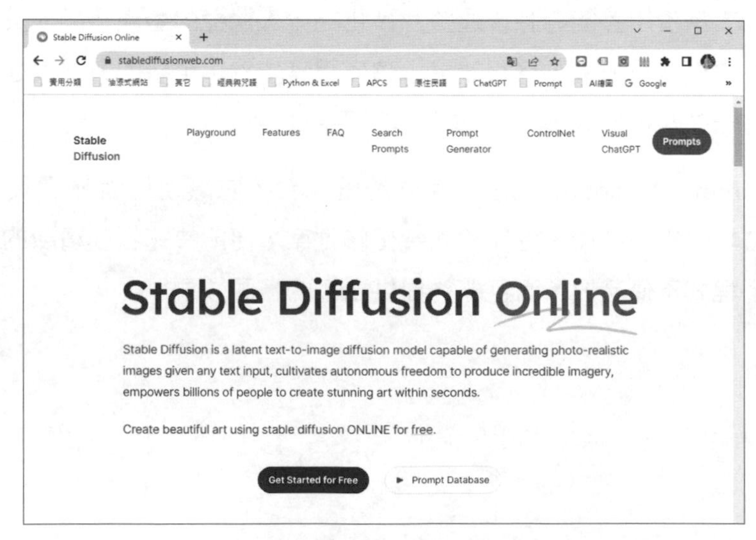

https://stablediffusionweb.com/

- DALL-E 3：非營利的人工智慧研究組織 OpenAI 在 2021 年初推出了名為 DALL-E 的 AI 製圖模型。DALL-E 這個名字是藝術家薩爾瓦多·達利（Salvador Dali）和機器人瓦力（WALL-E）的合成詞。使用者只需在 DALL-E 這個 AI 製圖模型中輸入文字描述，就能生成對應的圖片。而 OpenAI 後來也推出了升級版的 DALL-E 3，這個新版本生成的圖像不僅更加逼真，還能夠進行圖片編輯的功能。

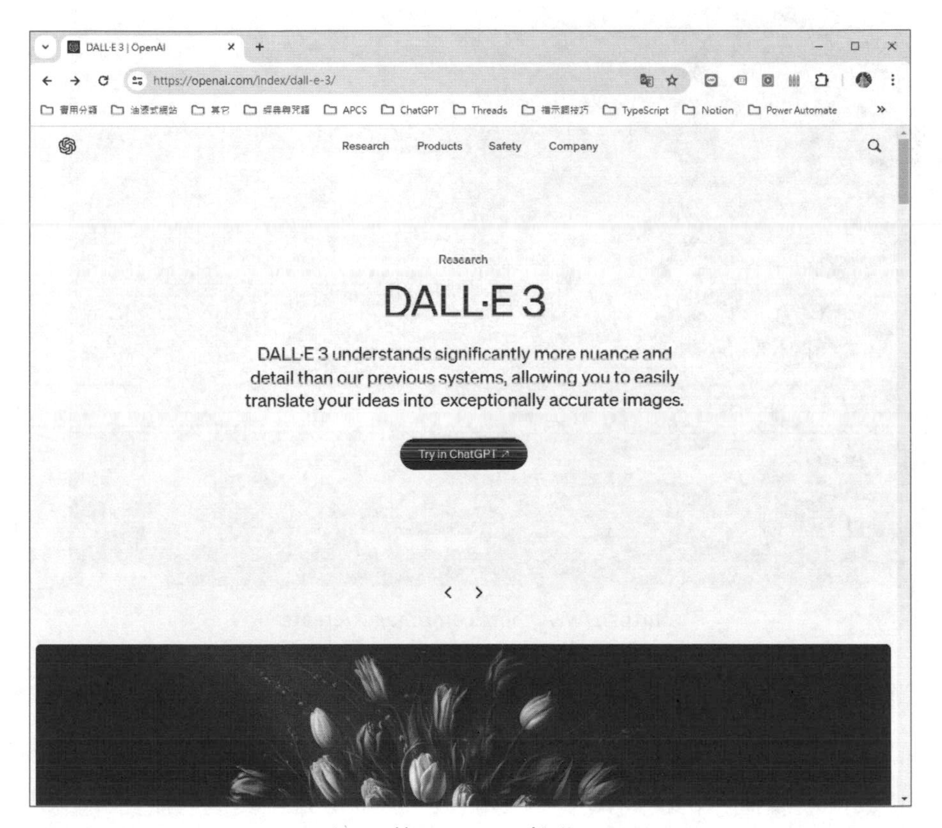

https://openai.com/dall-e-3

- 微軟 Bing 的生圖工具一Copilot：微軟針對台灣使用者推出了一款免費的 Copilot AI 繪圖工具。這個工具是基於 OpenAI 的 DALL-E 3 圖片生成技術開發而成。使用者只需使用他們的微軟帳號登入該網頁，即可免費使用，並且對於一般使用者來說非常容易上手。使用這個工具非常簡單，圖片生成的速度也相當迅速（大約幾十秒內完成）。只需要在提示語欄位輸入圖片描述，即可自動生成相應的圖片內容。不過需要注意的是，一旦圖片生成成功，使用者可以自由下載這些圖片。

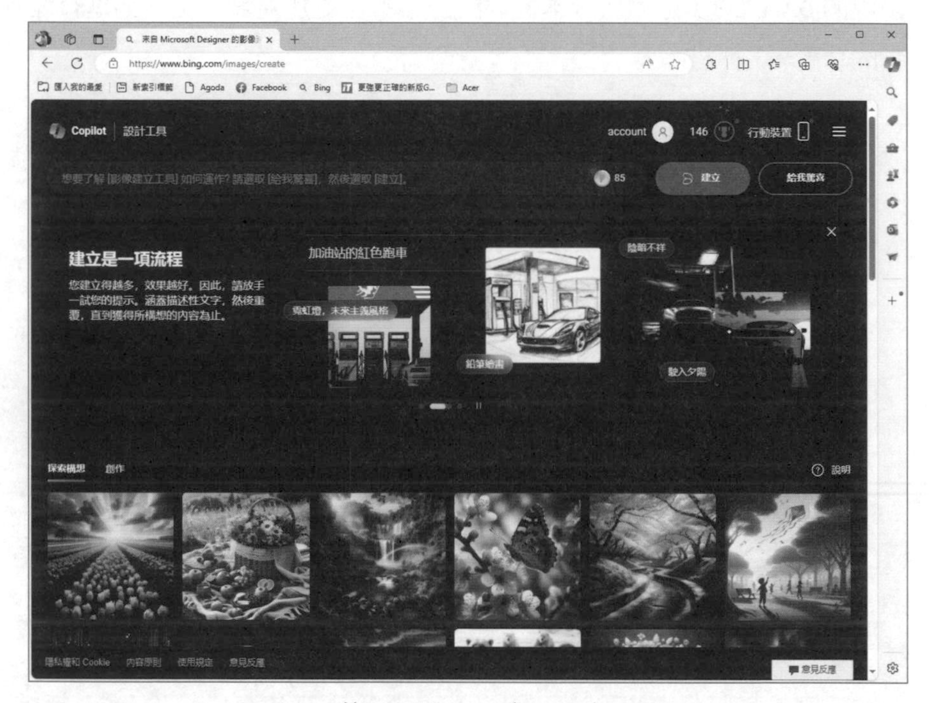

https://www.bing.com/images/create

- Playground AI：Playground AI 是一個簡易且免費使用的 AI 繪圖工具。使用者不需要下載或安裝任何軟體，只需使用 Google 帳號登入即可。每天提供 1000 張免費圖片的使用額度，相較於其他 AI 繪圖工具的限制更大，讓你有足夠的測試空間。使用上也相對簡單，提示詞接近自然語言，不需調整複雜參數。首頁提供多個範例供參考，當各位點擊「Remix」可以複製設定重新繪製一張圖片。請注意使用量達到 80% 時會通知，避免超過 1000 張限制，否則隔天將限制使用間隔時間。

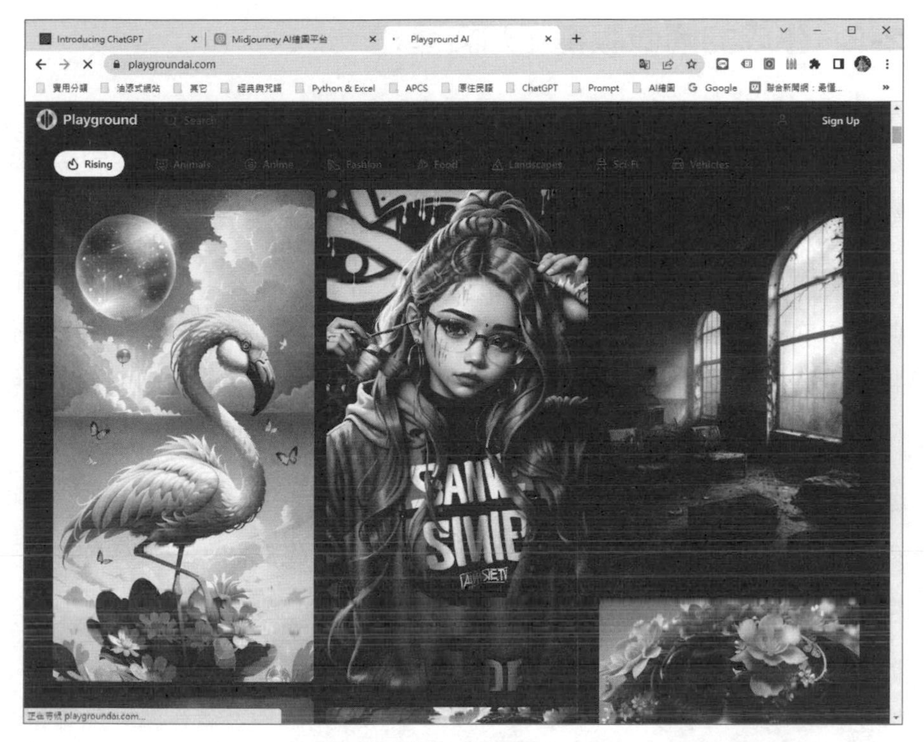

https://playgroundai.com/

這些知名的 AI 繪圖生成工具和平台提供了多樣化的功能和特色，讓使用者能夠嘗試各種有趣和創意的 AI 繪圖生成。然而，需要注意的是，有些工具可能需要付費或提供高級功能時需付費。在使用這些工具時，請務必遵守相關的使用條款和版權規定，尊重原創作品和知識產權。

在使用這些工具時，除了遵守使用條款和版權規定外，也要注意隱私和資料安全。確保你的圖像和個人資訊在使用過程中得到妥善保護。此外，瞭解這些工具的使用限制和可能存在的浮水印或其他限制，以便做出最佳選擇。

藉助這些 AI 繪圖生成工具和平台，你可以在短時間內創作出令人驚艷的圖像和繪畫作品，即使你不具備專業的藝術技能。請享受這些工具帶來的創作樂趣，並將它們作為展示你創意的一種方式。

10-2-2 生成的圖像版權和知識產權

生成的圖像是否侵犯了版權和知識產權是生成式 AI 繪圖中一個重要的道德和法律問題。這個問題的答案並不簡單，因為涉及到不同國家的法律和法規，以及具體情境的考量。

首先，生成式 AI 繪圖是透過學習和分析大量的圖像資料來生成新的圖像。這意味著生成的圖像可能包含了原始資料集中的元素和特徵，甚至可能與現有的作品相似。如果這些生成的圖像與已存在的版權作品相似度非常高，可能會引發版權侵犯的問題。

然而，要確定是否存在侵權，需要考慮一些因素，如創意的獨創性和原創性。如果生成的圖像是透過模型根據大量的資料自主生成的，並且具有獨特的特點和創造性，可能被視為一種新的創作，並不侵犯他人的版權。

此外，法律對於版權和知識產權的保護也是因地區而異的。不同國家和地區有不同的版權法律和法規，其對於原創性、著作權期限以及著作權歸屬等方面的規定也不盡相同。因此，在判斷生成的圖像是否侵犯版權時，需要考慮當地的法律條款和案例判例。

總之，生成式 AI 繪圖引發的版權和知識產權問題是一個複雜的議題。確定是否侵犯版權需要綜合考慮生成的圖像的原創性、獨創性以及當地法律的規定。對於任何涉及版權的問題，建議諮詢專業法律意見以確保遵守當地法律和法規。

10-2-3 生成式 AI 繪圖中的欺詐和偽造問題

生成式 AI 繪圖的欺詐和偽造問題需要綜合的解決方法。以下是幾個關鍵的措施：

首先，技術改進是處理這個問題的重點。研究人員和技術專家應該致力於改進生成式模型，以增強模型的辨識能力。這可以透過更強大的對抗樣本訓練、更好的資料正規化和更深入的模型理解等方式實現。這樣的技術改進可以幫助識別生成的圖像，並區分真實和偽造的內容。

其次，資料驗證和來源追蹤是關鍵的措施之一。建立有效的資料驗證機制可以確保生成式 AI 繪圖的資料來源的真實性和可信度。這可以包括對資料進行標記、驗證和驗證來源的技術措施，以確保生成的圖像是基於可靠的資料。

第三，倫理和法律框架在生成式 AI 繪圖中也扮演重要作用。建立明確的倫理準則和法律框架可以規範使用生成式 AI 繪圖的行為，限制不當使用。這可能涉及監管機構的參與、行業標準的制定和相應的法律法規的制定。這樣的框架可以確保生成式 AI 繪圖的合理和負責任的應用。

第四，公眾教育和警覺也是重要的面向。對於普通使用者和公眾來說，理解生成式 AI 繪圖的能力和限制是關鍵的。公眾教育的活動和資源可以提高大眾對這些問題的認識，並提供指南和建議，以幫助他們更好地應對。這可以包括向使用者提供識別偽造圖像的工具和資源，以及教育使用者如何使用生成式 AI 繪圖技術的適當方式。

此外，合作和多方參與也是解決這個問題的關鍵。政府、學術界、技術公司和社會組織之間的合作是處理生成式 AI 繪圖中的欺詐和偽造問題的關鍵。這些利害相關者可以共同努力，透過知識共享、經驗交流和協作合作來制定最佳實踐和標準。

另外，技術公司和平台提供商可以加強內部審查機制，確保生成式 AI 繪圖技術的合規和遵守相關政策。還有政府和監管機構在處理生成式 AI 繪圖的欺詐和偽造問題方面發揮著關鍵作用。他們可以制定相應的法律法規，明確生成式 AI 繪圖的使用限制和義務，確保技術的負責任和合規性。

10-2-4 生成式 AI 繪圖隱私和資料安全

生成式 AI 繪圖引發了一系列與隱私和資料安全相關的議題。以下是對這些議題的簡要介紹：

1. 資料隱私：生成式 AI 繪圖需要大量的資料作為訓練資料，這可能涉及使用者個人或敏感訊息的收集和處理。
2. 資料洩露和滲透：生成式 AI 繪圖系統涉及大量的資料處理和儲存，因此存在資料洩露和滲透的風險。這可能導致個人敏感訊息的外洩或用於惡意用途。
3. 社交工程和欺詐攻擊：生成式 AI 繪圖技術的濫用可能導致社交工程和欺詐攻擊的增加。這可能包括使用生成的圖像進行偽裝、身份詐騙或虛假訊息的傳播。防止這些攻擊需要加強使用者教育、增強識別偽造圖像的能力，並建立有效的監測和反制機制。

10-3 Futurepedia AI 工具檢索平台

Futurepedia 是一個 AI 工具庫，想要知道目前有哪些 AI 應用工具，都可以在這裡進行搜尋。網址為：https://www.futurepedia.io/

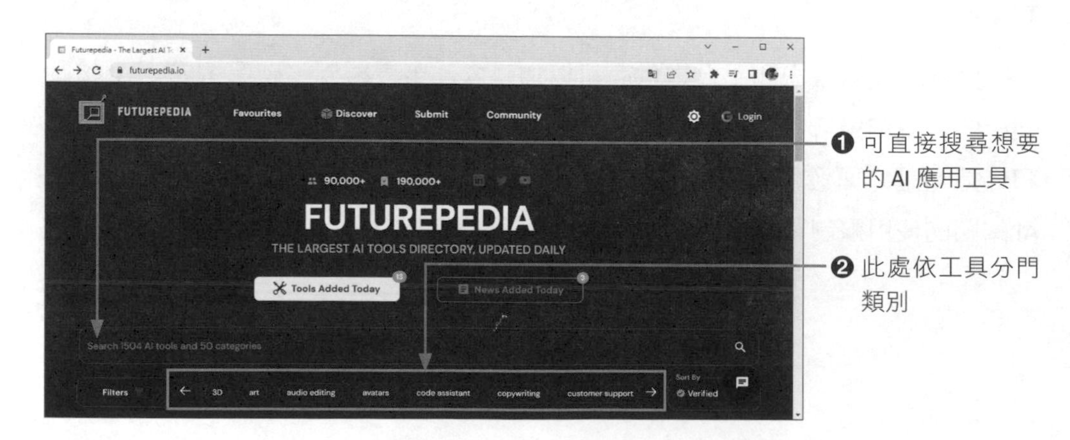

網站上共有 50 種類別，1500 多種 AI 工具。在類別方面，包含 3D、藝術、聲音編輯、影像編輯、音樂、電子商務、文字轉語音、翻譯、文案寫作、視訊產生器、設計助理…等，因為每個人的專長與工作領域都不同，如果你想要知道有哪些工具對你的工作有幫助，就可以來透過類別來探詢一下。

10-3-1 搜尋特定的 AI 工具

目前網路上經常討論的 AI 工具，像是 Midjourney、Stable Diffusion、DallE-2 等 AI 繪圖工具，在這裡都可以搜尋的到，然後連結到該網站。例如目前最夯且探討度最高的 Midjourney，我們來搜尋一下：

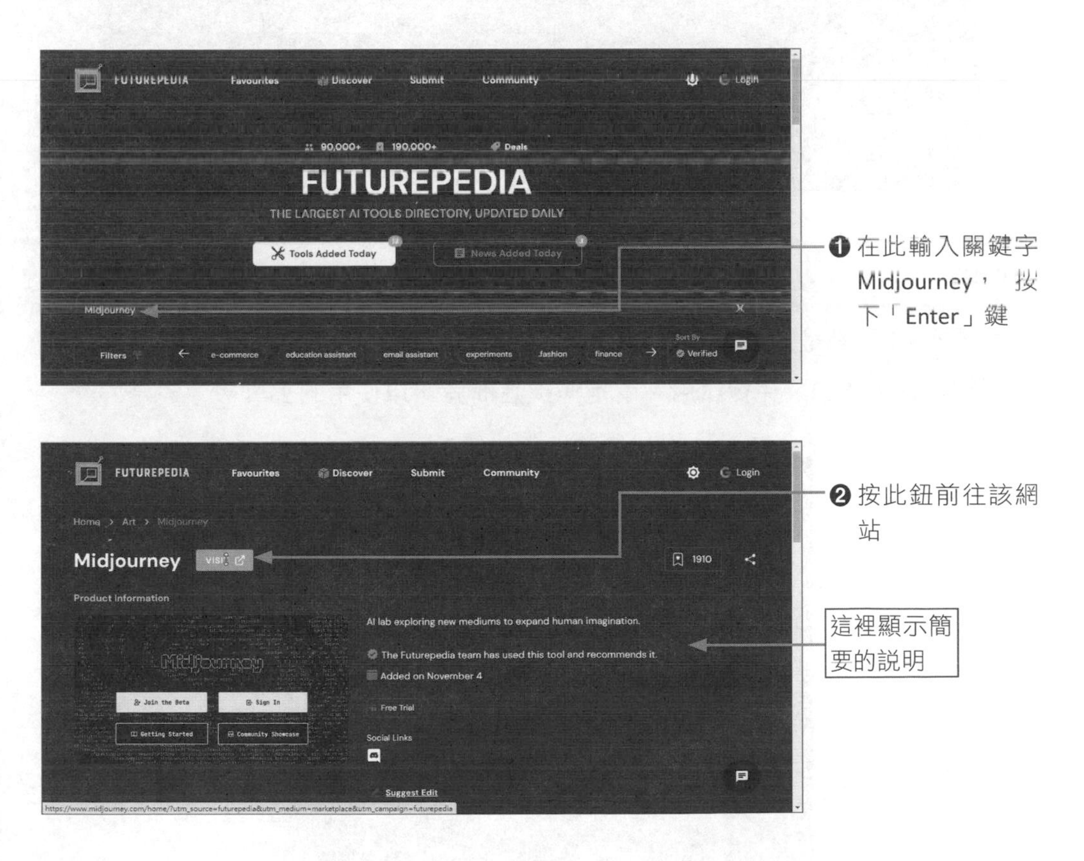

10-3-2　使用過濾器和排序方式篩選工具

由於 Futurepedia 提供的工具多達 1500 種，在找尋工具時，你可透過「Sort by」和「Filter」兩個功能來幫忙過濾工具。

Sort by

右側的排序的方式有驗證、新的、受歡迎的三種選擇。

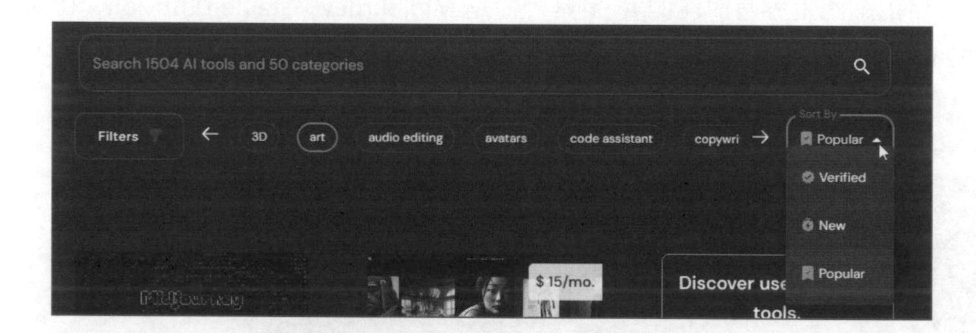

Filter

很多 AI 工具是需要付費才能使用，如果你沒有足夠的經費，可以透過過濾器幫你找到免費的、免費試用、或是無須註冊就可以使用的工具。

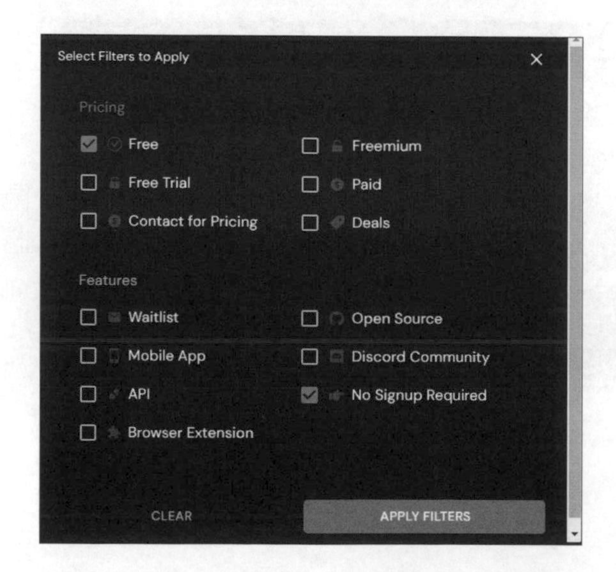

例如設計工作者，就可以先在「Sort by」選擇「Popular」受歡迎的工具，接著點選「Design assistant」類別，此時會在下方顯示五十多種的工具。

五十多種工具要一一查看可要耗費不少時間，接下來按下 Filter 進行過濾，勾選「Free」、「Free Trial」、「No Signup Required」，如此一來，經過過濾後的軟體只剩 5 個，既可以免費試用或免費使用，且無需註冊就可使用的工具，就可以來使用看看囉！

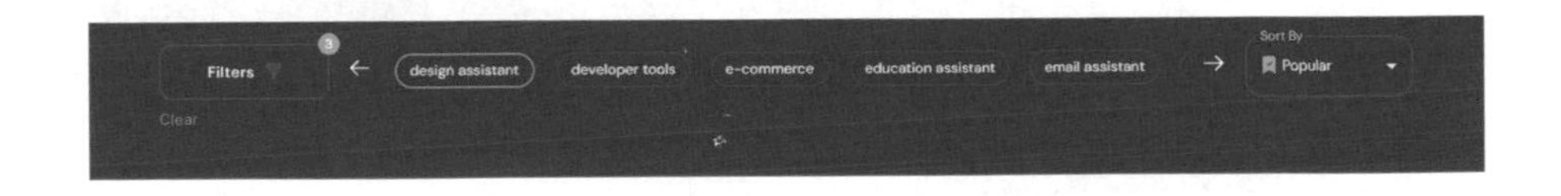

10-4 Dalle · 3（文字轉圖片）

DALL-E 3 利用深度學習和生成對抗網路（GAN）技術來生成圖像，並且可以從自然語言描述中理解和生成相應的圖像。例如，當給定一個描述「請畫出有很多氣球的生日禮物」時，DALL-E 3 可以生成對應的圖像。

DALL-E 3 模型的重要特點是它具有更高的圖像生成質量和更大的圖像生成能力，這使得它可以創造出更複雜、更具細節和更逼真的圖像。DALL-E 3 模型的應用非常廣、而且商機無窮，可以應用於視覺創意、商業設計、教育和娛樂等各個領域。

DALL · E 3 是一款先進的 AI 圖像生成器，具備多項重要特色和功能，使其成為強大且便捷的工具。

首先，DALL · E 3 支持對話提示，用戶只需用自然語言進行描述，例如要求“給我 16:9 比例的圖片”，無需記住特定的指令。這樣的對話式互動讓操作更加直觀簡便。

在語言理解方面，DALL · E 3 對中文提示有更高的接受度和準確度，能更精確地生成與提示相關的圖片。此外，它還能生成包含精準文字的圖片，提升了圖像與文字結合的效果。

DALL · E 3 的使用也非常便利，用戶可以在 ChatGPT PLUS 或 Bing 的 Copilot 中輕鬆使用這款工具。它提供了多種圖片生成技巧，包括上傳圖片生成新圖片、調整圖片場景和角度、取得提示語與生成 ID、使用參考圖片 ID 生成類似圖片、圖片合成、調整圖片比例以及添加指定文字等。

安全性方面，DALL · E 3 設有嚴格的控制措施，限制生成暴力、成人或仇恨內容，並且拒絕生成涉及公眾人物的請求，確保內容生成的安全性和合規性。

創新性上，DALL · E 3 建立在 ChatGPT 平台上，使其能與 ChatGPT 結合，成為用戶的創意夥伴和提示改進者。這種結合大大提升了用戶在圖像生成過程中的創作力和靈活性。

總結來說，DALL · E 3 以其強大的功能和便捷的使用體驗，幫助用戶輕鬆地將想法轉化為精確的圖像，成為 AI 圖像生成領域中的佼佼者。

10-4-1 利用 DALL-E 3 以文字生成高品質圖像

要體會這項文字轉圖片的 AI 利器，可以連上 https://openai.com/index/dall-e-3/ 網站，接著請按下圖中的「Try in ChatGPT」鈕：

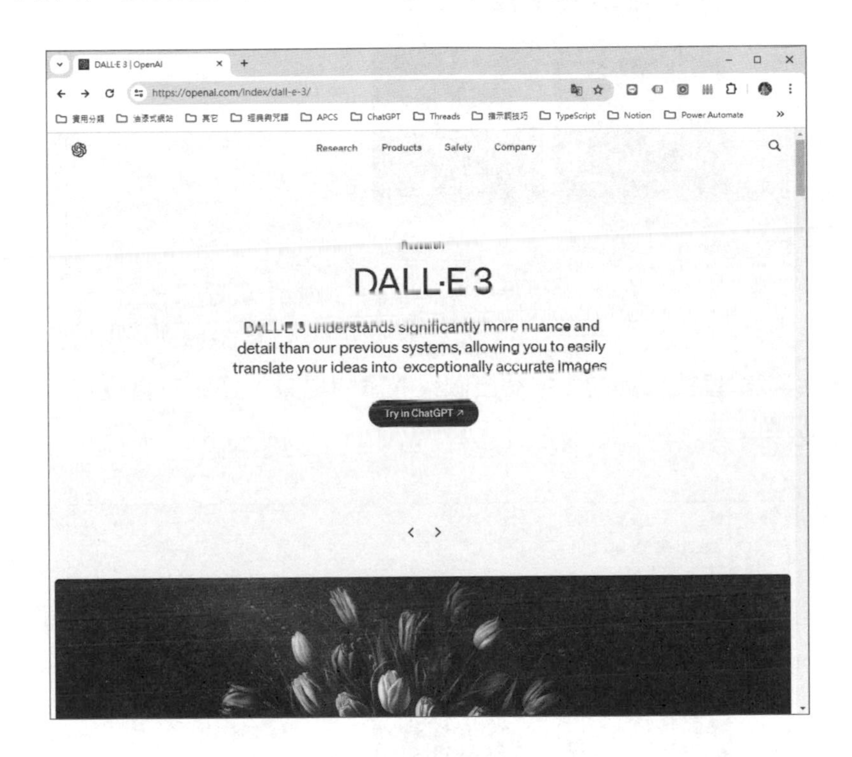

目前，DALL-E 3 的圖像生成功能僅對 ChatGPT Plus 和 ChatGPT Enterprise 用戶開放，免費版用戶暫時無法使用這項功能。不過，免費用戶可以通過 Bing 的 Copilot 來體驗 DALL-E 3 的圖像生成技術，先行嘗試其強大的功能。

接著請使用 Copilot 輸入關於要產生的圖像的詳細的描述，例如下圖輸入「請畫出有很多氣球的生日禮物」，再按下「提交」鈕，之後就可以快速生成質量相當高的圖像。如下圖所示：

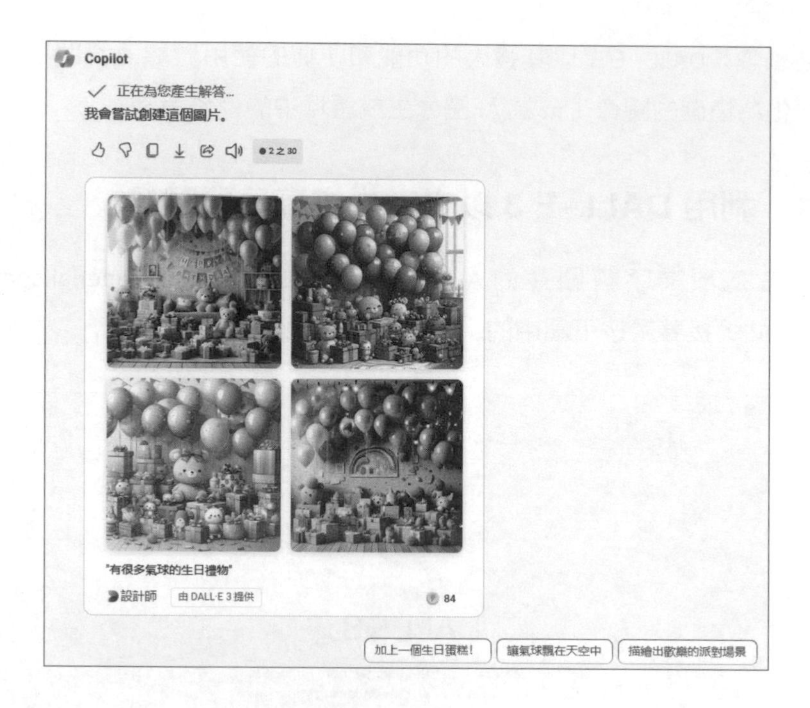

各位可以試著按上圖的「描繪出歡樂的派對場景」鈕，就會接著產生類似下圖的圖片效果。

10-5 第一次使用 Midjourney AI 繪圖就上手

Midjourney 是一款輸入簡單的描述文字，讓 AI 自動幫您創建出獨特而新奇的圖片程式，只要 60 秒的時間內，就能快速生成四幅作品。如下所示：

提示（prompt）詞

Soaring white retro-style palace with endless stairs in front, like the heavenly realm, with auspicious clouds in the sky, emitting purple hues

高聳入雲的白色復古風格宮殿，前面有無盡的階梯，如天堂般的境界，天空中祥雲繚繞，散發著紫色的色調。

想要利用 Midjourney 來嘗試作圖，不管是插畫、寫實、3D 立體、動漫、卡通、標誌、或是特殊的藝術格，它都可以輕鬆幫你設計出來。由於想要使用 Midjourney 來繪圖的人數太多，所以現在都必須訂閱付費才能使用，而付費所產生的圖片可做為商業用途。

10-5-1 申辦 Discord 的帳號

Midjourney 是在 Discord 社群中運作，所以要使用 Midjourney 之前必須先申辦一個 Discord 的帳號，才能在 Discord 社群上下達指令。各位可以先前往 Midjourney AI 繪圖網站，網址為：https://www.midjourney.com/home/。

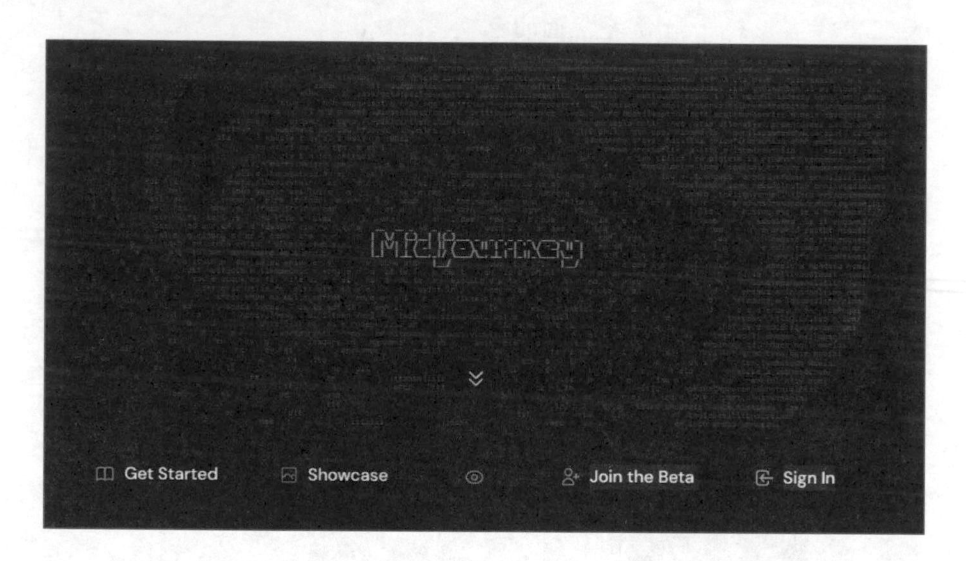

請先按下底端的「Join the Beta」鈕，它會自動轉到 Discord 的連結，請自行申請一個新的帳號，過程中需要輸入個人生日、電子郵件、密碼等相關資訊。驗證了電子郵件之後，就可以使用 Discord 社群。

10-5-2 登入 Midjourney 聊天室頻道

Discord 帳號申請成功後，每次電腦開機時就會自動啟動 Discord。當你加入 Midjourney 後，你會在 Discord 左側看到 鈕，按下該鈕就會切換到 Midjourney。

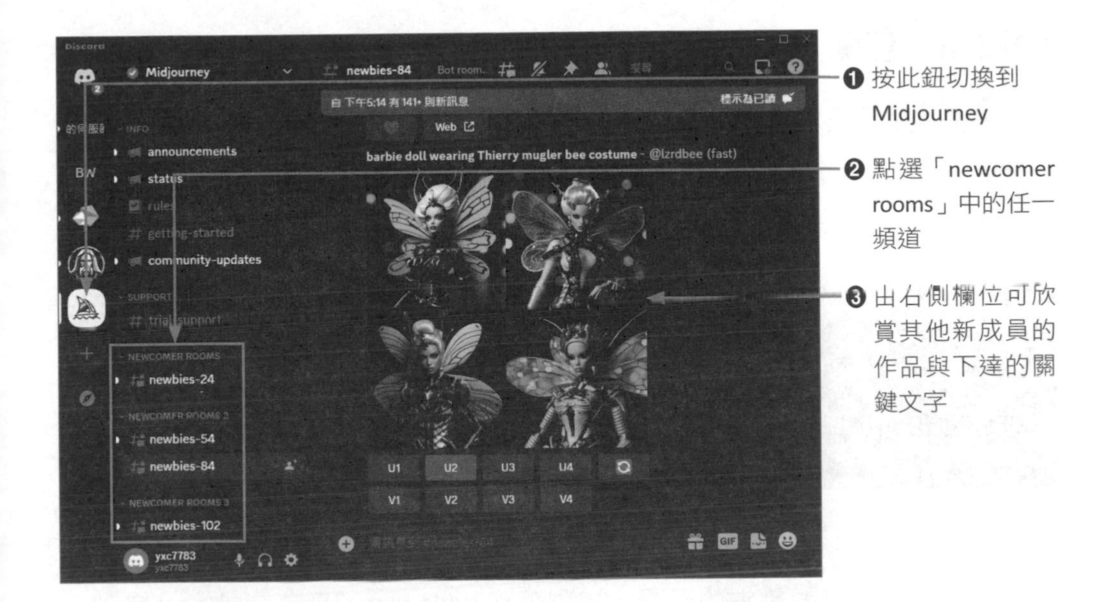

對於新成員，MIdjourney 提供了「newcomer rooms」，點選其中任一個含有「newbies-#」的頻道，就可以讓新進成員進入新人室中瀏覽其他成員的作品，也可以觀摩他人如何下達指令。

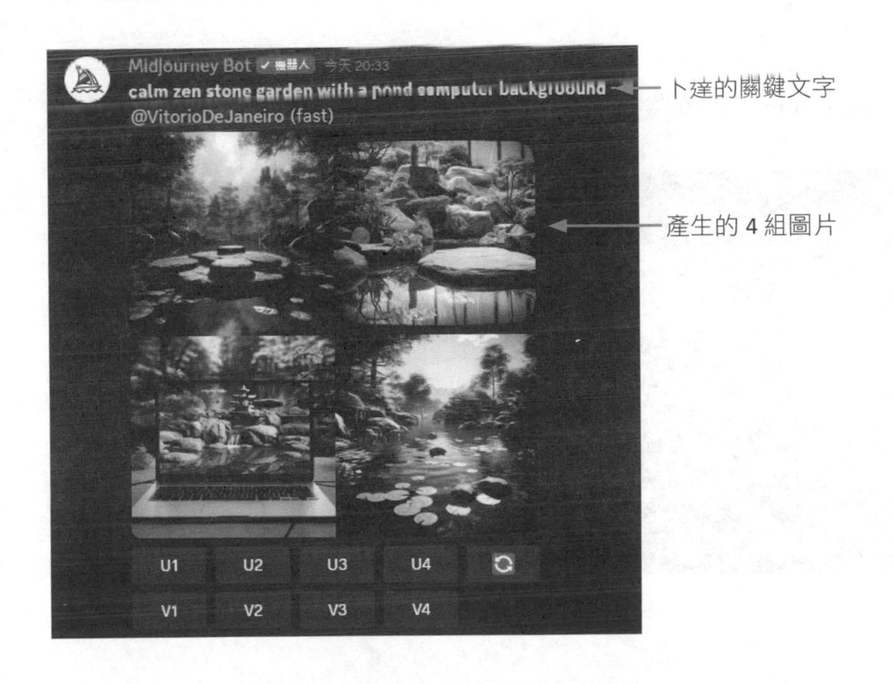

10-5-3 訂閱 Midjourney

當各位看到各式各樣精采絕倫的畫作，是不是也想實際嘗試看看！那麼就先來訂閱 Midjourney 吧！訂閱 Midjourney 有年訂閱制和月訂閱制兩種。價格如下：

年訂閱制

月訂閱制

每一個方案根據需求的不同，被劃分成 Basic Plan（基本計劃）、Standard Plan（標準計畫）、和 Pro Plan（專業計畫）。一次付整年的費用當然會比較便宜些。如果你是第一次嘗試使用 AI 繪圖，那麼建議採用最基本的月訂閱方案，等你熟悉 Prompt 提示詞的使用技巧，也覺得 AI 繪圖確實對你的工作有所幫助，再考慮升級成其它的計畫。

要訂閱 Midjourney，請依照如下的方式來進行訂閱。

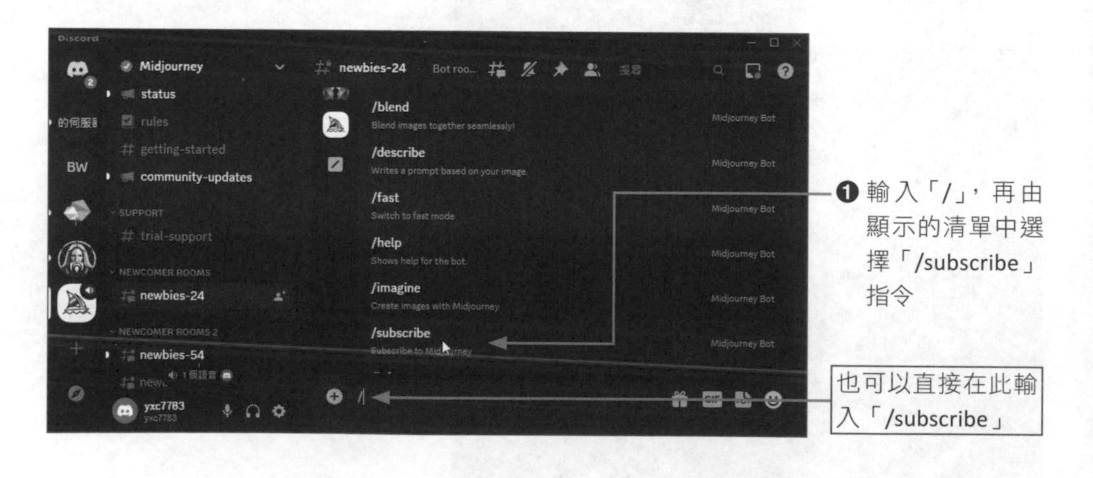

yxc7783 已使用 /subscribe
Midjourney Bot ✓ 機器人 今天 20:40
Open the page below to pick your plan and subscribe to Midjourney!
This is your personal link, do not share it with anyone!
Manage Account
只有您才能看到這些・刪除這些訊息
GIF
❷ 按此鈕管理個人帳戶

請稍候...
midjourney.com/checkout/plans/?hash=6d66c4a07...
www.midjourney.com
正在檢查網站連線是否安全
驗證您是人類
CLOUDFLARE
隱私權・條款
www.midjourney.com 需要在繼續之前檢閱您的連線安全性。
❸ 按此驗證您是人類

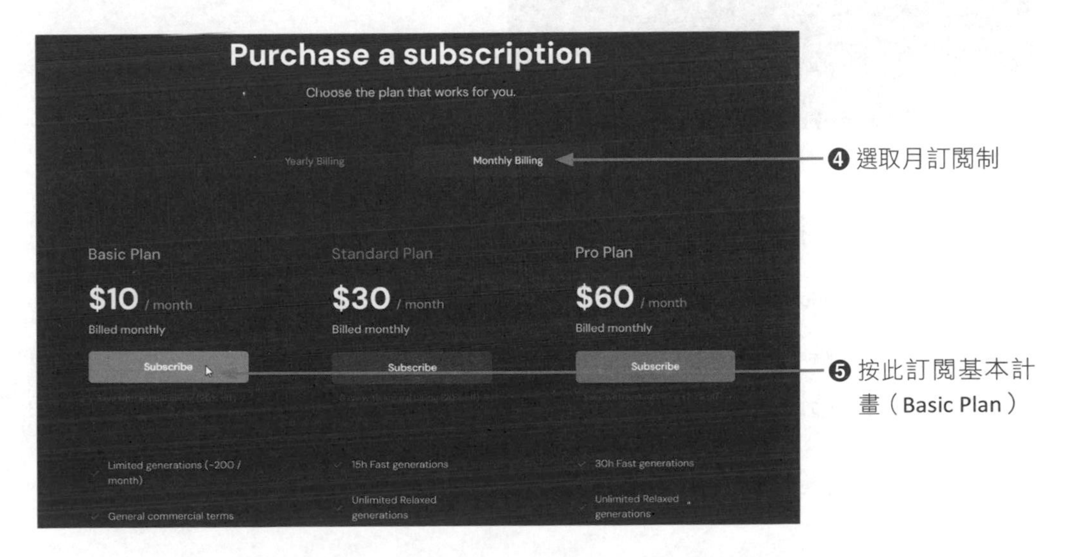
Purchase a subscription
Choose the plan that works for you.
Yearly Billing
Monthly Billing
Basic Plan
$10 / month
Billed monthly
Subscribe
Standard Plan
$30 / month
Billed monthly
Subscribe
Pro Plan
$60 / month
Billed monthly
Subscribe
Limited generations (~200 / month)
General commercial terms
15h Fast generations
Unlimited Relaxed generations
30h Fast generations
Unlimited Relaxed generations
❹ 選取月訂閱制
❺ 按此訂閱基本計畫（Basic Plan）

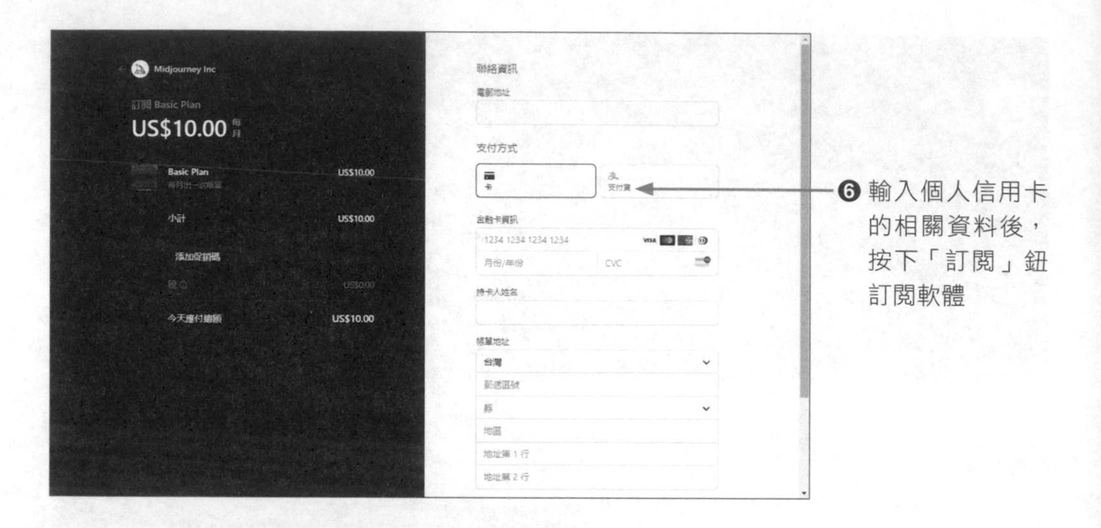

10-5-4　下達指令詞彙來作畫

完成訂閱的動作後，接下來就可以透過 Prompt 來作畫。下達指令的方式很簡單，只要在底端含有「+」的欄位中輸入「/imagine」，然後輸入英文的詞彙即可。你也可以透過以下方式來下達指令：

提示（prompt）詞

The glass vase on the table is filled with sunflowers.

（桌上的琉璃花瓶插滿了太陽花）

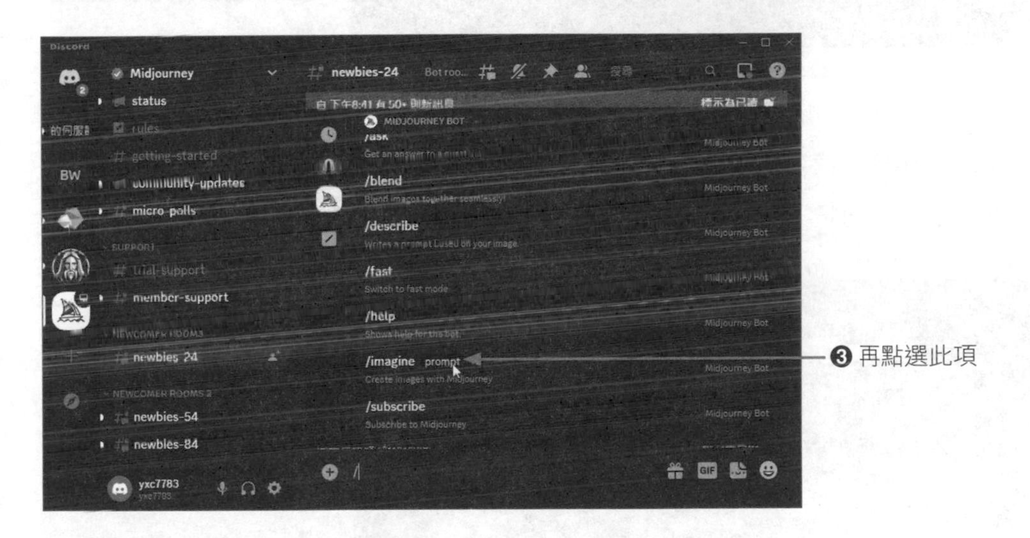

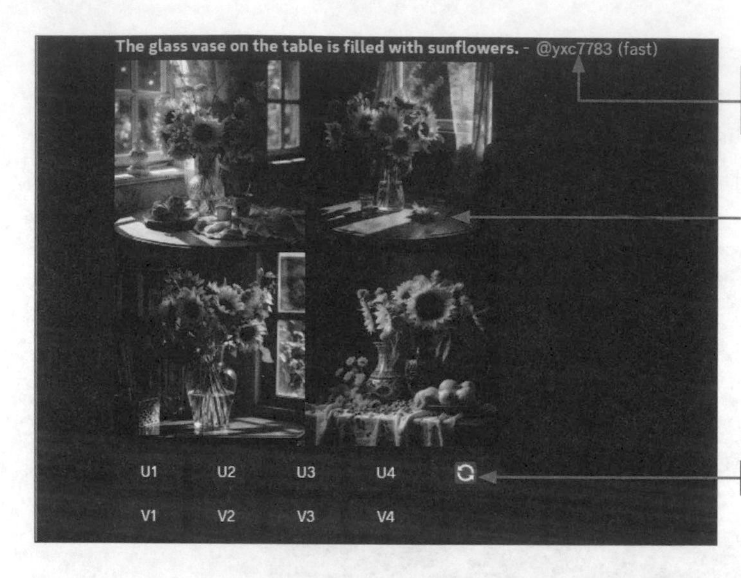

由於玩 Midjourney 的成員眾多，洗版的速度非常快，你若沒有看到自己的畫作，就往前後找找就可以看到。對於 Midjourney 所產生的四張畫作，如果你覺得畫面太小看不清楚，可以在畫作上按一下，它會彈出視窗讓你檢視，如下所示。

10-5-5　英文指令找翻譯軟體幫忙

對於如何在 Midjourney 下達指令詞彙有所了解後，再來說說它的使用技巧吧！首先是輸入的 prompt，輸入的指令詞彙可以是長文的描述，也可以透過逗點來連接詞彙。

在觀看他人的作品時，對於喜歡的畫風，你可以參閱他的描述文字，然後應用到你的指令詞彙之中。如果你覺得自己英文不好也沒有關係，可以透過 Google 翻譯或 DeepL 翻譯器之類的翻譯軟體，把你要描述的中文詞句翻譯成英文，再貼入 Midjourney 的指令區即可。同樣地，看不懂他人下達的指令詞彙，也可以將其複製後，以翻譯軟體幫你翻譯成中文。

10-5-6　重新刷新畫作

各位在下達指令詞彙後，萬一呈現出來的四個畫作與你期望的落差很大，一種方式是修改你所下達的英文詞彙，另外也可以在畫作下方按下 🔄 重新刷新鈕，Midjourney 就會重新產生新的 4 個畫作出來。

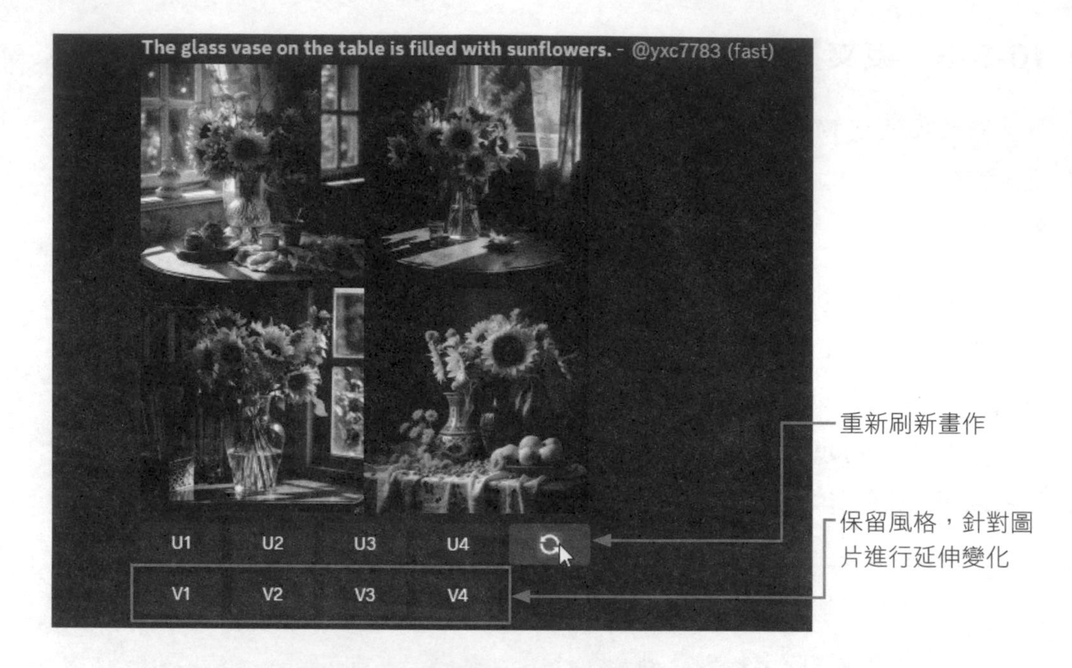

另外，如果你想以某一張畫作來進行延伸的變化，可以點選 V1 到 V4 的按鈕，其中 V1 代表左上、V2 是右上、V3 左下、V4 右下。

10-5-7　取得高畫質影像

當產生的畫作有符合你的需求，你可以考慮將它保留下來。在畫作的下方可以看到 U1 到 U4 等 4 個按鈕。其中的數字是對應四張畫作，分別是 U1 左上、U2 右上、U3 左下、U4 右下。如果你喜歡左下方的圖，可按下 U3 鈕，它就會產生較高畫質的圖給你，如下圖所示。產生高畫質的圖之後，按右鍵於畫作上，執行「儲存圖片」指令，就能將圖片儲存到你指定的位置。

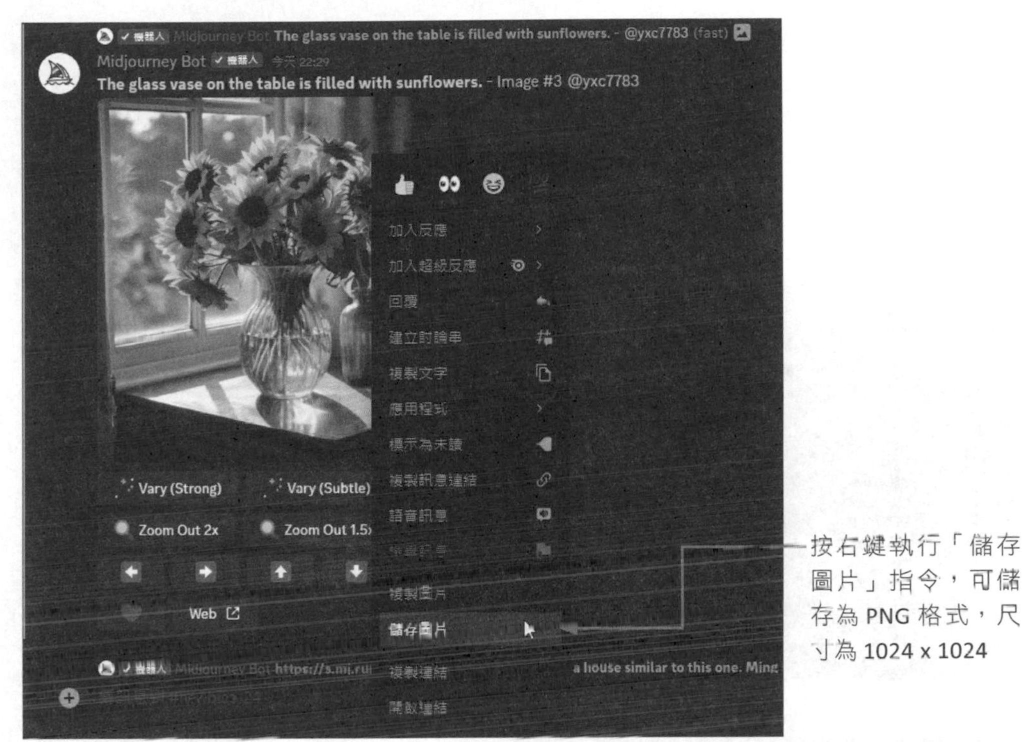

在畫作下方還有如下幾個按鈕，在此先簡要說明，之後的章節會有更詳細的說明。

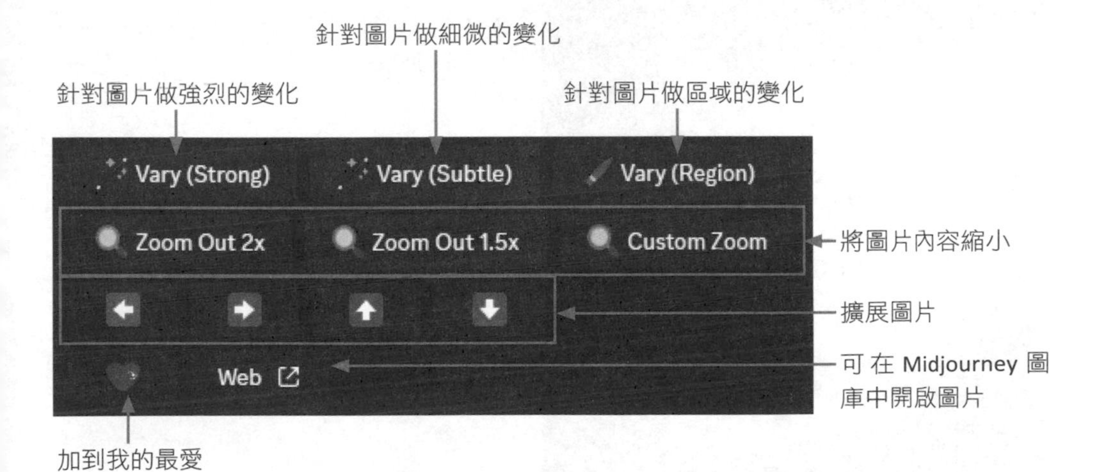

10-5-8 快速查找自己的訊息

由於目前使用 Midjourney 來建構畫作的人很多，所以當各位下達指令時，常常因為他人的洗版，讓你頻道中找尋自己的畫作也要找上老半天。事實上你可以從右上角的「收件匣」 裡面尋找自己的訊息，不過它只會保留 7 天內的訊息。

收件匣
推薦項目 未讀訊息 提及
#newbies-24
Midjourney › Newcomer Rooms
Midjourney Bot The glass vase on the tabl 跳到
Midjourney Bot 昨天 22:29
The glass vase on the table is filled with sunflowers. - Image #3 @yxc7783

❷ 切換到「提及」

❹ 按下「跳到」鈕，就會在該頻道中跳出該畫面囉！

❸ 由此處看到自己下達指令後，所呈現的畫面

10-5-9 新增 Midjourney 至個人伺服器

除了透過收件匣找尋你的畫作外，也可以考慮將 Midjourney 新增到個人伺服器中，如此一來就能建立一個你與 Midjourney 專屬的頻道。

新增個人伺服器

首先你要擁有自己的伺服器。請在 Discord 左側按下「+」鈕來新增個人的伺服器，接著你會看到「建立伺服器」的畫面，按下「建立自己的」的選項，再輸入個人伺服器的名稱，如此一來個人專屬的伺服器就可建立完成。

將 Midjourney 加入個人伺服器

有了自己專屬的伺服器後，接下來準備將 Midjourney 加入到個人伺服器之中。

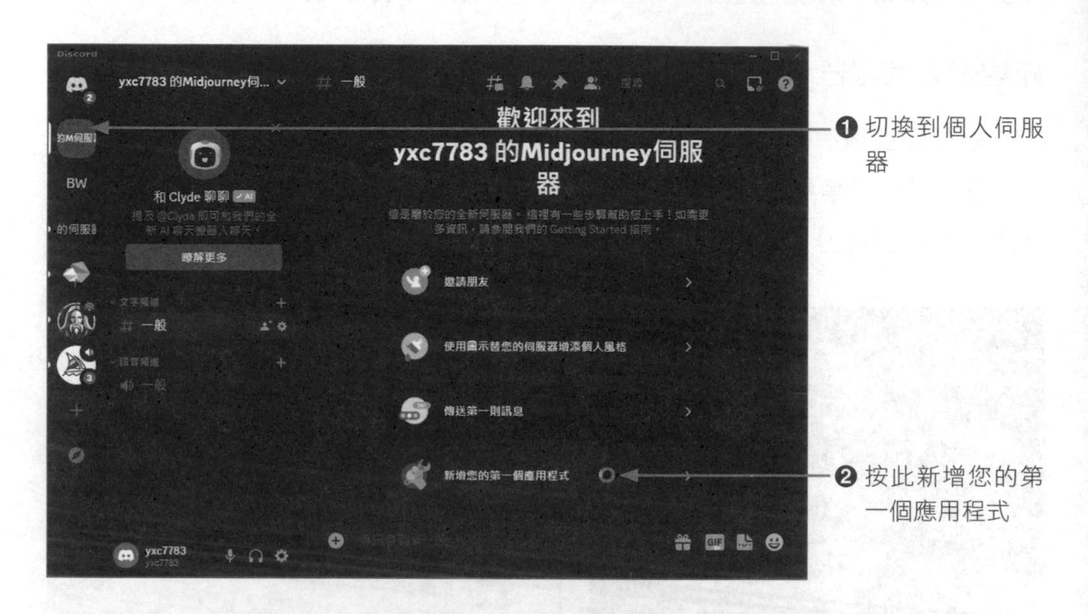

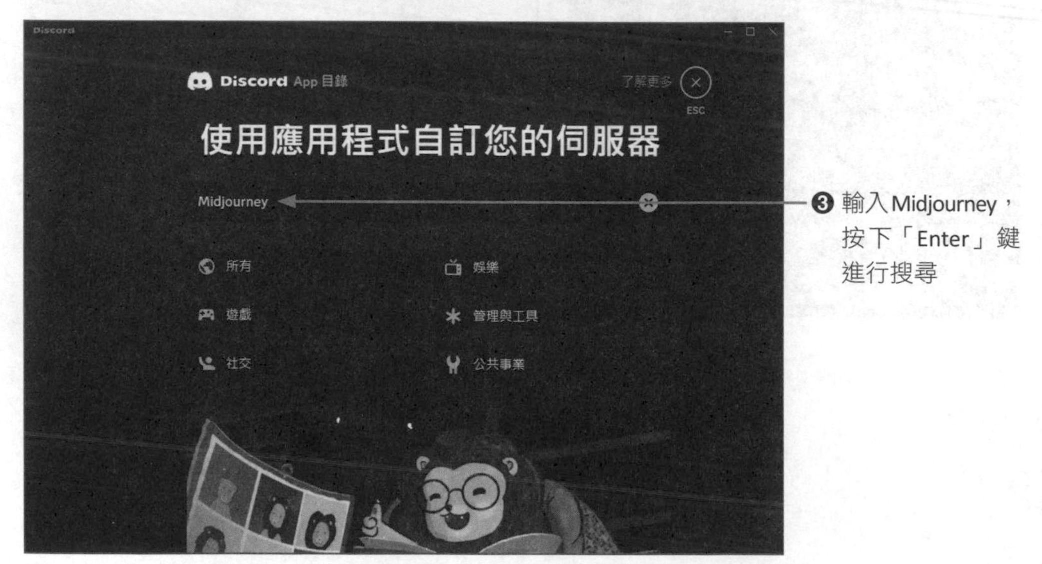

❹ 找到並點選 Midjourney Bot，接著選擇「新增至伺服器」鈕

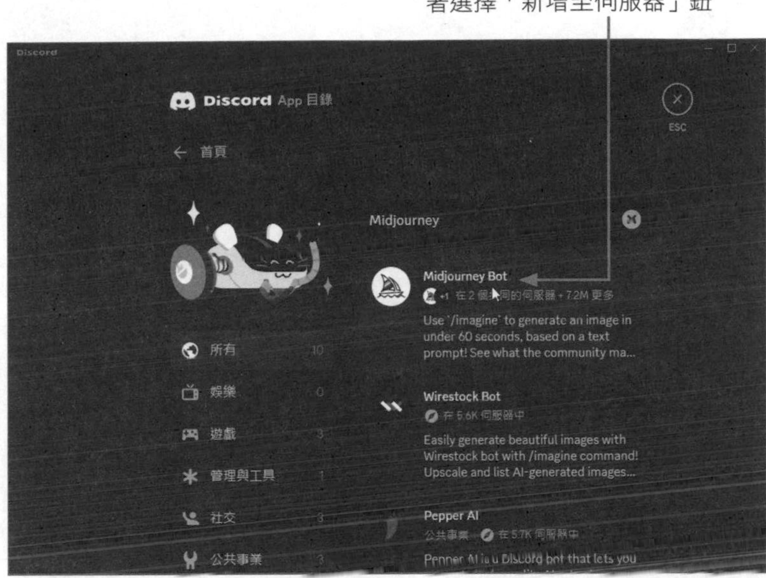

接下來還會看到如下兩個畫面，告知你 Midjourney 將存取你得 Discord 帳號，按下「繼續」鈕，保留所有選項預設值後再按下「授權」鈕。

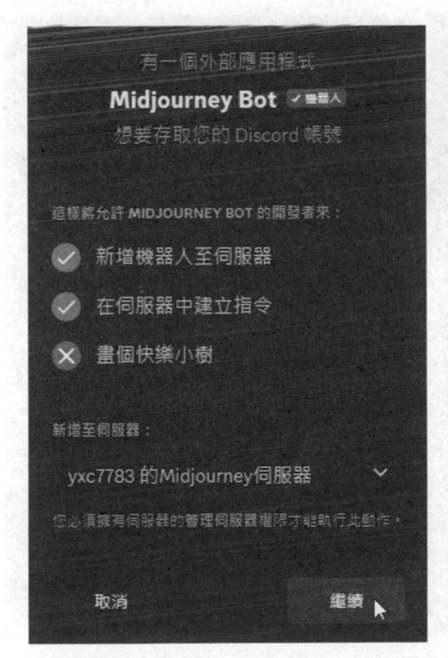

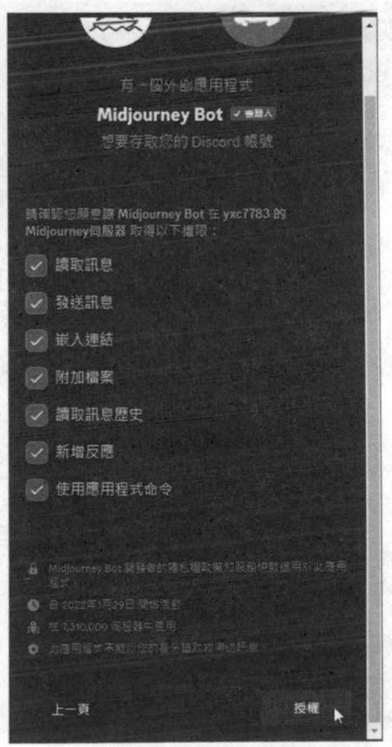

接下來確認「我是人類」後，就可以看到綠色勾勾，按下按鈕即可前往你個人的伺服器了。

完成如上的設定後，依照前面介紹的方式使用 Midjourney，就不用再怕被洗版了！

10-5-10 查看官方文件

想要對 Midjourney 有全盤的了解，最好是查看官方提供的文件，各位可以在 Midjourney 首頁左下方按下「Get Start」鈕，就可以看到快速入門指南、入門指南、使用 Discord、使用者指南等相關資料囉！

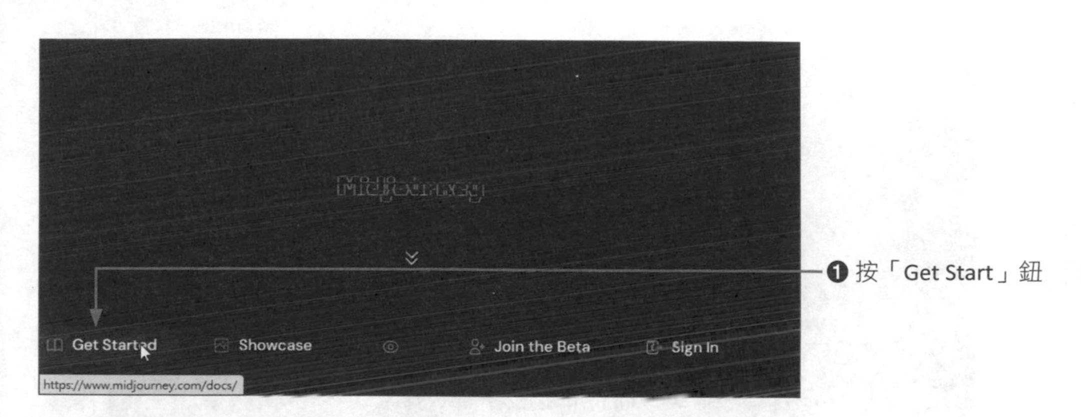

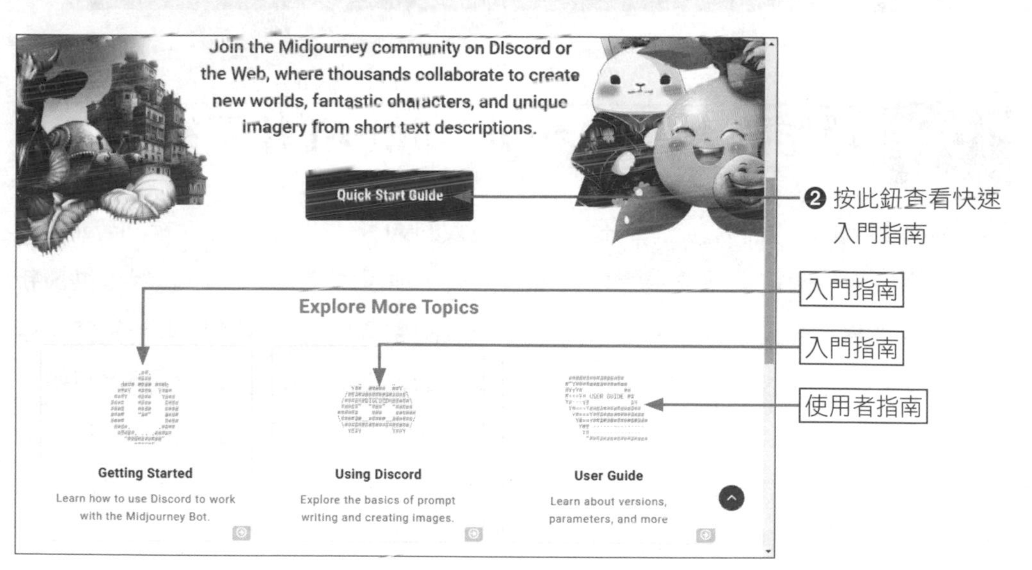

雖然是英文文件，你可利用瀏覽器上方的「翻譯這個網頁」鈕來幫你翻譯文件，這樣讀起來就沒有障礙了！

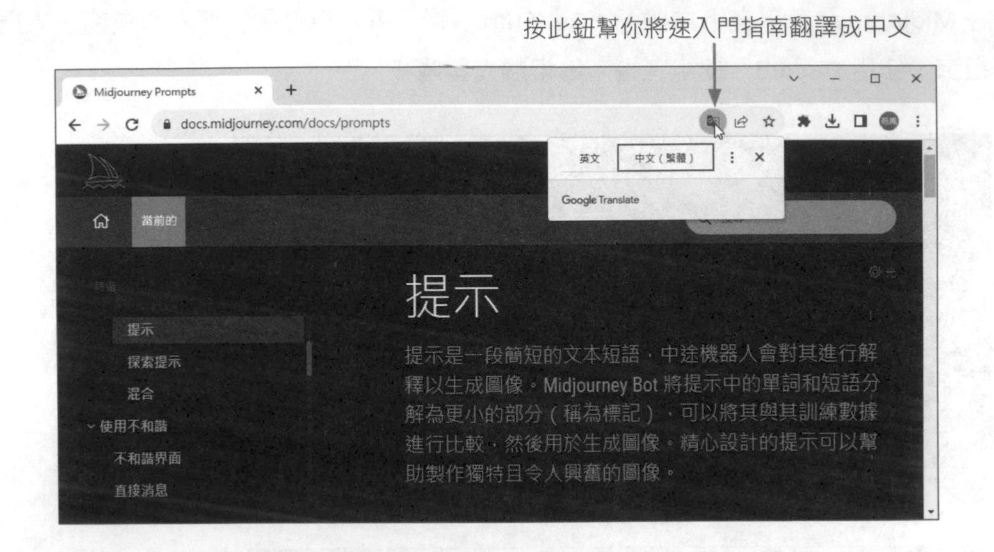

10-6 功能強大的 Playground AI 繪圖網站

在本單元中，我們將介紹一個便捷且強大的 AI 繪圖網站，它就是 Playground AI。這個網站免費且不需要進行任何安裝程式，並且經常更新，以確保提供最新的功能和效果。Playground AI 目前提供無限制的免費使用，讓使用者能夠完全自由地客製化生成圖像，同時還能夠以圖片作為輸入生成其他圖像。使用者只需先選擇所偏好的圖像風格，然後輸入英文提示文字，最後點擊「Generate」按鈕即可立即生成圖片。網站的網址為 https://playgroundai.com/。這個平台提供了簡單易用的工具，讓您探索和創作獨特的 AI 生成圖像體驗。

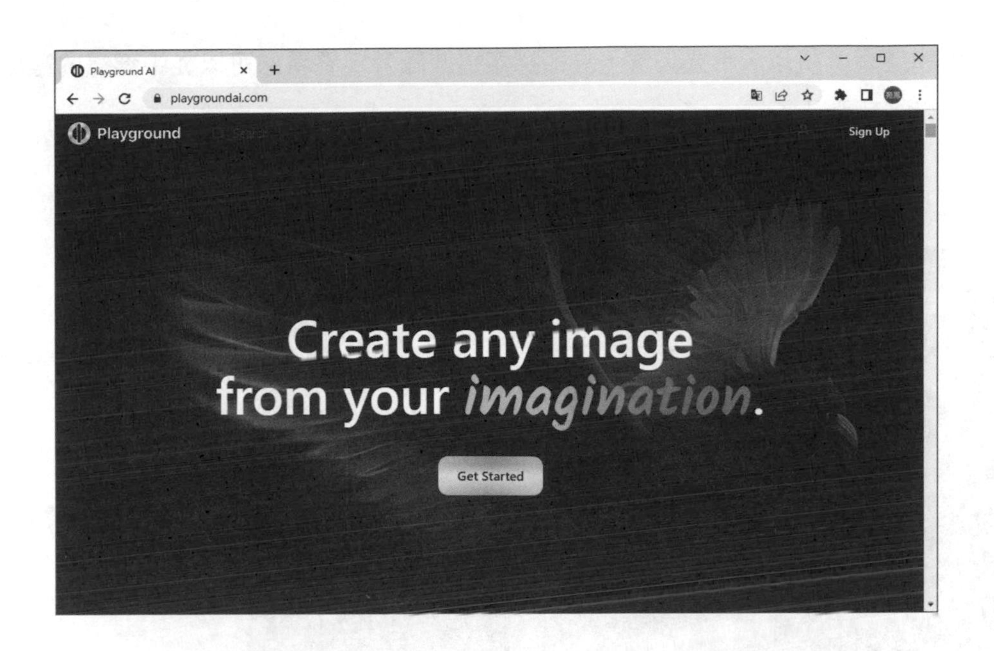

10-6-1 學習圖片原創者的提示詞

首先，讓我們來探索其他人的技巧和創作。當您在 Playground AI 的首頁向下滑動時，您會看到許多其他使用者生成的圖片，每一張圖片都展現了獨特且多樣化的風格。您可以自由地瀏覽這些圖片，並找到您喜歡的風格。只需用滑鼠點擊任意一張圖片，您就能看到該圖片的原創者、使用的提示詞，以及任何可能影響畫面出現的其他提示詞等相關資訊。

這樣的資訊對於學習和獲得靈感非常有幫助。您可以了解到其他人是如何使用提示詞和圖像風格來生成他們的作品。這不僅讓您更好地了解 AI 繪圖的應用方式，也可以啟發您在創作過程中的想法和技巧。無論是學習他們的方法，還是從他們的作品中獲得靈感，都可以讓您的創作更加豐富和多元化。

Playground AI 為您提供了一個豐富的創作社群，讓您可以與其他使用者互相交流、分享和學習。這種互動和共享的環境可以激發您的創造力，並促使您不斷進步和成長。所以，不要猶豫，立即探索這些圖片，看看您可以從中獲得的靈感和創作技巧吧！

即使你的英文程度有限，無法理解內容也不要緊，你可以將文字複製到「Google 翻譯」或者使用 ChatGPT 來協助你進行翻譯，以便得到中文的解釋。此外，你還可以點擊「Copy prompt」按鈕來複製提示詞，或者點擊「Remix」按鈕以混合提示詞來生成圖片。這些功能都可以幫助你更好地使用這個平台，獲得你所需的圖像創作體驗。

按下「Remix」鈕會進入 Playground 來生成混合的圖片

除了參考他人的提示詞來生成相似的圖像外，你還可以善用 ChatGPT 根據你自己的需求生成提示詞喔！利用 ChatGPT，你可以提供相關的說明或指示，讓 AI 繪圖模型根據你的要求創作出符合你想法的圖像。這樣你就能夠更加個性化地使用這個工具，獲得符合自己想像的獨特圖片。不要害怕嘗試不同的提示詞，挑戰自己的創意，讓 ChatGPT 幫助你實現獨一無二的圖像創作！

10-6-2 初探 Playground 操作環境

在瀏覽各種生成的圖片後，我相信你已經迫不及待地想要自己嘗試了。只需在首頁的右上角點擊「Sign Up」按鈕，然後使用你的 Google 帳號登入即可開始。這樣你就可以完全享受到 Playground AI 提供的所有功能和特色。

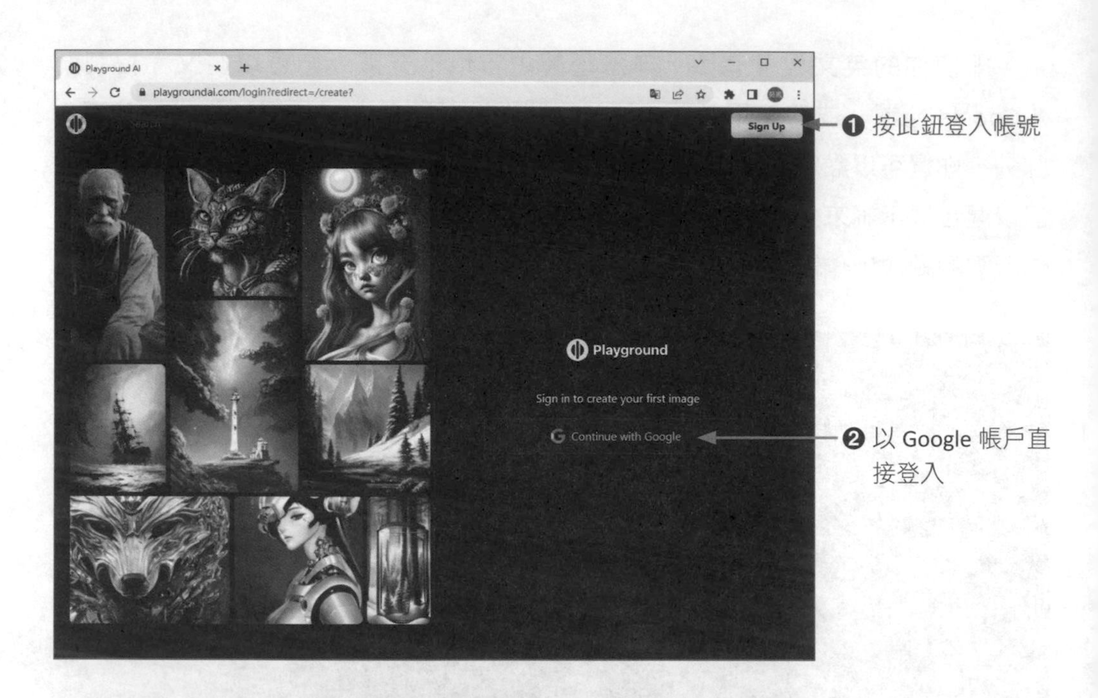
Playground AI
playgroundai.com/login?redirect=/create?
Sign Up
Playground
Sign in to create your first image
Continue with Google
❶ 按此鈕登入帳號
❷ 以 Google 帳戶直接登入

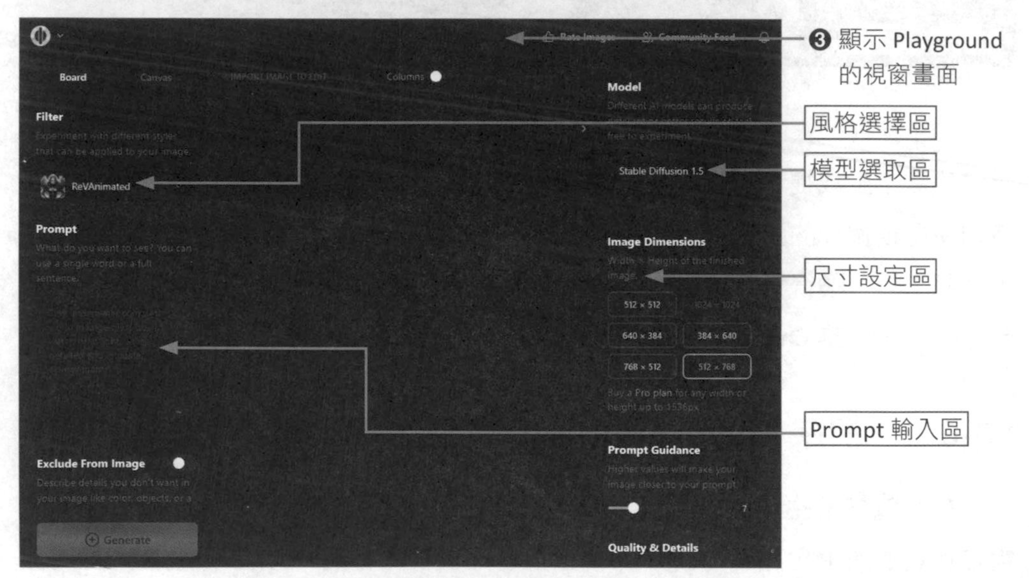
Board
Canvas
Columns
Filter
ReVAnimated
Prompt
Exclude From Image
Generate
Model
Stable Diffusion 1.5
Image Dimensions
512 × 512
640 × 384
384 × 640
768 × 512
512 × 768
Prompt Guidance
Quality & Details
❸ 顯示 Playground 的視窗畫面
風格選擇區
模型選取區
尺寸設定區
Prompt 輸入區

10-6-3 利用 ChatGPT 取得最佳的提示詞

在這裡，我們將利用 ChatGPT 提出問題來獲得最佳的提示詞，然後將這些提示詞複製到 Playground AI 中生成圖片。這樣做可以確保 Playground AI 生成的圖片更符合我們的期望。我們可以讓 ChatGPT 扮演 Playground AI 的提示詞生成器，以獲得更具創意和個性化的繪圖提示。這種結合 ChatGPT 和 Playground AI 的方式將為我們帶來更加豐富和獨特的圖像創作體驗。現在就讓我們開始利用 ChatGPT 來生成最佳的繪圖提示，並在 Playground AI 中展開創作吧！

提示（prompt）詞

接下來請你扮演 Playground AI 繪圖提示生成器

接下來請你扮演Playground AI繪圖提示生成器

當然，我很樂意扮演Playground AI繪圖提示生成器的角色。請告訴我您希望生成的圖片內容或提供一些關鍵字，我將努力為您生成一個適合的繪圖提示。請描述您期望的畫面風格、主題或任何您想在圖片中看到的元素。我將嘗試生成一個繪圖提示，讓您可以在Playground AI中繼續創作。請提供您的需求，我將盡力幫助您。

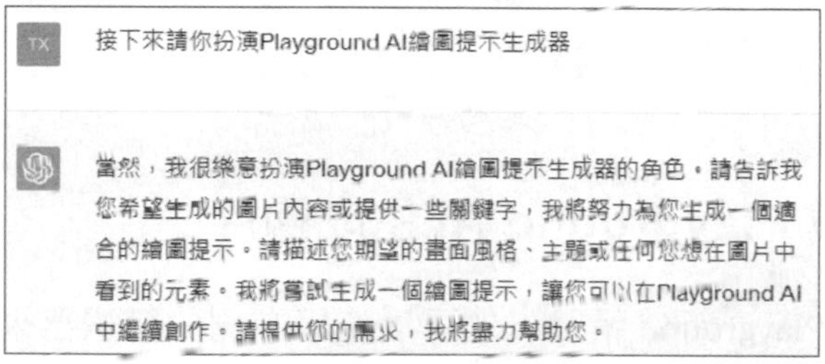

當我們告訴 ChatGPT 我們想要的畫面效果時，接下來就輸入要提示的文字內容。

提示（prompt）詞

我想要一個歡樂的籃球總冠軍賽奪冠的慶祝畫面。

我想要一個歡樂的籃球總冠軍賽奪冠的慶祝畫面。

給您的繪圖提示是：「一個歡樂的籃球總冠軍賽奪冠的慶祝畫面」。您可以將這個提示複製並貼到Playground AI的Prompt區塊中，然後按下「Generate」來生成相應的圖片。希望這個繪圖提示能幫助您創作出一個令人歡欣鼓舞的畫面！

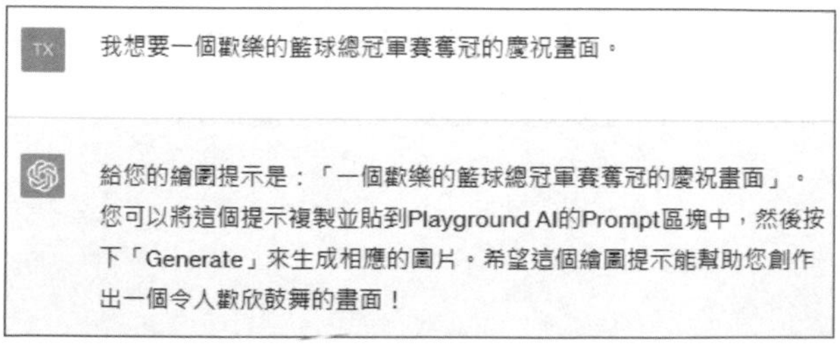

如果 ChatGPT 給出的內容符合您的要求，您可以請它將其翻譯成英文。這樣，您就能獲得更優秀的提示詞，並將該段英文文字複製並貼到 Playground AI 中。這將有助於您在 Playground AI 中獲得更理想的生成圖像。

提示（prompt）詞

請將上面的繪圖提示翻譯成英文

TX 請將上面的繪圖提示翻譯成英文

The translation of the drawing prompt is: "A joyful celebration scene of winning the basketball championship." You can copy and paste this prompt into the Prompt section of Playground AI, and then click on "Generate" to create the corresponding image. I hope this drawing prompt helps you create an inspiring and joyful artwork!

10-6-4 實戰 Playground AI 生成圖片

一旦您登入 Playground 帳號，您可以使用左側的篩選器來選擇您喜歡的圖片濾鏡。按下圖示下拉式按鈕後，您將看到各種縮圖，這些縮圖可以大致展示出圖片呈現的風格。在這裡，您可以嘗試更多不同的選項，並發現許多令人驚豔的畫面。不斷探索和試驗，您將發現各種迷人的風格和效果等待著您。

現在，將 ChatGPT 生成的文字內容「複製」並「貼到」左側的提示詞（Prompt）區塊中。右側的「Model」提供四種模型選擇，預設值是「Stable Diffusion 1.5」，這是一個穩定的模型。DALL-E 2 模型需要付費才能使用，因此建議您繼續使用預設值。至於尺寸，免費使用者有五個選擇，其中 1024 x 1024 的尺寸需要付費才能使用。您可以選擇想要生成的畫面尺寸。

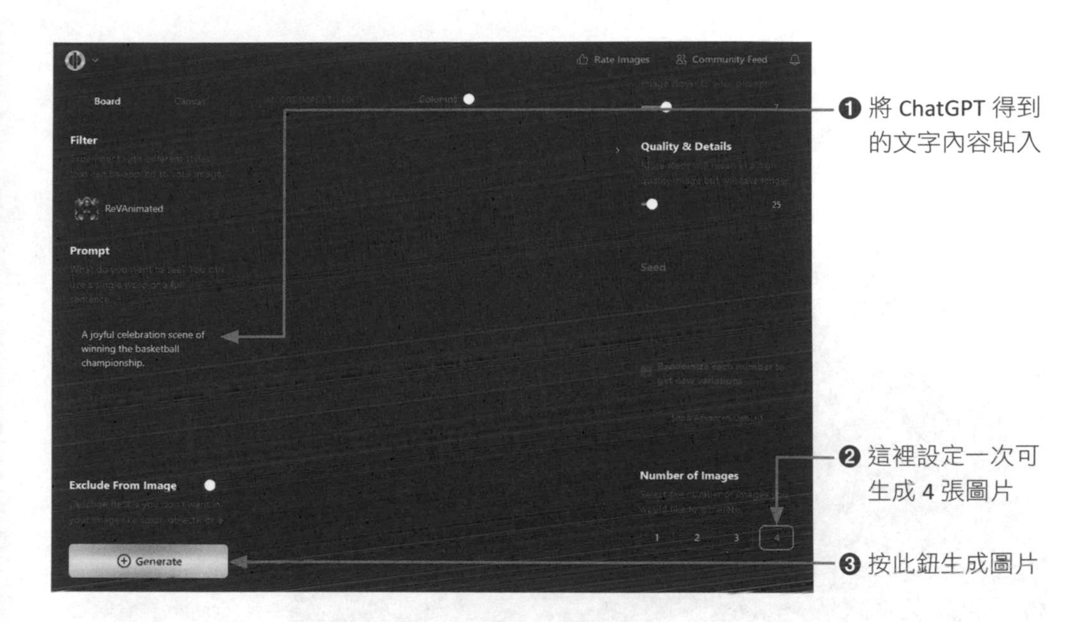

完成基本設定後，最後只需按下畫面左下角的「Generate」按鈕，即可開始生成圖片。

10-6-5 放大檢視生成的圖片

生成的四張圖片太小看不清楚嗎？沒關係，可以在功能表中選擇全螢幕來觀看。

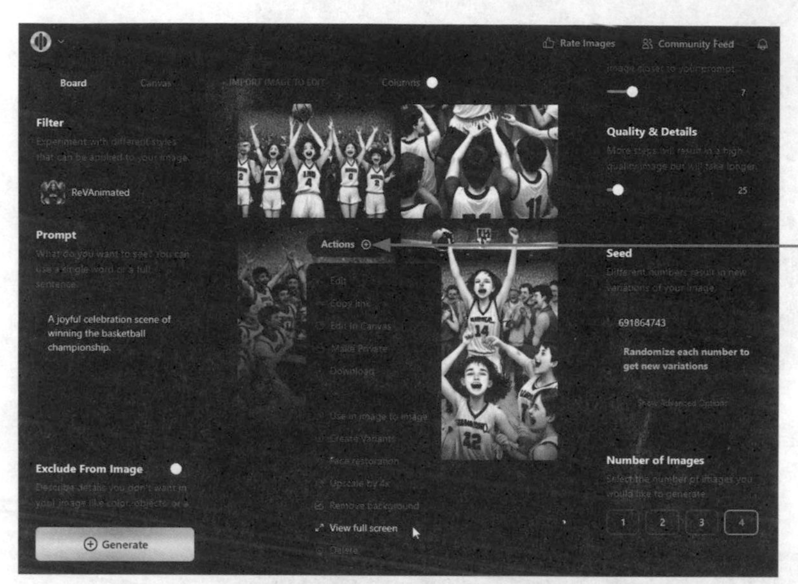

❶ 按下「Action」鈕，在下拉功能表單中選擇「View Full screen」指令

❷ 以最大的顯示比例顯示畫面，再按一下滑鼠就可離開

10-6-6 利用 Create variations 指令生成變化圖

當 Playground 生成四張圖片後，如果有找到滿意的畫面，就可以在在下拉功能表單中選擇「Create variations」指令，讓它以此為範本再生成其他圖片。

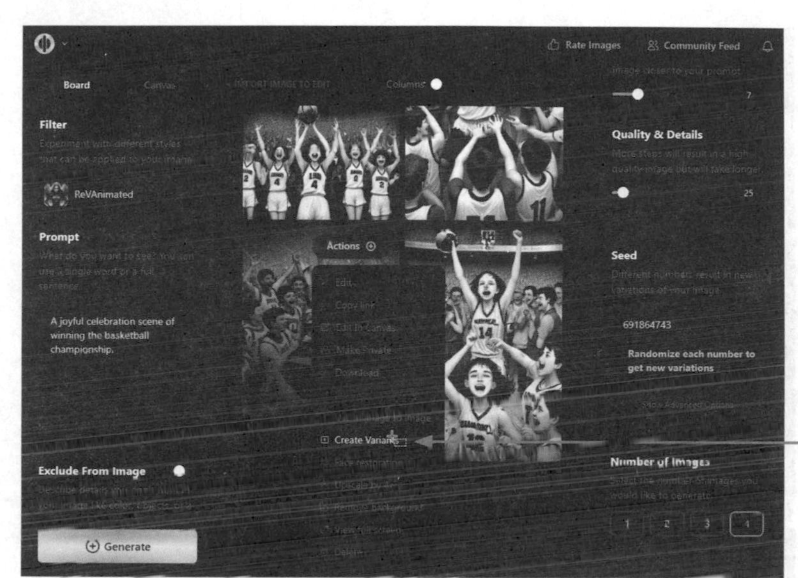

❶ 選擇「Create variations」指令生成變化圖

❷ 生成四張類似的變化圖

10-6-7　生成圖片的下載

當你對 Playground 生成的圖片滿意時，可以將畫面下載到你的電腦上，它會自動儲存在你的「下載」資料夾中。

選擇「Download」指令下載檔案

10-6-8　登出 Playground AI 繪圖網站

當不再使用時，如果想要登出 Playground，請由左上角按下 ◐ 鈕，再執行「Log Out」指令即可。

10-7 微軟 Bing 的生圖工具：Copilot

微軟 Bing 引入了 Copilot 功能，使得使用者可以輕鬆地將文字轉化為圖片。這款 Copilot AI 影像生成工具已經正式推出，且對所有使用者免費開放。使用者可以輸入中文或英文的提示詞，Copilot 會迅速生成相應的圖片。

Copilot 會先描述設計理念再生成圖片，但目前生成的圖像僅限於正方形，無法顯示全景。這個影像生成工具使用的引擎與 ChatGPT 相同，均基於 DALL-E 技術。當使用者通過提示詞生成圖像後，可以將滑鼠游標移至任一圖像上，右鍵點擊以開啟功能表，執行另存圖片、複製圖片等操作。

10-7 -1 從文字快速生成圖片

現在，讓我們來示範如何使用 AI 從文字建立影像。首先請各位先連上以下的網址，請各位參考以下的操作步驟：

https://www.bing.com/images/create

您可以有底下的兩種登入方式：

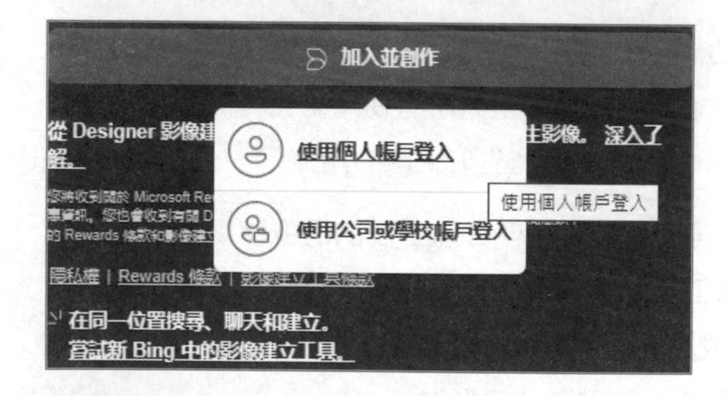

底下筆者選擇「使用個人帳戶登入」，其相關操作步驟，示範如下：

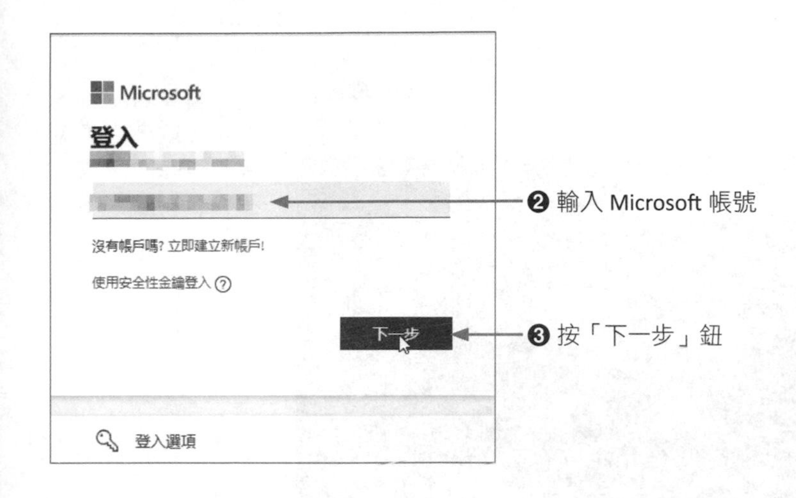

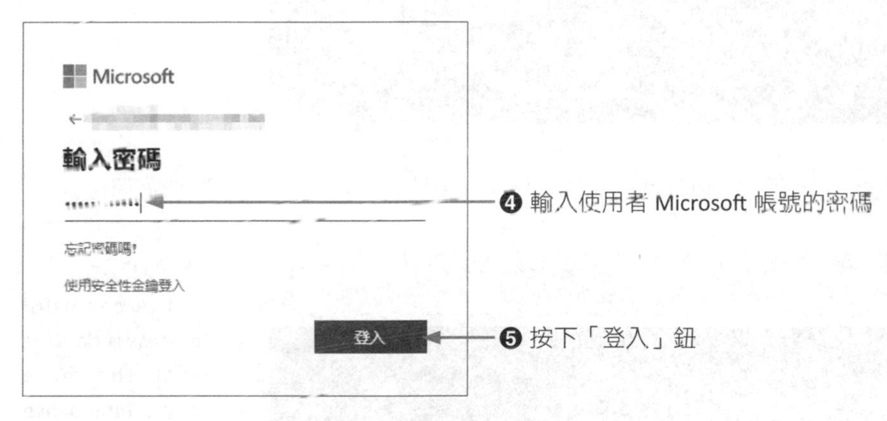

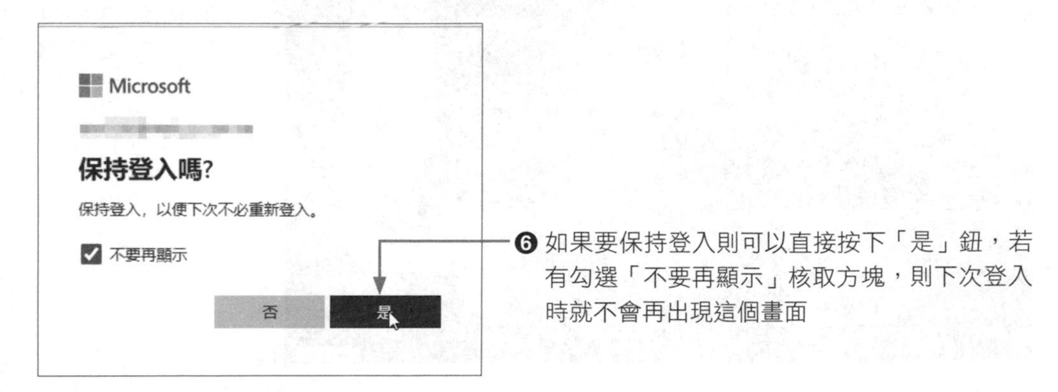

登入後就可以開始使用 Copilot AI 工具來快速生成圖片，下圖為介面的簡易功能說明：

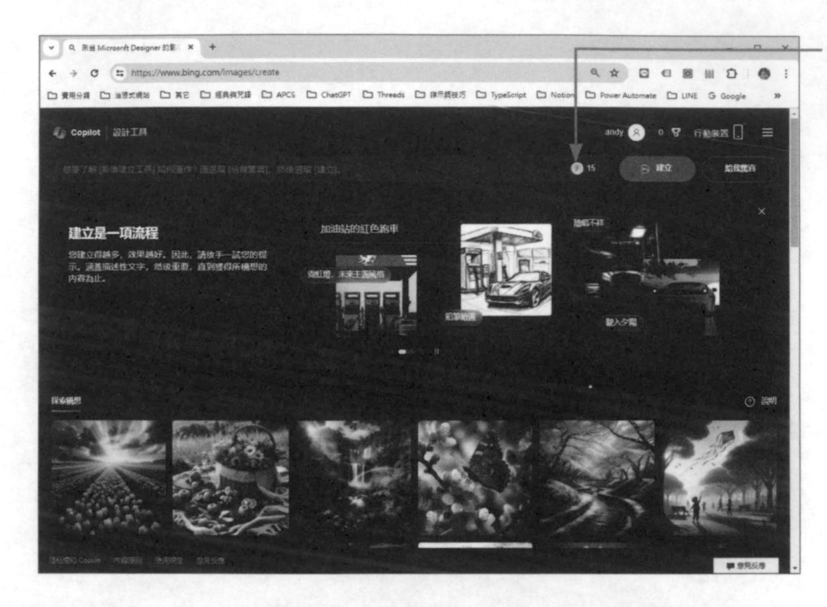

這裡會有 Credits 的數字，雖然它是免費，但每次生成一張圖片則會使用掉一點

接著我們就來示範如何從輸入提示文字，到如何產生圖片的實作過程：

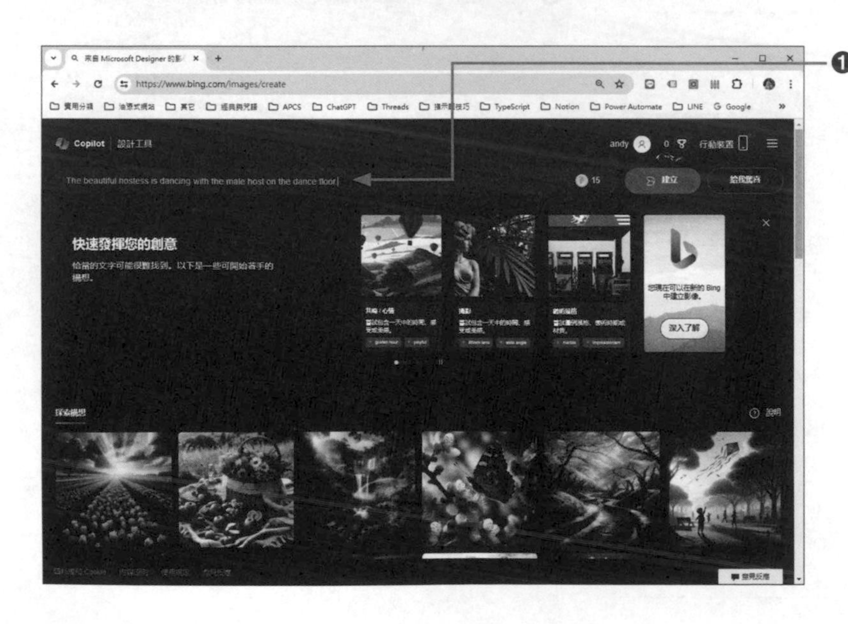

❶ 輸入提示文字「The beautiful hostess is dancing with the male host on the dance floor.」(也可以輸入中文提示詞)

❷ 按「建立」鈕可以開始產生圖，一些秒數之後就可以根據提示詞一次生成 4 張圖片，請點按其中一張圖片

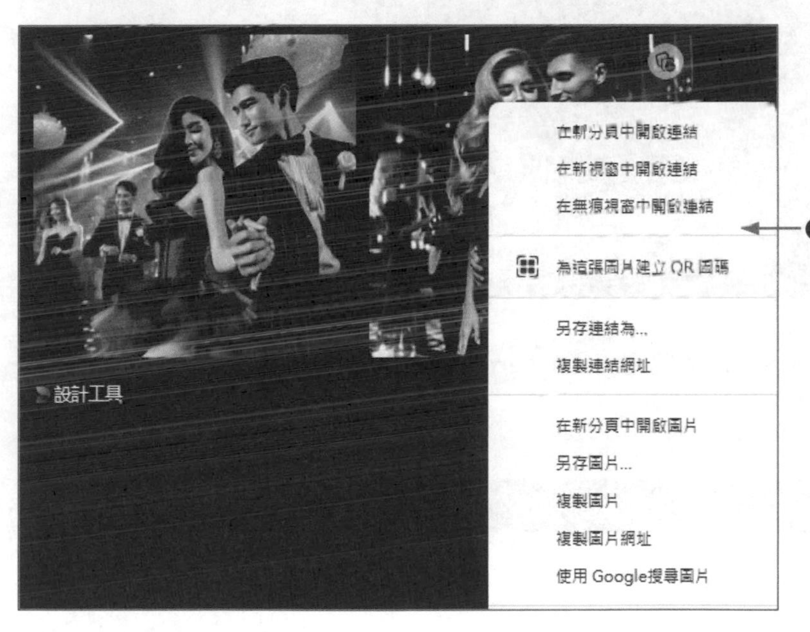

❸ 接著就可以針對該圖片進行按下右鍵呼叫快顯功能表就可以有各種圖片的操作令

10-7-2 「給我驚喜」可自動產生提示詞

如果需要，您可以再次輸入不同的提示詞，以生成更多圖片。這樣，您就可以使用 Copilot 輕鬆將文字轉換成圖片了。或是按下圖的「給我驚喜」可以讓系統自動產生提示文字。

有了提示文字後，例如此處的「Superman sitting at a cubical, 1930's comic」，如下圖所示：

接著只要再按下「建立」鈕就可以根據這個提示文字生成新的四張圖片，如下圖所示：

點選喜歡的影片就可以查看放大呈現該圖片，並允許使用者進行「分享」、「儲存」或「下載」等操作行為。如下圖所示：

10-8 HeyGen AI 影片生成平台

HeyGen 是一個 AI 影片生成平台，它可以創建虛擬人像，將文字轉換為語音，並將音訊與唇動完美同步。使用者可以使用預建的模板和可自定義的元素來生成專業外觀的影片，而不需要任何先前的設計或編輯經驗。HeyGen 提供了 100 多個多樣化和可制定的逼真頭像，40 多種語言的 300 多種聲音，您不需要自己錄音，輸入文字 AI 主播就能幫您念旁白。此外，HeyGen 的影片輸出支持橫向螢幕和直向螢幕，應用範圍廣。要進行網站註冊，可以參考底下的作法：

1. 訪問 HeyGen 網站。https://www.heygen.com/

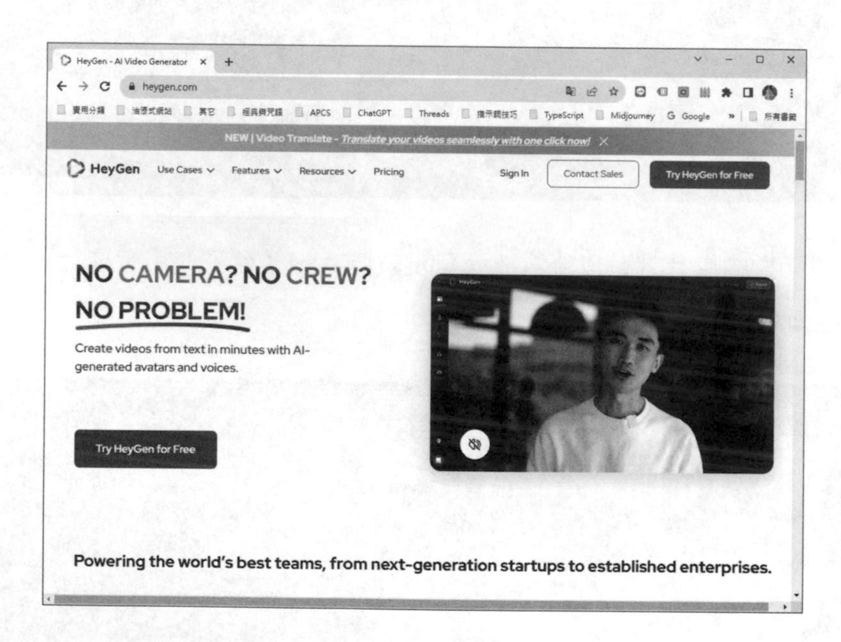

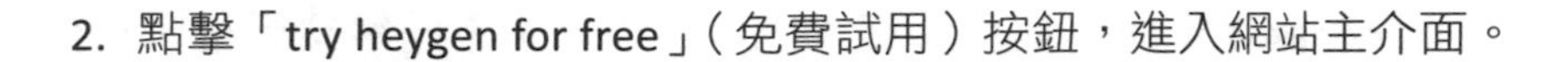

2. 點擊「try heygen for free」(免費試用)按鈕,進入網站主介面。

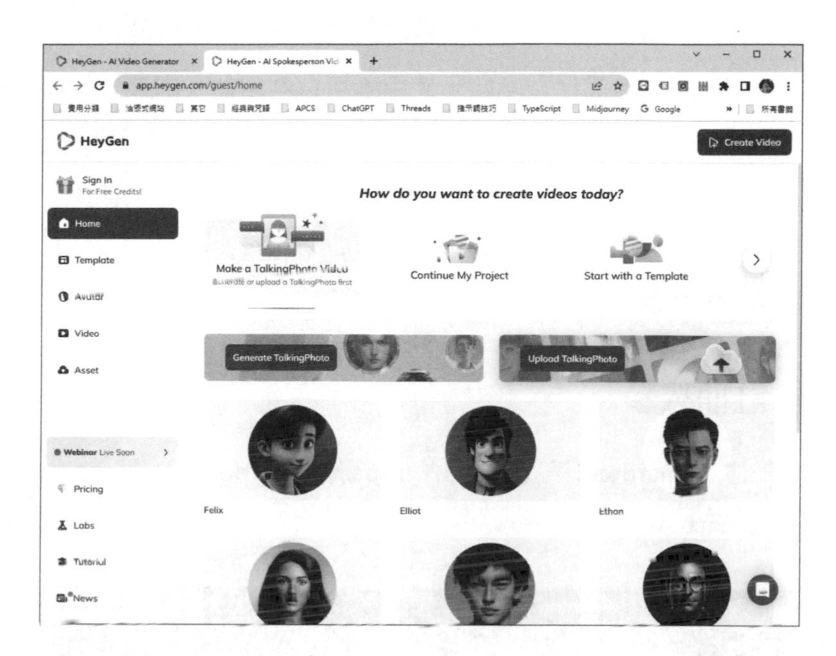

在影片製作過程中,如果需要上傳圖片或提交生成影片,就會彈出註冊登錄窗口。您可以使用 QQ 郵箱進行註冊,或者使用已有的 Google、Facebook 帳號直接登錄。

10-9 Leonardo.ai 繪圖服務

Leonardo.ai 是一個強大的 AI 繪圖服務,它以自然語言 Prompt 的方式,讓使用者輕鬆快速地創造多種美術風格的圖像,並且這些圖像可適用於商業用途。Leonardo.ai 提供了以下多項功能:

- 圖像增強和編輯:不僅可以輸入文字 Prompt,還可以對已有的圖片進行擴展、背景去除、文字修改等處理,讓圖像更符合需求。

- 風格學習：Leonardo.ai 允許使用者餵入圖片，以學習不同繪畫風格，甚至建立自己獨特的繪畫模型，從而創造出具有獨特風格的作品。
- 使用預訓練模型：無需從頭開始，使用者可以利用他人訓練好的模型來生成圖像，節省時間並獲得高質量的結果。
- 商業應用：Leonardo.ai 不僅適用於藝術愛好者，還可以應用於商業領域，例如製作名片、海報、卡片、傳單等各種宣傳和行銷物料，為企業和創作者提供豐富的設計選擇。

10-9-1 註冊教學

STEP 01 前往 Leonardo.Ai 官方網站 https://leonardo.ai/，點擊右上方的「Launch APP」。

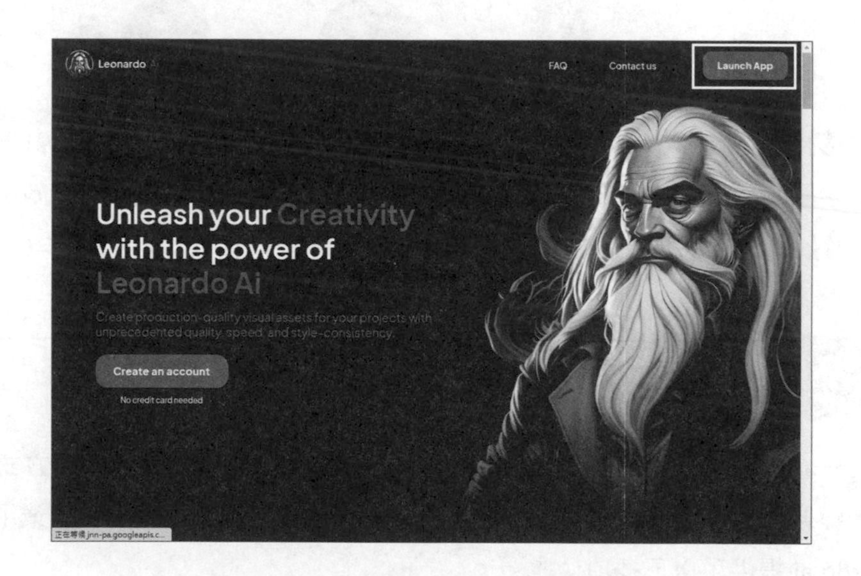

STEP 02 點擊「Yes! I'm whitelisted」。

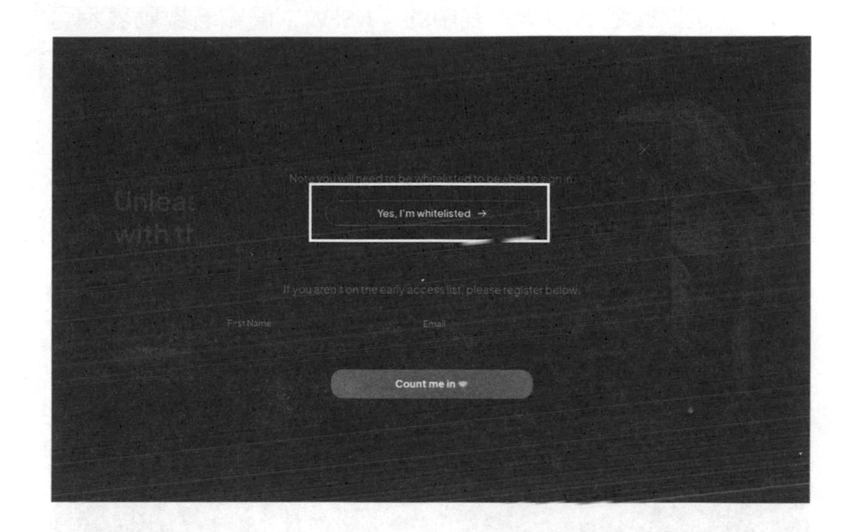

STEP 03 如果已經有帳號直接登入。但是如果沒有帳號，點擊「Sign in」註冊帳號，請輸入 email 信箱和密碼（須符合規則：大小寫英文字母 + 數字 + 特殊符號），完成後點擊 Sign in。當信箱就會收到驗證碼的通知信，輸入驗證碼就可以完成註冊。

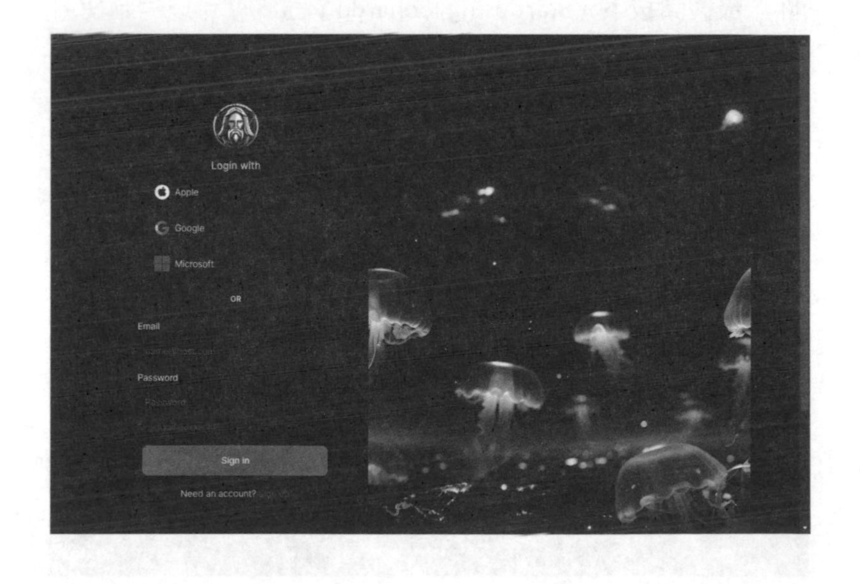

STEP 04 在此筆者直接以 Google 帳號登入，會進入下圖畫面，請填寫使用者名稱，勾選感興趣的領域，其中的「NSFW」開關若啟動表示可能會顯示不直觀看的畫面，此保留預設值。最後按下 Next 鈕。

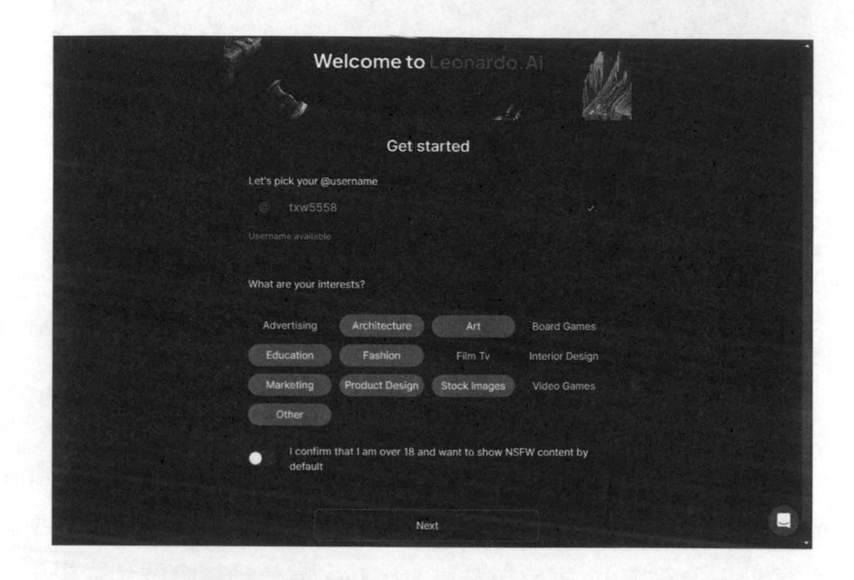

STEP 05 接下來的畫面則選擇最能夠描述您的角色，此處筆者選擇純個人使用，最後請按下「Start using leonardo」鈕，就可以開始使用。

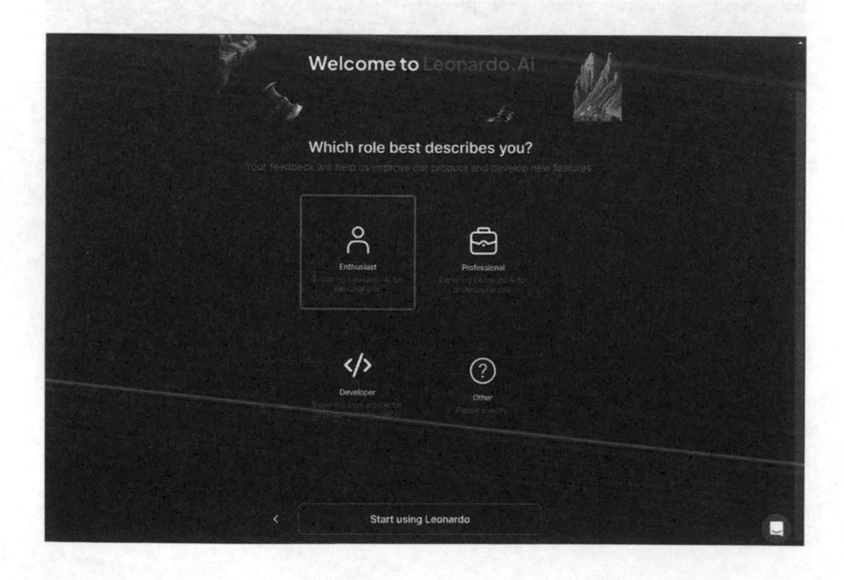

STEP 06 接著會出現歡迎畫面，可以稍微看一下，要換頁就按「Next」鈕。

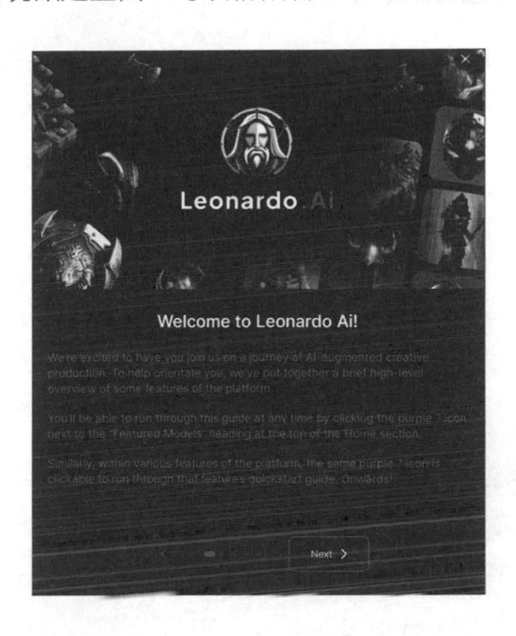

STEP 07 一切就緒後就會進入類似下圖畫面，左側上方可以看到剩餘的 tokens，右邊主畫面上方則可以看到各不同的官方模型。右邊主畫面下方則可以不同使用者創作的圖像。

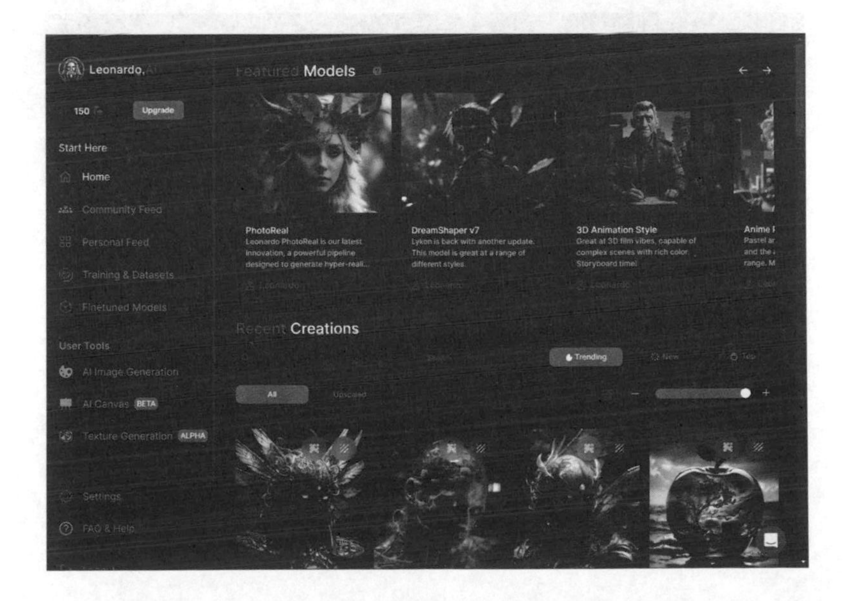

10-9-2 如何快速生成圖像

STEP 01 進入 Web UI 首頁，點選左邊功能列中的「AI Image Generation」。

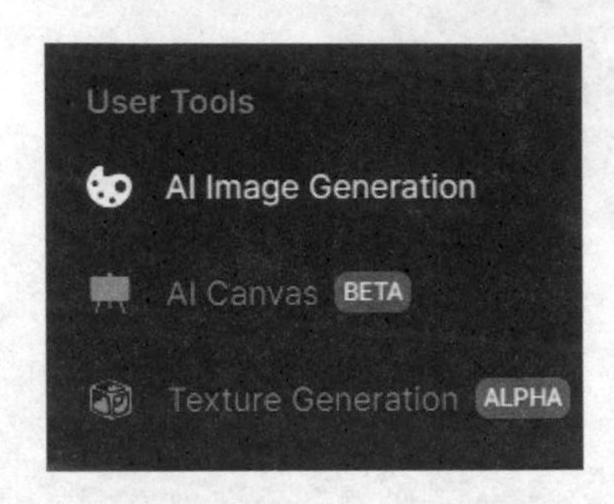

STEP 02 在右方欄位鍵入所需的 Prompt，然後選擇要套用的模型。另外開啟 Negative Prompt 的開關，則可以輸入反面的提詞，讓 AI 在算圖時排除這些內容。例如此處筆者輸入的提示（prompt）詞及反向提示（prompt）詞，分別如下：

- Many people from different countries are conversing together.
- nsfw, boys, little girls

STEP 03 在左側設定生成圖片的張數、尺寸及權重，權重越高代表 Prompt 的影響越小，完成後按下「Generate」。底下為成果圖的展示：

STEP 04 如果想下載喜歡的圖片，只要將滑鼠移動到該圖像之上，就會出現下方的功能表列，點選第一個下載圖像鈕就可以將圖片下載到本機端電腦：

10-10 PixAI.art AI 藝術創作網站

PixAI.art 是一個以人工智慧為基礎的藝術創作網站，特別為藝術家和設計師量身打造的創意平台。它提供了多項強大工具和資源，讓使用者可以將照片變成素描風格的插畫，或者創作動畫角色和藝術作品。這個網站的主要特點包括：

- 多語言輸入支援：PixAI.art 支援多種語言，包括中文、英文、日文、法文等，讓使用者能夠以自己熟悉的語言來描述他們想要創作的圖像，無需擔心語言障礙。
- 多樣風格和主題選擇：使用者可以根據需要自行選擇不同的繪畫風格和主題，例如卡通、寫實、抽象、超現實、動物、人物、風景等。此外，也可以選擇讓平台自動推薦最適合的風格和主題，以滿足不同的創作需求。

10-10-1　註冊教學

STEP 01　前往 PixAI.art 官方網站 https://leonardo.ai/，點擊右上方的「Log in」。

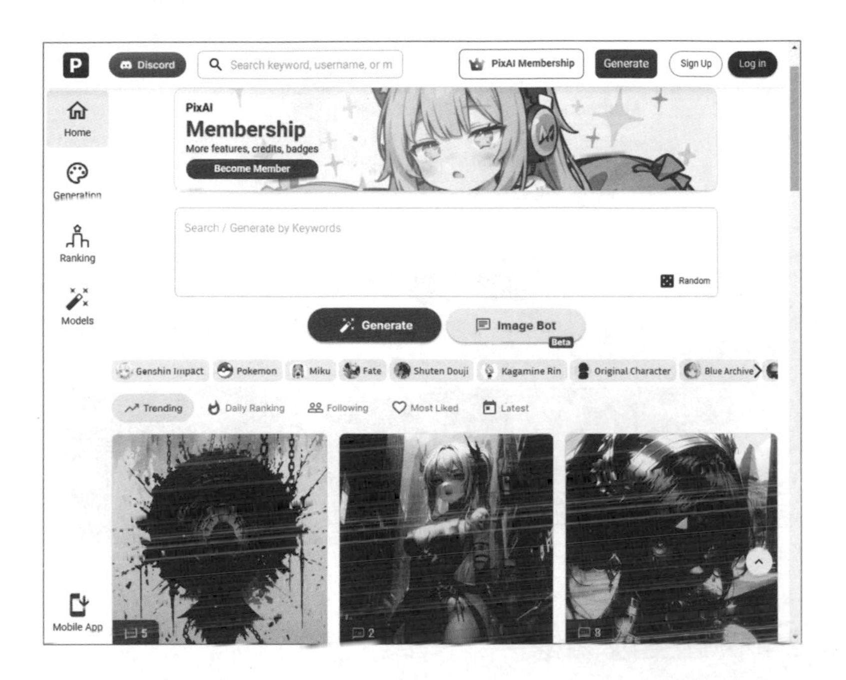

STEP 02　選擇 Google 帳號作為註冊

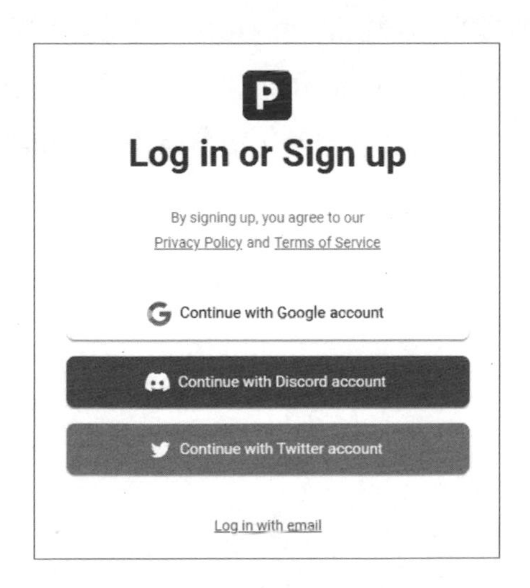

STEP 03 下圖為登入後 PixAI.art 的主畫面：

10-10-2　快速生成圖像

PixAI.art 每日贈送 1 萬點數，使用 AI 繪製一張圖至少需要消耗 1,000 點數，並且隨著所設定的畫質提高而增加消耗的點數。如果不設定特定模型或生成圖片的步數，您每日能夠迅速創建 10 張 AI 繪圖。若您想查詢自己的點數餘額，只需在登入後點選右上角的個人大頭貼圖示，接著選擇 "Profile" 指令，即可查看您還有多少點數可供使用。

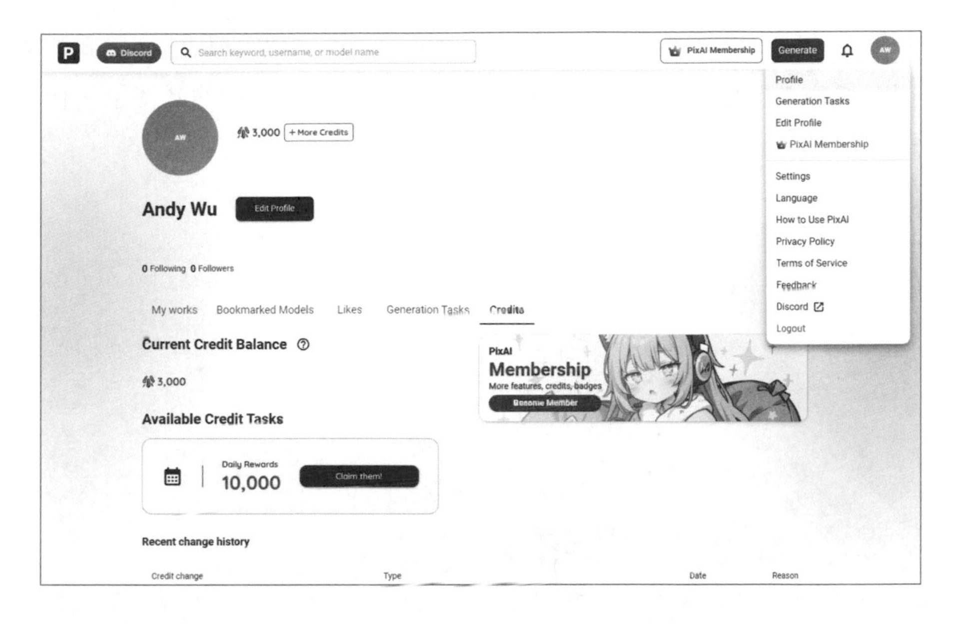

如果要快速生成圖像，可以按下「Generate」鈕進入下圖畫面，並輸入 Prompt，輸入完畢後，點擊右上方的「Let's Go!」生成鍵（同時會看到預估會用掉多少 Credits），只要幾秒鐘之後，就可以快速在中間空白區生成圖片。

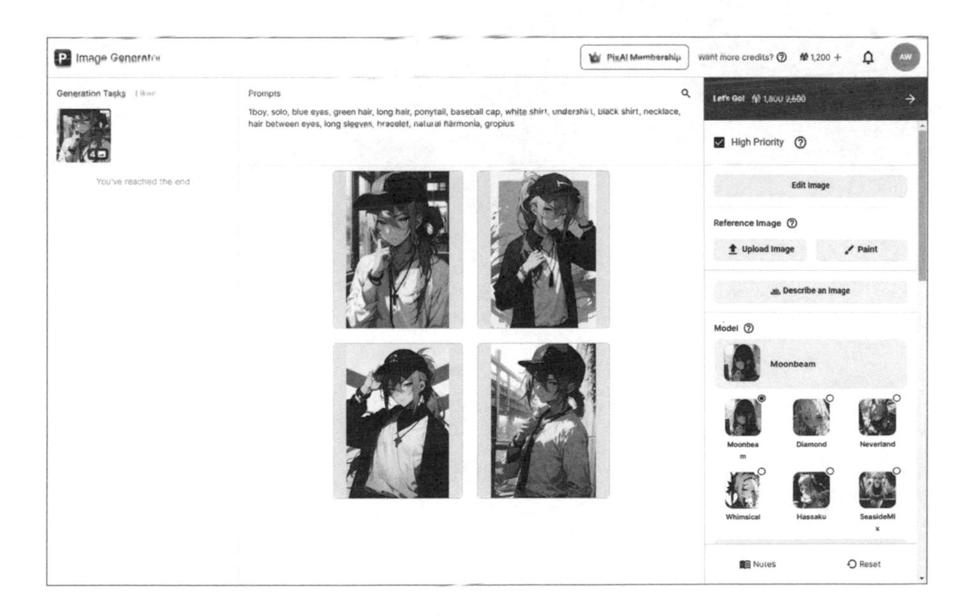

如果各位想模仿平台圖像風格的作法，我們可以使用別人的 AI 繪圖改圖，你可以看喜歡什麼樣構圖跟風格，然後點進去。你可以看到他們使用了什麼咒語，點選 Prompte，按下 Copy，你可以修改他的咒語。

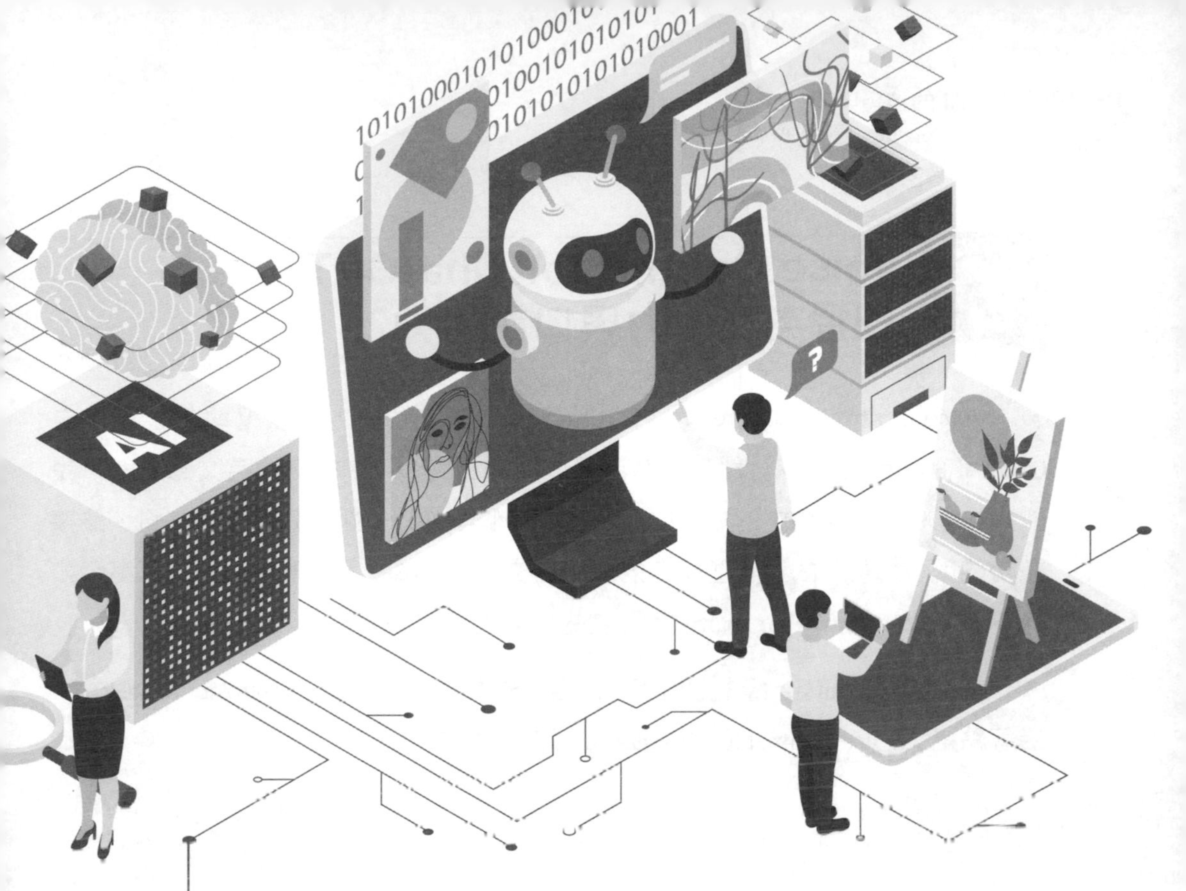

APPENDIX

ChatGPT 升級與優化的外掛擴充功能

本章中，我們將介紹一些可以進一步提高 ChatGPT 效能和實用性的外掛擴充功能。從聲控到郵件回覆，從問題提出到 YouTube 摘要，這些擴充功能涵蓋了各種情境，為用戶提供更多的便利和價值。如果您已經對 ChatGPT 有了基本的認識，現在就讓我們一起來探索這些擴充功能，了解如何進一步發揮 ChatGPT 的優勢，並為您的工作和生活帶來更多的便捷和效率。

A-1 Voice Control for ChatGPT—練習英文聽力與口說能力

Voice Control for ChatGPT 這個 Chrome 的擴充功能，可以幫助各位與來自 OpenAI 的 ChatGPT 進行語音對話，可以用來利用 ChatGPT 練習英文聽力與口說能力。它會在 ChatGPT 的提問框下方加上一個額外的按鈕，只要按下該鈕，該擴充功能就會錄製您的聲音並將您的問題提交給 ChatGPT。接著我們就來示範示如何安裝 Voice Control for ChatGPT 及它的基本功能操作。

首先請在「chrome 線上應用程式商店」輸入關鍵字「Voice Control for ChatGPT」，接著點選「Voice Control for ChatGPT」擴充功能：

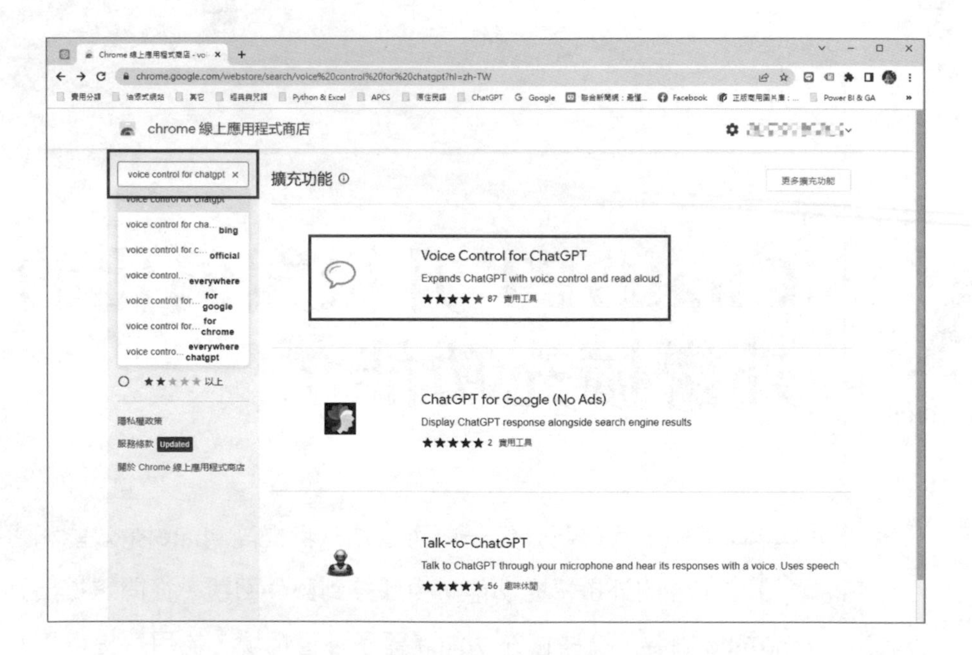

接著會出現下圖畫面，請按下「加到 Chrome」鈕：

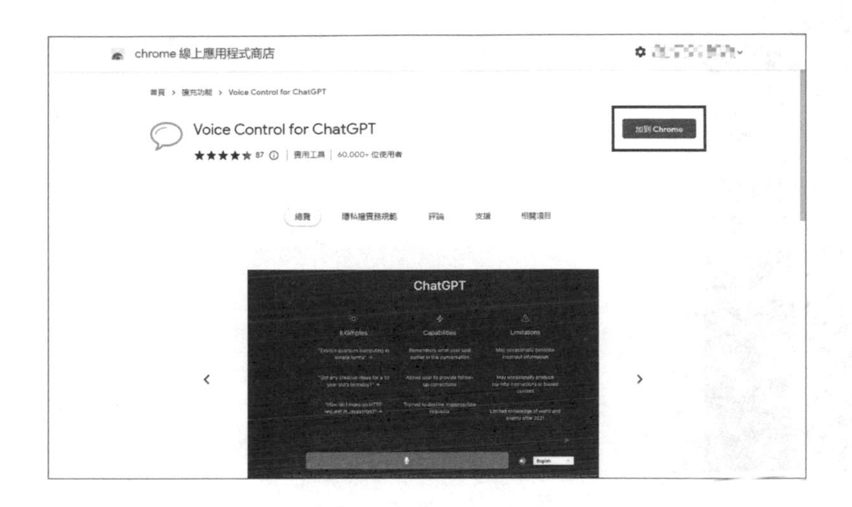

出現下圖視窗後，再按「新增擴充功能」鈕：

完成安裝後，準備用口語發音的方式向 ChatGPT 提問，請按下如下圖的「麥克風」鈕，第一次執行要求要取用你電腦系統的「麥克風」裝置，只要允許「Voice Control for ChatGPT」外掛程式取用，接著只要按下「麥克風」鈕，就進入語音輸入的環境：

當「麥克風」鈕被按下後就會變成紅色，表示已等待對麥克風講話，例如筆者念了「what is the Python language」，講完後，再按一次「麥克風」鈕，就會立即被辨識成文字，向 ChatGPT 提問。

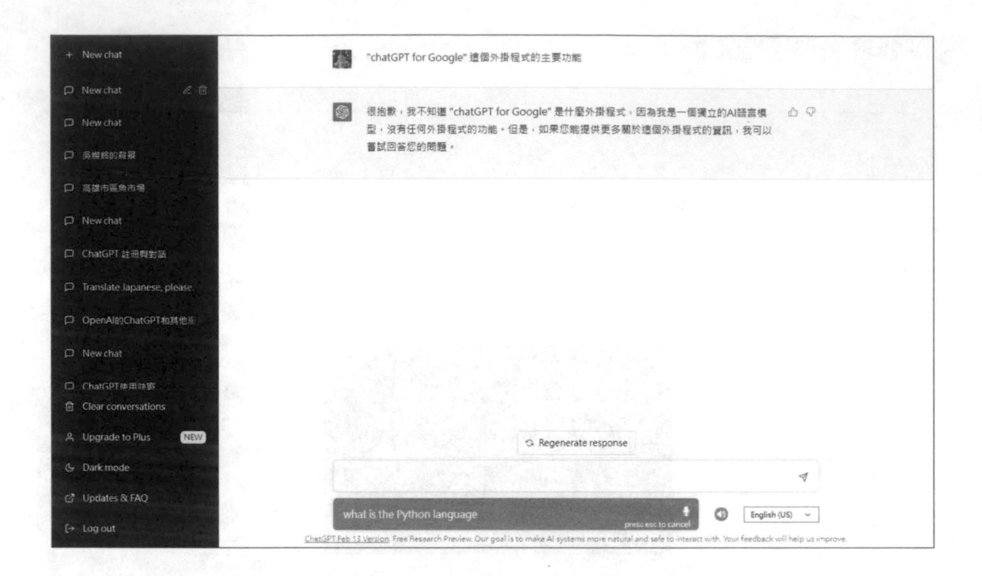

而此時 ChatGPT 會同步輸出回答的文字內容，同時會將所有的回答內容以所設定的語言念出，例如此處我們設定為「English（US）」，就可以聽到純正的美式英語，這個過程就是非常好的聽力練習的機會。

接著我們可以繼續練習我們的英語口說能力，再以講英文的方式向 ChatGPT 進行提問，例如我又問了「how can I start」，此時 ChatGPT 會同步以英語文字及語音的方式回答，各位就可以接著練習聽第二個回答內容的聽力練習，以這種方式來與 ChatGPT 進行互動，這個時候，安裝了「Voice Control for ChatGPT」這個外掛程式的擴充功能，透過 ChatGPT 練習英文聽力與口說能力，相信各位的英語口說及聽力一定有大量練習的機會與進步的空間。

how can I start

If you are interested in learning Python, here are some steps you can take to get started:

1. Install Python: The first step is to download and install Python on your computer. You can download the latest version of Python from the official Python website (https://www.python.org/downloads/).
2. Learn the basics: Once you have installed Python, you can start learning the basics of the language. There are many online tutorials and courses available that can help you get started. Some popular resources include Codecademy, Coursera, edX, and Udemy.
3. Practice coding: The best way to learn Python is by writing code. You can start by practicing basic programming concepts, such as variables, loops, functions, and conditional statements.
4. Explore Python libraries: Python has a large collection of libraries that can help you perform specific tasks, such as data analysis, machine learning, and web development. You can start exploring these libraries and see how they can be used to solve real-world problems.
5. Join a community: Python has a large and active community of developers, who are always willing to help and share their knowledge. You can join online forums and communities, such as Reddit, Stack Overflow, and GitHub, to connect with other Python developers

A-2 ChatGPT Writer（回覆 Gmail）

這個外掛程式可以協助生成電子郵件和訊息，以方便我們可以更快更大量的回覆信件。請依之前找尋外掛程式的方式，在「chrome 線上應用程式商店」找到「ChatGPT Writer」，並按「加到 Chrome」鈕將這個擴充功能安裝進來，如下圖所示：

安裝完 ChatGPT Writer 擴充功能後，就可以在 Gmail 寫信時自動幫忙產出信件內容，例如我們在 Gmail 寫一封新郵件，接著只要在下方工具列按「ChatGPT Writer」圖示鈕，就可以啟動 ChatGPT Writer 來幫忙進行信件內容的撰寫，如下圖的標示位置：

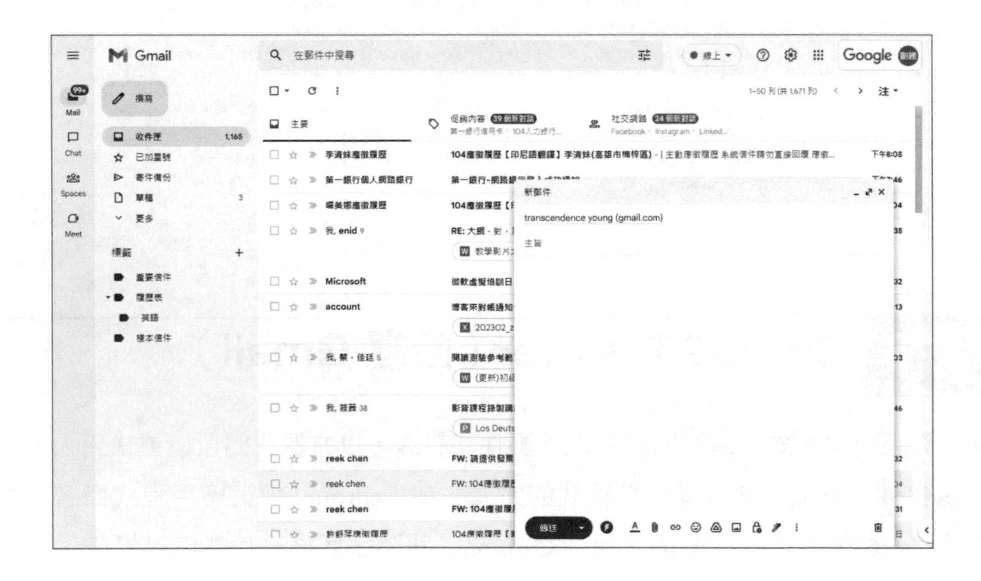

請在下圖的輸入框中簡短描述你想寄的信件內容，接著再按下「Generate Email」鈕：

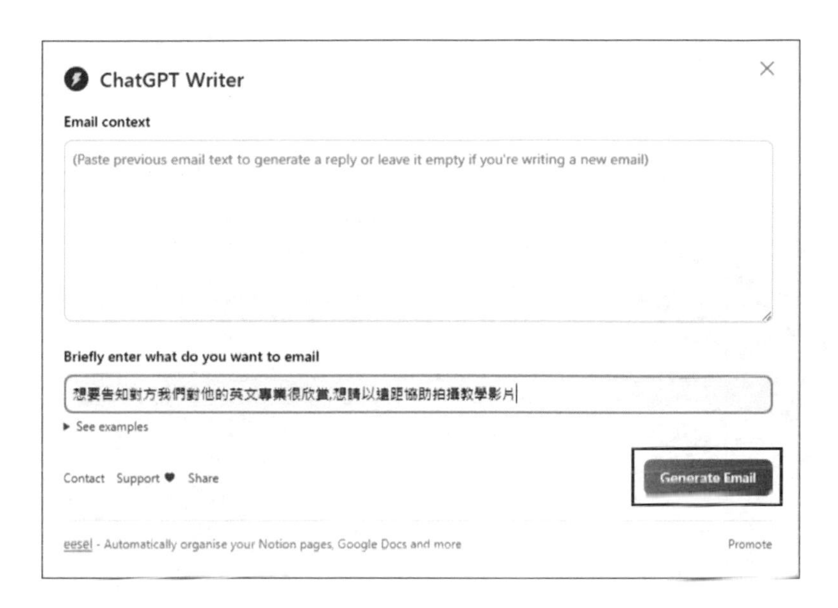

才幾秒鐘就馬上產生一封信件內容，如果想要將這個信件內容插入信件中，只要按下圖中的「Insert generated response」鈕：

就會馬上在你的新信件加入回信的內容，你只要填上主旨、對方的名字、你的名字，確認信件內容無誤後，就可以按下「傳送」鈕將信件寄出。

這項功能當然也可以應用在回信的工作，同樣在要回覆的信件中按下「ChatGPT Writer」圖示鈕，就可以啟動 ChatGPT Writer 來幫忙進行信件內容的撰寫。

接著簡短描述要回信的重點，並按下「Generate Reply」鈕：

快速地產生回信內容，如果想要將這個信件內容插入信件中，只要按下圖中的「Insert generated response」鈕即可。

A-3 Perplexity（問問題）

Perplexity 可以讓你在瀏覽網頁時，對想要理解的問題，得到即時的摘要，當您有問題時，向 Perplexity 提問，並用引用的參考來源給您寫一個快速答案，並注明出處。也就是説 Perplexity 可以為你正在瀏覽一個頁面，它將立即為你總結。

首先請在「chrome 線上應用程式商店」輸入關鍵字「Perplexity」，接著點選「Perplexity – Ask AI」擴充功能：

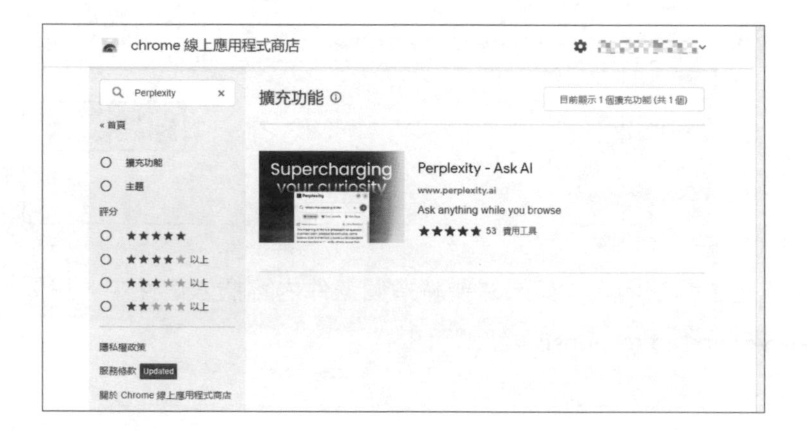

接著會出現下圖畫面，請按下「加到 Chrome」鈕：

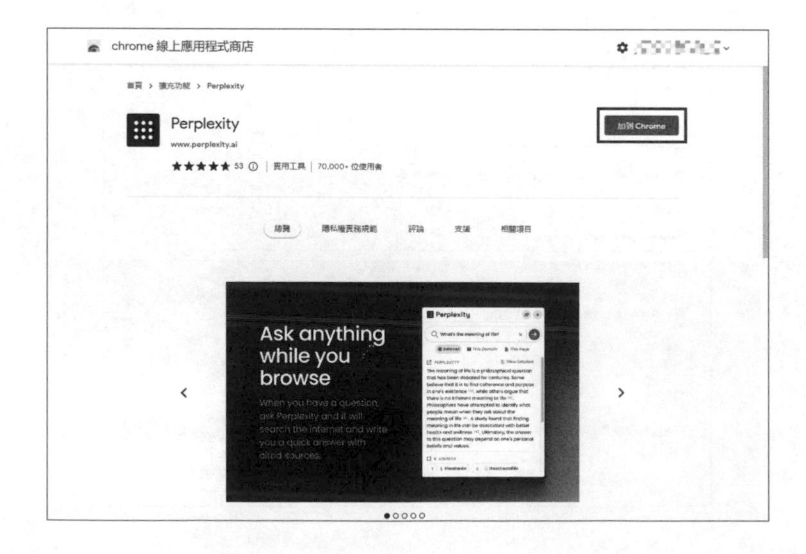

出現下圖視窗後，再按「新增擴充功能」鈕：

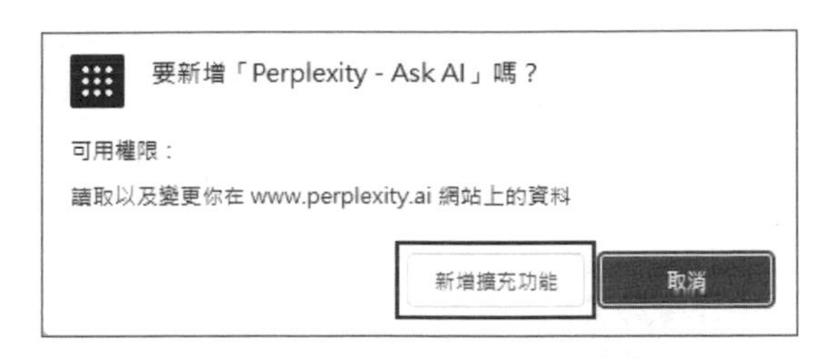

現在已將這個擴充應用功能加到 Chrome 瀏覽器的視窗：

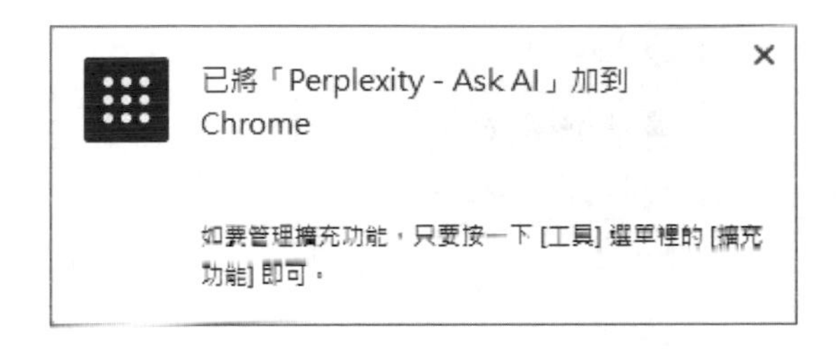

接著請按下 Chrome 瀏覽器的「擴充功能」鈕，會出現所有已安裝擴充功能的選單，我們可以按 鈕，將這個外掛程式固定在瀏覽器的工具列上：

當該圖釘鈕圖示變更成 外觀時，就可以將這個擴充功能固定在工具列之上：

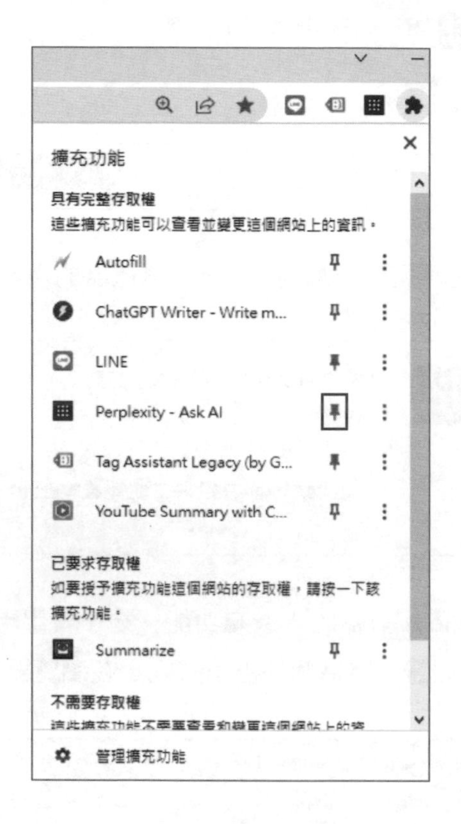

接著在瀏覽網頁時，在工具列按一下「Perplexity – Ask AI」擴充功能的工具鈕 ，就可以啟動提問框，只要在提問框輸入要詢問的問題，例如下圖中筆者輸入「博碩文化」，就可以依所設定的查詢範圍找到相關的回答，各位可以設定的查詢範圍包括：「Internet」、「This Domain」、「This Page」。如下圖所示：

A-4 YouTube Summary with ChatGPT（影片摘要）

「YouTube Summary with ChatGPT」是一個免費的 Chrome 擴充功能，可讓您透過 ChatGPT AI 技術快速觀看的 YouTube 影片的摘要內容，有了這項擴充功能，能節省觀看影片的大量時間，加速學習。另外，您可以通過在 YouTube 上瀏覽影片時，點擊影片縮圖上的摘要按鈕，來快速查看影片摘要。

首先請在「chrome 線上應用程式商店」輸入關鍵字「YouTube Summary with ChatGPT」，接著點選「YouTube Summary with ChatGPT」擴充功能：

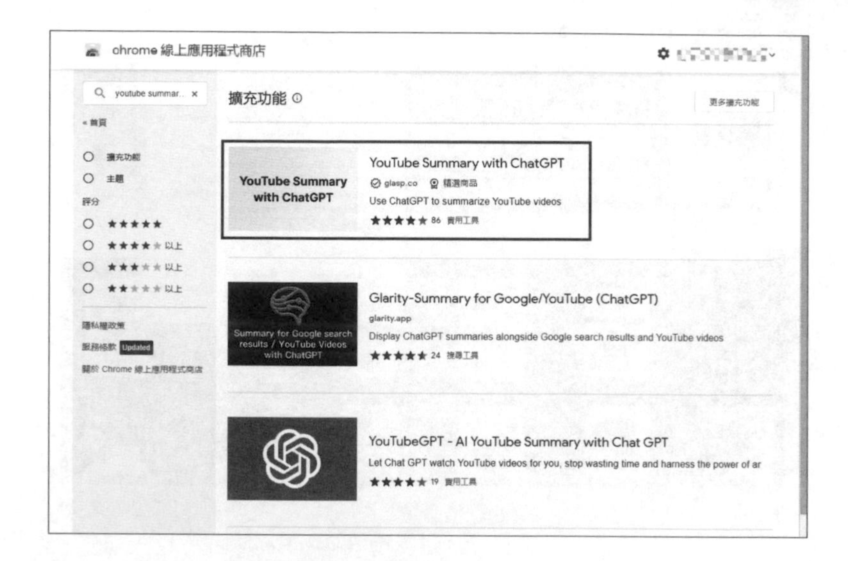

接著會出現下圖畫面，請按下「加到 Chrome」鈕：

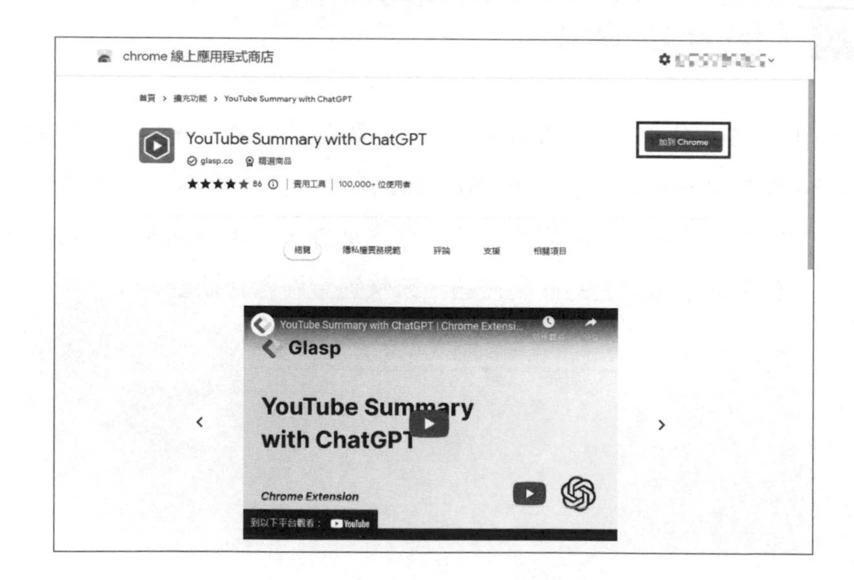

出現下圖視窗後，再按「新增擴充功能」鈕：

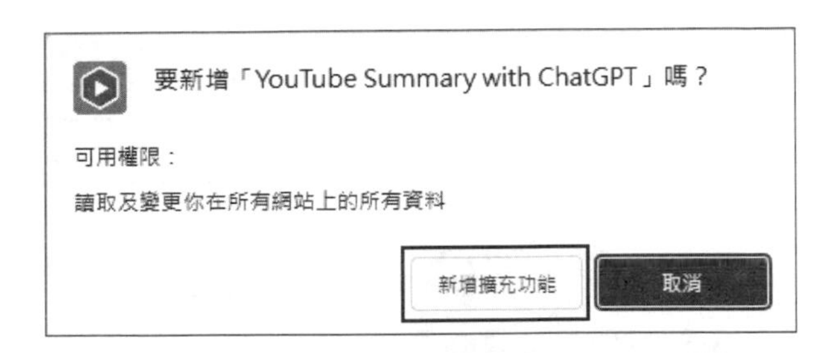

完成安裝後，各位可以先看一下有關「YouTube Summary with ChatGPT」擴充功能的影片介紹，就可以大概知道這個外掛程式的主要功能及使用方式：

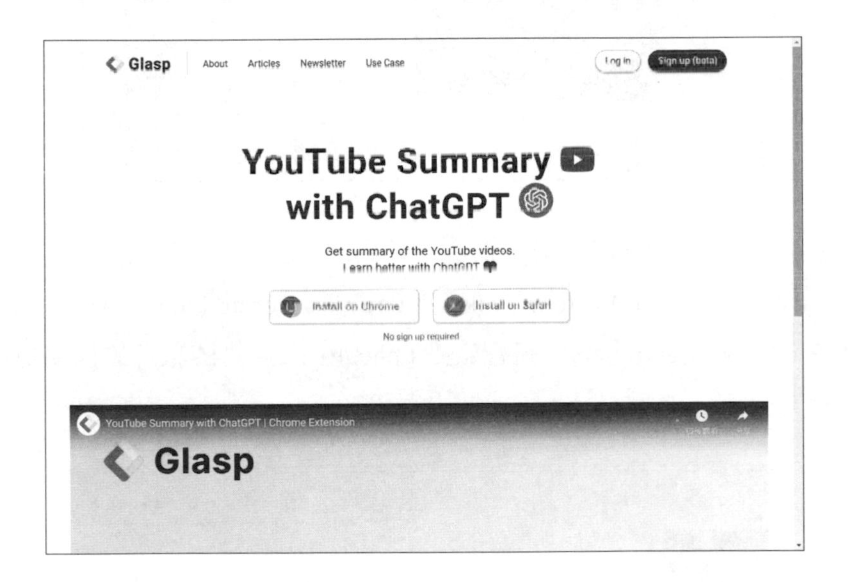

接著我們就以實際例子來示範如何利用這項外掛程式的功能，首先請連上 YouTube 觀看想要快速摘要了解的影片，接著按「YouTube Summary with ChatGPT」擴充功能右方的展開鈕：

就可以看到這支影片的摘要説明，如下圖所示：

網址：youtube.com/watch?v=s6g68rXh0go

在上圖中各位可以看到一個工具列 ，由左到右的功能分別為「View AI Summary」、「Jump to Current Time」、「Copy Transcript（Plain Text）」三項功能。其中「View AI Summary」鈕會啟動 ChatGPT 來查看該影片的摘要功能，如下圖所示：

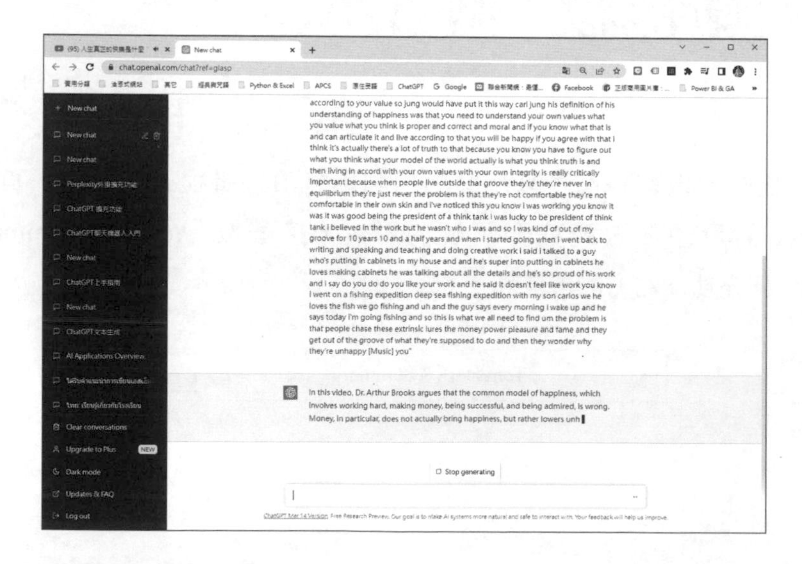

其中「Jump to Current Time」鈕則會直接跳到目前影片播放位置的摘要文字說明，如下圖所示：

其中「Copy Transcript（Plain Text）」鈕則會複製摘要說明的純文字檔，各位可以依自己的需求貼上到指定的文字編輯器來加以應用。例如下圖為摘要文字內容貼到 Word 文書處理軟體的畫面，

其實 YouTube Summary with ChatGPT 這款擴充功能，它的原理就是將 YouTube 影片字幕提供給，而 AI 聊天機器人 ChatGPT，就可以根據這個字幕的文字內容，快速摘要出這支影片的主要重點。在方框旁有一個複製的按鈕，就可以將文字丟入 ChatGPT，ChatGPT 就會幫我們摘要一段英文。如下圖所示：

In this video, Dr. Arthur Brooks, a Harvard professor, discusses the misconception that many people have about happiness. He argues that the common model of satisfaction, which suggests that working hard, making money, being successful, admired, and envied will lead to happiness, is wrong.

Dr. Brooks explains that research shows that money does not actually bring happiness. Instead, it may only lower unhappiness temporarily. People often mistake lower unhappiness for higher happiness and believe that more money will make them happier. However, this is not the case.

According to Dr. Brooks, true happiness comes from being in the zone of what you love to do and what you appreciate most in life. It has to do with being in line with your own values and living according to your own integrity. He quotes Carl Jung, who believed that to be happy, you need to understand your own values and live according to them.

Dr. Brooks encourages people to find what they truly love to do and to pursue that, rather than chasing extrinsic lures like money, power, pleasure, and fame. He believes that people who live outside their groove and do not follow their own values are never in equilibrium and are never truly comfortable in their own skin.

Overall, Dr. Brooks argues that true happiness comes from being true to yourself and doing what you love, rather than from external factors like money or status.

接著我們再輸入「請將上述英文翻譯成繁體中文」，就可以馬上翻譯成如下的成果：

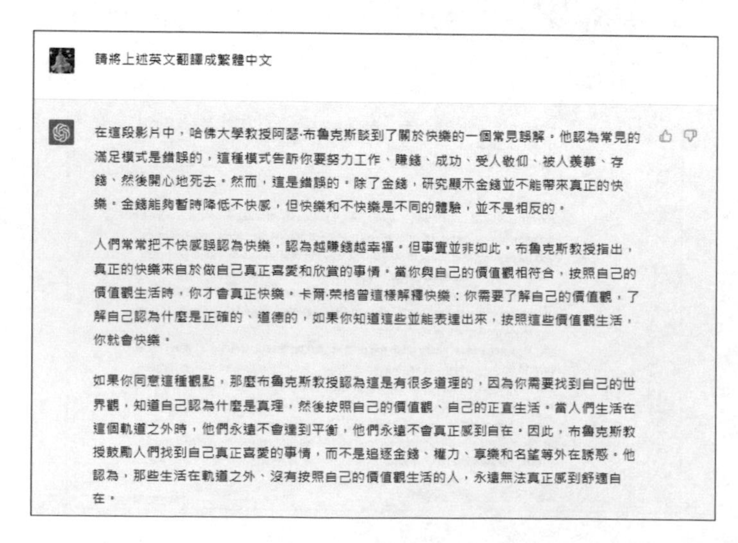

請將上述英文翻譯成繁體中文

在這段影片中，哈佛大學教授阿瑟·布魯克斯談到了關於快樂的一個常見誤解。他認為常見的滿足模式是錯誤的，這種模式告訴你要努力工作、賺錢、成功、受人敬仰、被人羨慕、存錢、然後開心地死去。然而，這是錯誤的。除了金錢，研究顯示金錢並不能帶來真正的快樂。金錢能夠暫時降低不快感，但快樂和不快樂是不同的體驗，並不是相反的。

人們常常把不快感誤認為快樂，認為越賺錢越幸福。但事實並非如此。布魯克斯教授指出，真正的快樂來自於做自己真正喜愛和欣賞的事情。當你與自己的價值觀相符合，按照自己的價值觀生活時，你才會真正快樂。卡爾·榮格曾這樣解釋快樂：你需要了解自己的價值觀，了解自己認為什麼是正確的、道德的，如果你知道這些並能表達出來，按照這些價值觀生活，你就會快樂。

如果你同意這種觀點，那麼布魯克斯教授認為這是有很多道理的，因為你需要找到自己的世界觀，知道自己認為什麼是真理，然後按照自己的價值觀、自己的正直生活。當人們生活在這個軌道之外時，他們永遠不會達到平衡，他們永遠不會真正感到自在。因此，布魯克斯教授鼓勵人們找到自己真正喜愛的事情，而不是追逐金錢、權力、享樂和名望等外在誘惑。他認為，那些生活在軌道之外、沒有按照自己的價值觀生活的人，永遠無法真正感到舒適自在。

A-5 Summarize 摘要高手

Summarize 擴充功能是使用 OpenAI 的 ChatGPT 對任何文章進行總結。Summarize 這個 AI 助手可以立即摘要文章。使用 Summarize 擴充功能，只要透過滑鼠的點擊就可以取得任頁面的主要思想，而且可以不用離開頁面，這些頁面的內容可以是閱讀新聞、文章、研究報告或是部落格。Summarize 擴充功能具備人工智慧（由 ChatGPT 提供支持）的摘要能力不斷地精進，可以提供全面且高質量供準確可靠的摘要。

首先請在「chrome 線上應用程式商店」輸入關鍵字「YouTube Summary with ChatGPT」，接著點選「YouTube Summary with ChatGPT」擴充功能：

接著會出現下圖畫面，請按下「加到 Chrome」鈕：

我們可以按鈕，將這個外掛程式固定在瀏覽器的工具列上，當該圖釘鈕圖示變更成外觀時，就可以將這個擴充功能固定在工具列之上，如下圖所示：

當在工具列上按下圖示鈕啟動 Summarize 擴充功能時，會先要求登入 OpenAI ChatGPT，如下圖所示：

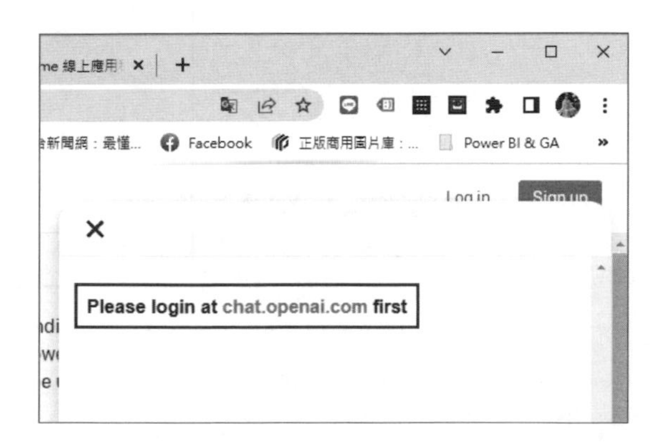

當用戶登入 ChatGPT 之後，以後只要在所瀏覽的網頁按下圖示鈕啟動 Summarize 擴充功能時，這時候就會請求 OpenAI ChatGPT 的回應，之後就以快速透過 Summarize 這個 AI 助手立即摘要該網頁內容或部落格文章，如下列二圖所示：

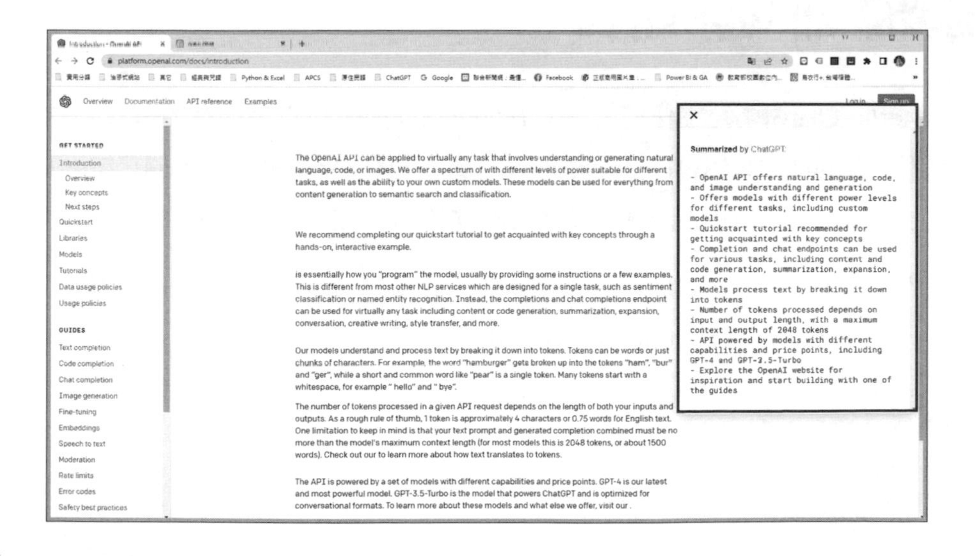

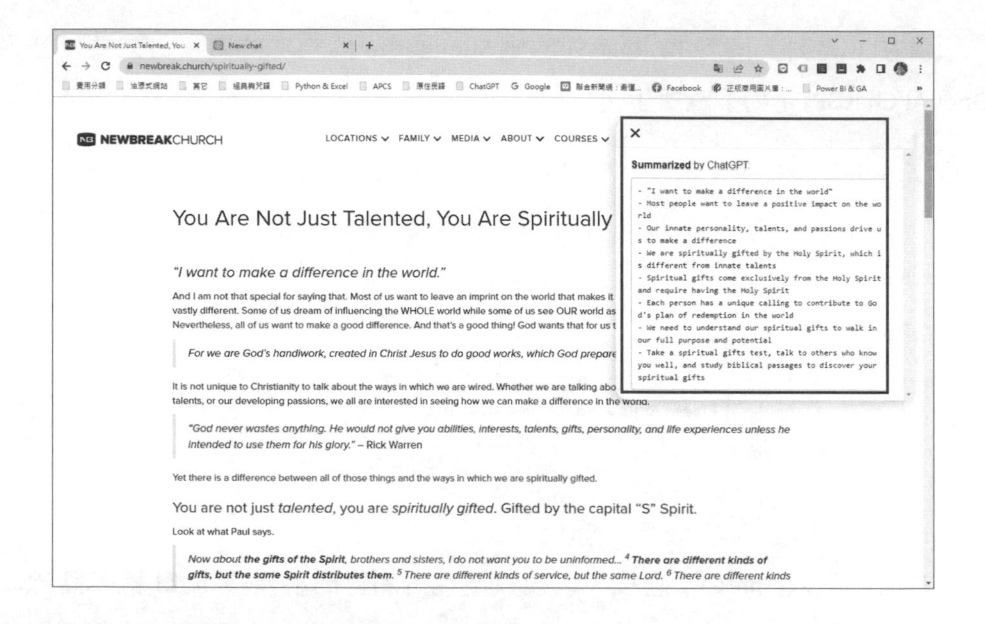

A-6 Merlin-ChatGPT Plus app on all websites

Merlin-ChatGPT 可在任何網站上 Merlin ChatGPT 可以讓您在所有喜愛的網站上使用 OpenAI 的 ChatGPT，幫助您在 Google 搜尋、YouTube、Gmail、LinkedIn、Github 和數百萬個其他網站上使用 ChatGPT 進行交流，而且是免費的。

首先請在「chrome 線上應用程式商店」輸入關鍵字「Merlin」，接著點選「Merlin-ChatGPT Assistant for All Websites」擴充功能：

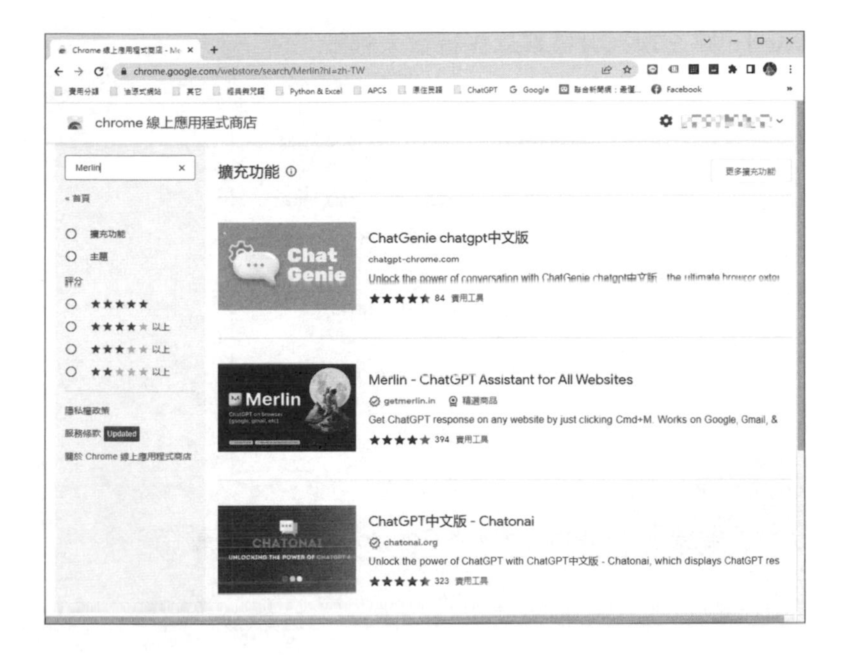

接著會出現下圖畫面，請按下「加到 Chrome」鈕：

啟動 Merlin 擴充功能會被要求先行登入帳號：

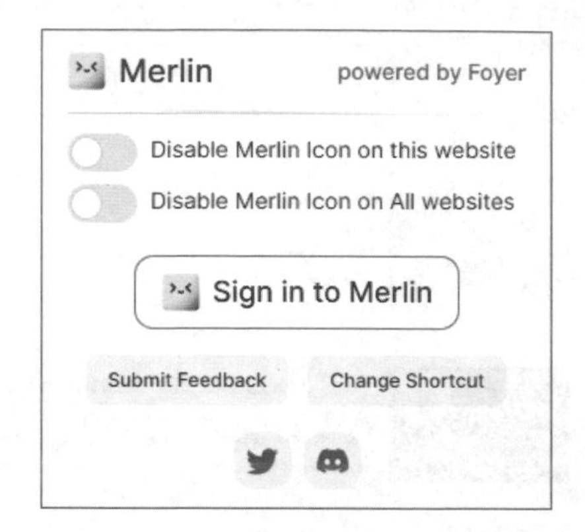

例如下圖筆者按了「Continue with Google」進行登入動作：

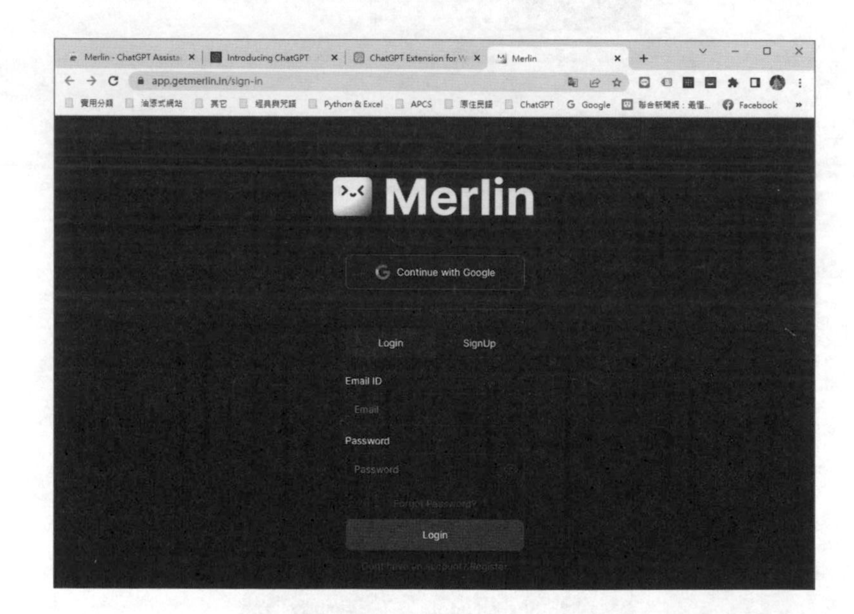

接著只要在要了解問題的網頁上，選取要了解的文字，並按右鍵，在快顯功能表中執行「Give Context to Merlin」指令：

接著就會出現如下圖的視窗：

只要直接按下 Enter 鍵，Merlin 就會回答關於所選取文字「國立臺灣大學」的摘要重點。

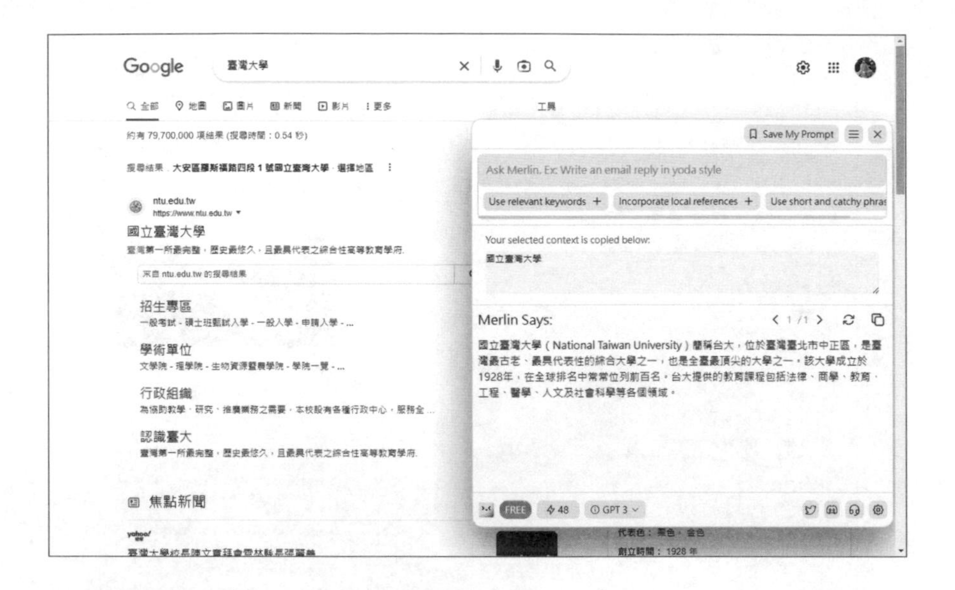

如果您還有其它問題要問 Merlin，還可以直接在提問框輸入問題，例如下圖為「請簡介該校的學術成就」，Merlin 就會立即給予它的摘要性回答，如下圖所示：

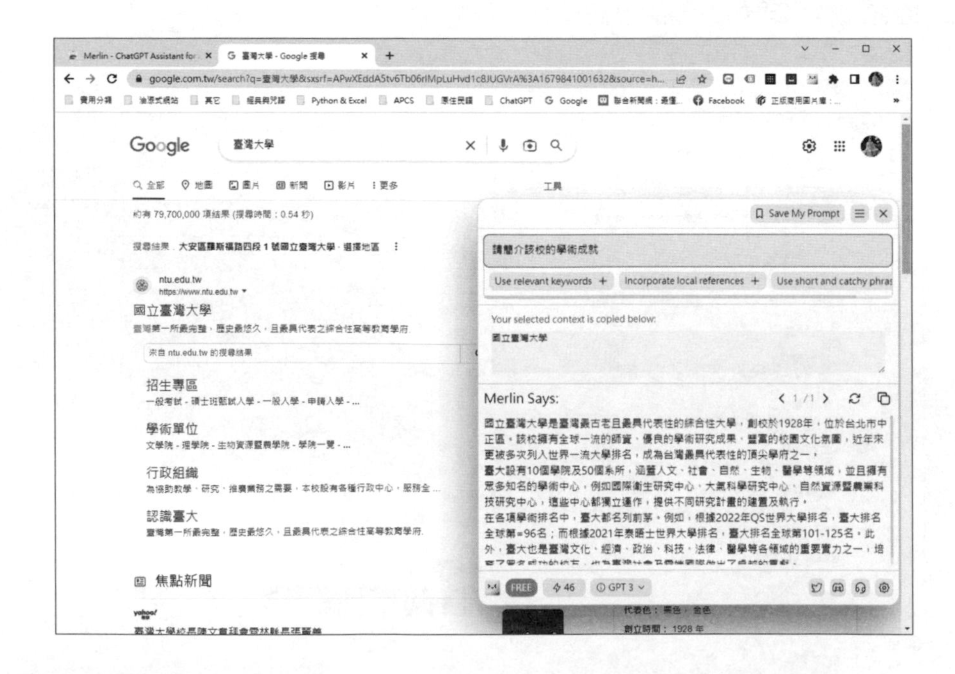

A-7 ChatGPT Prompt Genius（ChatGPT 智慧提示）

如果你想將與 ChatGPT 的對話內容也能儲存起來，這種情況下就可以安裝「ChatGPT Prompt Genius（ChatGPT 智慧提示）」，它可以將與 ChatGPT 的互動方式儲存成圖檔或 PDF 文字檔。當安裝了這個外掛程式之後，在 ChatGPT 的提問環境的左側就會看到「Share & Export」功能，按下該功能表單後，可以看到四項指令，分別為「Download PDF」、「Download PNG」、「Export md」、「Share Link」，如下圖所示：

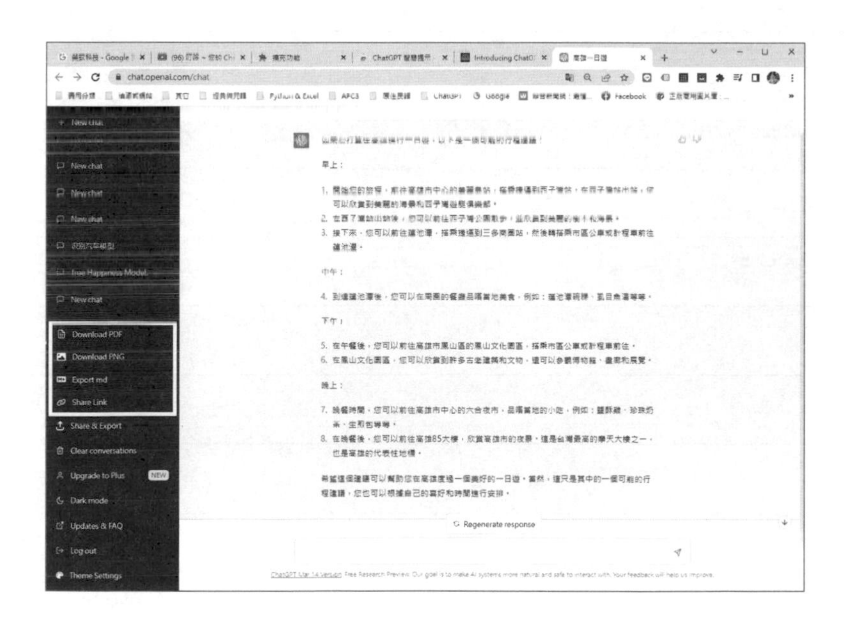

其中「Download PDF」指令可以將回答內容儲存成 PDF 文件。「Download PNG」指令可以將回答內容儲存成 PNG，方便各位可以按滑鼠右鍵，並在快顯功能表中選擇「另存圖片」指令將內容是 PNG 圖片格式保存。如果想要分享連結，則可以執行「Share Link」指令。

Note